Estatística
DESCRITIVA

Estatística DESCRITIVA

JANILSON PINHEIRO DE ASSIS
CARLOS TADEU DOS SANTOS DIAS
ANDERSON RODRIGO DA SILVA
DURVAL DOURADO NETO

FEALQ

Dados Internacionais de Catalogação na Publicação
DIVISÃO DE BIBLIOTECA - DIBD/ESALQ/USP

Estatística descritiva / Janilson Pinheiro de Assis ... [et al.]. - -
Piracicaba: FEALQ, 2016.

394 p. : il.

ISBN: 978-85-7133-081-8

1. Estatística descritiva I. Assis, J. P. de II. Dias, C. T. dos S. III. Silva, A. R. da IV. Dourado Neto, D. V. Título

CDD 519.53
E79

Bibliotecária Eliana

CRB15 120

Depósito legal na Biblioteca Nacional
conforme Decreto n. 1.825, 20 de dezembro de 1907.

Dificilmente existe algo tão impressionante para a imaginação como a admirável forma da ordem cósmica expressa pela "Lei da Frequência do Erro (distribuição normal)". Tivessem-na os gregos conhecido, certamente a teriam personificada e deificado.

Sir Francis Galton (1822-1911)

Antropólogo, Meteorologista, Matemático e Estatístico Inglês

SUMÁRIO

LISTAS DE FIGURAS

LISTA DE TABELAS

1

Origem e História da Estatística

A origem da palavra Estatística do ponto de vista etimológico vem do vocábulo latino "Status". Originalmente essa palavra significava informações de interesse ou úteis ao "Estado", ou País, seja no que se refere à cobrança de contribuições, taxas e impostos, seja também para o conhecimento dos recursos naturais de um país, e da composição da população. (CONAGIN, 1961).

Historicamente, operações de contagem de pessoas, animais e avaliação de bens pessoais, isto é, atividades que hoje fazem parte de um censo populacional e econômico, eram já realizadas, de modo incipiente, no Egito do tempo dos faraós, na Grécia antiga e no império Romano como atividades de interesse do estado, seja com enfoque econômico associado à cobrança de impostos, seja para o controle da produção e distribuição de alimentos e/ou outros tipos de riquezas, ou por questões de segurança, no sentido de detectar quantos eram e onde estavam os potenciais inimigos representados pelos povos subjugados. Enfim, por alguma razão, sempre houve interesse em se conhecer o *status* populacional, daí a origem da palavra Estatística.

Segundo Yule e Kendall (1958), as expressões *Statistic*, *Statist* e *Statistical* parecem ter sido derivadas do latim *Status*, com duplo significado: i) Estado político e ii) Situação das coisas em determinado momento – S*tatu quo*.

O nascimento da palavra Estatística também pode ser atribuído como sendo proveniente do alfabeto latim denominado *statisticum*, que significa atividades relativas ao Estado (DROESBEKE; TASSI, 1990; DUTARTE; PIEDNOIR, 2001; JOZEAU, 2001). Porém não existe na literatura um consenso sobre quem ou qual civilização utilizou primeiro o termo estatística, tal como usamos nos dias atuais, ou seja, para designar uma área do conhecimento ou ainda um conjunto de medidas-resumo de um conjunto de dados, ou também um conjunto de técnicas utilizadas para realizar inferência estatística ou conclusões sobre uma população.

A expressão estatística vem do idioma alemão *statistik,* sendo adotada pelo acadêmico alemão Göttfried Achenwall[1] (1719-1772) na cidade de Göttingen na Alemanha, em 1749, que foi um notável continuador dos estudos de Hermann Conrig[2] (1606-1681).

O verbete "*statistic*" é descrito na Enciclopédia Britânica em 1797.

Em 3000 a.C., embora nem existisse a palavra escrita como a conhecemos hoje, há indícios que já se faziam censo na Babilônia, Egito e na China. No antigo testamento, o livro dos números mostra a instrução a Moisés para fazer um levantamento dos homens de Israel aptos para guerrear.

Desde a remota Antiguidade, os governos têm se interessado por informações sobre suas populações e riquezas, tendo em vista, principalmente, fins militares e tributários. O registro de informações perde-se no tempo. O filósofo e pensador chinês Confúcio[3] relatou

1 Gottfried Achenwall (1719-1772): economista, professor na universidade de Göttingen, considerado pelos alemães como o pai da estatística (nasceu na cidade de Elbing, 20 de outubro de 1719, e faleceu na cidade de Göttingen em 1º de maio de 1772 na Alemanha, foi um historiador e jurista alemão, é considerado um dos intelectuais que mais significativamente contribuiu para o desenvolvimento da estatística, a qual é uma ciência que guarda muito poucas relações com a atual estatística, pois concernia à descrição abrangente das características sócio-político-econômicas dos diferentes estados. Achenwall estudou nas universidades de Jena, Halle e Leipzig. Em 1748, foi nomeado docente pela universidade de Göttingen; em 1761, obteria nesta mesma universidade o cargo de professor de direito natural e política.

2 Hermann Conring (9 de novembro de 1606 - 12 de dezembro de 1681) foi um intelectual, nascido no norte da Alemanha, o qual foi responsável por significativas contribuições no estudo da medicina, da política e da lei. Conring mostrou cedo promessa como um aluno. Durante a sua vida como professor no norte da Alemanha, Coring abordou primeiro a medicina, produzindo importantes estudos sobre a circulação sanguínea, e mais tarde em sua carreira ele abordou a política. Conring nasceu em Norden, uma cidade costeira no oriente frísias, um território como muitas outras áreas que mais tarde iria se tornar a Alemanha.

3 Confúcio viveu entre os anos de 551 a.C. a 479 a.C., nome latino do pensador

levantamentos feitos na China, há mais de 2000 anos antes da era cristã no livro sagrado "*CHOUKING*", no qual se fizeram constar os dados estatísticos do grande império chinês da sua época. No antigo Egito, os faraós fizeram uso sistemático de informações de caráter estatístico, conforme evidenciaram pesquisas arqueológicas. Desses registros também se utilizaram as civilizações pré colombianas dos maias, astecas e incas. É conhecido de todos os cristãos o recenseamento dos judeus, ordenado pelo Imperador Augusto. Os balancetes do império romano, o inventário das posses de Carlos Magno, o *Doomsday Book*, registro que Guilherme, o Conquistador, invasor normando da Inglaterra, no século 11, mandou levantar das propriedades rurais dos conquistados anglo-saxões para se inteirar de suas riquezas, são alguns exemplos anteriores à emergência da estatística descritiva no século 16, na Itália. Essa prática tem sido continuada nos tempos modernos, por meio dos recenseamentos, dos quais temos um exemplo naquele que se efetua a cada decênio, em nosso País, pela Fundação IBGE, órgão responsável por nossas estatísticas (dados estatísticos) oficiais.

Desde as administrações antigas, a estatística sempre se faz presente a favor do estado, a ponto de herdar o nome do vocábulo "*Status*", que quer dizer "Estado", servindo de apoio, pelo seu aspecto quantitativo, para uma administração consciente, quer fosse em época de paz quer seja em período de guerra, em cujos campos ela prestava o seu trabalho, em consonância com a imagem fria, mas verdadeira dos números que sempre lhe coube analisar, no campo dos fenômenos coletivos, econômicos sociais ou científicos, geralmente com a finalidade de controle fiscal ou de segurança nacional. Sendo assim, percebe-se que na antiguidade em várias civilizações já se registravam o número de habitantes, nascimentos, óbitos, faziam estimativas pertinentes às riquezas individual e social, cobravam impostos, taxas etc., podendo todas essas ações serem chamadas de estatísticas.

---

chinês Kung-Fu-Tze. Foi a figura histórica mais conhecida na china como mestre, filósofo e teórico político. Sua doutrina, o confucionismo, teve forte influência não apenas sobre a China mas também sobre toda a ásia oriental. Conhece-se muito pouco da sua vida. Parece que os seus antepassados foram gente nobre, mas o filósofo e moralista viveu pobre, e desde a infância teve de ser mestre de si mesmo. Na sua época, a China estava praticamente dividida em reinos feudais cujos senhores dependiam muito pouco do rei.

Entretanto, a origem da estatística científica teve inicio na metade do século 17, quando passou a ser considerada como uma disciplina autônoma tendo como objetivo a descrição das coisas do Estado e como fundador Herman Conring (1606 – 1681). Seus seguidores foram, dentre outros, Martin Schymeitzel[4] (1679 – 1747) e Gottfried Achenwall (1719 – 1782), chegando mais tarde este último a superar a fama do próprio Conring. Foi graças a Gottfried Achenwall que a estatística firmou–se como ciência determinando o seu objetivo e suas relações com as demais (SILVEIRA JÚNIOR et al. 1989).

Um marco significativo no desenvolvimento da estatística foram as publicações *Natural and Political Annotations Made Upon the Bills of Mortality* (1666) e *Five Essays on Political Arithmetick* (1683) publicados, respectivamente, por John Graunt (1620-1674) e William Petty (1623-1687). Graunt e Petty, cidadãos ingleses, não se limitaram a simples apresentação de totais e estabeleceram relações entre esses números dando início ao que hoje se chama demografia (SILVEIRA JÚNIOR, et al. 1989).

O avanço no estudo do cálculo de probabilidades permitiu que a estatística fosse organicamente estruturada e fez com que se ampliasse largamente o seu campo de ação. Nessa mesma época iniciou-se o cálculo de probabilidades derivado do interesse do matemático e filósofo francês Blaise Pascal (1623-1662) em resolver jogos de azar. Data de 1713, entretanto, o primeiro grande tratado no campo da probabilidade, escrito pelo suíço Jacques Bernoulli (1654-1705), denominado *Ars Conjectandi* (Arte das conjecturas). Bernoulli exemplificou seu trabalho principalmente em termos de jogos de azar e na mesma linha seguiu alguns trabalhos subseqüentes, com destaque para a obra de Abraham de Moivre (1667-1754) iniciada no princípio do século XVIII, em 1718, com *Doctrine of Chances*. A famosa distribuição normal foi deduzida pelo francês de Moivre como resultado do limite da expansão do Binômio $(a + b)^n$, embora ainda não tenha sido colocada realmente como uma distribuição de probabilidade. Mas tarde, essa relação veio a ter uma importância muito grande, pois estabelece a aproximação da distribuição binomial por meio da distribuição normal (SILVEIRA JÚNIOR, et al. 1989).

4 Intelectual alemão, professor de história e direito.

O início do extraordinário avanço da teoria das probabilidades viria por meio do matemático francês Pierre Simon Laplace (1749-1827) com o seu clássico trabalho *Theórie analytique des probabilité* (1812) resultado de uma série de artigos sobre esse assunto. Nesse trabalho ele mostra que a área sobre a curva normal é $\sqrt{\pi}$, ou $\int_{-\infty}^{+\infty} e \quad dx = \sqrt{\pi}$. Ainda na sua obra *Theórie analytique*, Laplace fornece uma prova formal do método dos quadrados mínimos já publicado pelo matemático francês Adrien-Marie Legendre (1752 – 1833) (SILVEIRA JÚNIOR et al, 1989).

Praticamente no mesmo período, o matemático alemão Johann Karl Friedrich Gauss (1777-1855) chegou aos mesmos resultados sobre a curva normal de probabilidades, estudando a distribuição dos erros de medida.

Deve-se ao astrônomo belga Lambert Adolphe Jacques Quételet (1796-1874), principalmente, a relação entre a Estatística e o cálculo de probabilidades. Quételet por meio de estudos na área social mostrou que muitos fenômenos vivos possuíam um comportamento regular. A expressão matemática dessa regularidade é o que hoje se conhece como distribuição de probabilidade (SILVEIRA JÚNIOR et al, 1989).

Após Quételet, a Estatística teve um desenvolvimento sem precedentes, sendo o fenômeno da regularidade observado em muitos campos da pesquisa. As distribuições de probabilidade começaram a ser deduzidas e com isto aumentava ainda mais o campo de aplicação. O estatístico Karl Pearson (1857-1936), em 1890 iniciou o estudo sobre o relacionamento entre variáveis, estimulado pelos trabalhos do estatístico Inglês Francis Galton (1822-1911). Galton, 1900 deduziu a distribuição de Qui-Quadrado, dentro de um contexto de ajustamento à distribuições, embora o matemático alemão Friedrich Robert Helmert (1884-1917) já a houvesse deduzido em 1875, trabalhando com distribuições amostrais de variância (SILVEIRA JÚNIOR et al, 1989).

O cidadão inglês William Sealey Gosset (1876-1937), aluno de Karl Pearson e conhecido também pelo pseudônimo de Student, descobriu em 1908 a distribuição "t" no intuito de resolver problemas relativos a pequenas amostras (n < 30 elementos).

Em 1890, nascia na Inglaterra Ronald Aymer Fisher (1890-1962) que haveria de contribuir de forma extremamente valiosa com a estatística. Fisher, com os resultados de Gosset, descobriu rapidamente as distribuições amostrais dos coeficientes de correlação, da regressão, da correlação múltipla e a distribuição da razão entre duas variâncias (SILVEIRA JÚNIOR et al, 1989).

O período de 1920 a 1940 foi ainda mais extremamente fecundo. Fisher preocupou-se com o fato de que em situações experimentais, uma variável era explicada por várias outras, correlacionadas entre si, o que tornava impossível o estudo isolado de cada uma delas. Para resolver esse problema ele desenvolveu na estação experimental de Rothamstead, localizada próxima a Londres, esquemas experimentais de modo que os efeitos pudessem ser estudados independentemente e, no mesmo período, ele generalizou e deu ideia mais precisa à técnica chamada de análise de variância, até hoje uma das mais poderosas técnicas utilizada na estatística. Dois campos importantíssimos emergiram ainda no período posterior a 1925, o primeiro deles foi a teoria dos testes de hipóteses sob inspiração do inglês Egon Pearson (1895 – 1980) e Jerzy Neyman (1894 – 1981), e a teoria da estimação desenvolvida por Ronald Aymer Fisher. Fisher, antes de falecer na Austrália em 1962, contribuiu ainda com valiosos trabalhos a outras áreas do conhecimento, em especial à genética e, dentro desta, à genética humana (SILVEIRA JÚNIOR et al, 1989).

Modernamente a estatística passou a desempenhar a função de auxiliar o método científico, isto é, vem prestando sua colaboração no setor do planejamento experimental, na elaboração de técnicas para a coleta de dados e participando na interpretação analítica dos experimentos (análise de dados experimentais) e na avaliação dos parâmetros dos modelos utilizados na pesquisa em ciências físicas, biológicas e sociais, na tecnologia industrial, etc. (CONAGIN, 1961).

Na década de 40, a estatística teórica podia ser compreendida por alguém com conhecimento razoável em Matemática. A situação mudou muito, a ponto de a maioria dos estatísticos não conseguir, atualmente, ler os artigos publicados, dado seu alto grau de sofisticação em matemática, mesmo nas revistas supostamente de caráter aplicado. Entretanto, deve ser dito que a Estatística não é propriamente Matemática, nem mesmo matemática aplicada. Como lida com a coleta, a análise e a interpretação de dados, inclui, naturalmente, muita conjetura sagaz, diferente do rigor da demonstração matemática, para não mencionar o raciocínio indutivo envolvido na inferência estatística. Evidentemente, saber Matemática é importante para um estatístico e quanto mais, melhor, pois a teoria estatística não envolve apenas conceitos, necessitando também ser formalizada. Contudo, conhecer Matemática, embora necessário, não é suficiente para formar um estatístico. Na era atual a estatística caracteriza-se pelo aumento gradativo de matematização da estatística e da influência crescente do uso da computação eletrônica, ferramenta valiosíssima que permitiu que a estatística alargasse ainda mais os seus horizontes e campos de aplicação (SILVEIRA JÚNIOR et al, 1989).

2

Definições de Estatística

2.1 É a ciência que está interessada nos métodos científicos para a coleta, organização, resumo, apresentação e análise dos dados, bem como na obtenção de conclusões válidas e na tomada de decisões baseadas em tais análises. (Memória, 1960).

2.2 É a matemática aplicada aos dados de observação, definição esta dada por Sir Ronald Aylmer Fisher [5](1890-1962).

2.3 É um conjunto de métodos especialmente apropriado ao tratamento de dados numéricos afetados por uma multiplicidade de causas sendo esta definição devido a George Udny Yule [6](1871 – 1951) e Maurice George Kendall[7](1907 - 1983).

2.4 É o estudo numérico dos fatos sociais, definição devida a Pierre

5 Sir Ronald Aylmer Fisher nasceu em 17 de fevereiro de 1890 e morreu em 29 de julho de 1962. Foi um estatístico, biólogo evolucionário e geneticista inglês. foi descrito por Anders Hald como "um gênio que criou praticamente sozinho as fundações para a moderna ciência estatística. Richard Dawkins o descreveu como o maior dos sucessores de Darwin, complementando a medida de informação própria para medir incerteza sobre espaços desordenados, proposta com sucesso pela teoria da informação e publicada em 1949 por Claude Shannon (1916-2001) e Warren Weaver (1894-1978, no livro teoria matemática da comunicação (The mathematical theory of communication), Fisher criou uma medida alternativa de informação apropriada para medir incerteza sobre espaços ordenados.

6 Nascido em 18 de fevereiro de 1871 em Morham na Escócia e morreu em 26 de junho de 1951, em Cambridge, Cambridgeshire na Inglaterra depois de estudar engenharia e física, George Yule trabalhou com Pearson em 1893. Alguns de seus primeiros trabalhos aparecem como exemplos nos artigos de Pearson. Yule trabalhou na University College London, onde foi promovido para professor assistente de matemática aplicada em 1896. Yule é o autor do trabalho intitulado sobre a teoria da correlação tendo sido publicado pela primeira vez em 1897. Ele desenvolveu a sua abordagem junto com a teoria da regressão durante vários anos, conceituando novas aplicações do método dos mínimos quadrados e em 1920 a sua abordagem predominou nas aplicações em ciências sociais.

7 Estatístico inglês.

Émile Levasseur[8] (1828 – 1911).

2.5 A estatística é a coleta, apresentação, análise e interpretação de dados numéricos, definição atribuída a Frederick Emory Croxton & Didley Johnstone Cowden[9](1964).

8 Pierre Émile Levasseur (1828 – 1911), historiador, geógrafo, economista e estatístico francês. Nasceu e faleceu em Paris.

9 Estatísticos americanos.

3

Importância da Estatística

A estatística é uma importante ferramenta que pode e deve ser empregada pelos pesquisadores em geral em diferentes situações, como pode ser visto, por exemplo, nos itens abaixo.

i. Planejamento, análise e interpretação de experiências agropecuárias, biológicas, sociais e industriais;

ii. Estudo de fenômenos hidrológicos e meteorológicos;

iii. Previsão de população para efeito de projetos de interesse da comunidade rural e urbana;

iv. Controle de qualidade de produtos agrícolas e industriais;

v. Previsão de safras;

vi. Estimativas de produção;

vii. Estudo de fenômenos econômicos e sociais;

viii. Estudos genéticos;

ix. Simulação;

x. Geoestatística;

xi. Seguros;

xii. [10]Atuária:

10 Pierre Émile Levasseur (1828 – 1911), historiador, geógrafo, economista e estatístico francês. Nasceu e faleceu em Paris.

xiii. Medicina;

xiv. Demografia;

xv. Meio ambiente;

xvi. Contabilidade e área fiscal;

xvii. Física;

xviii. Química (quimiometria);

xix. Engenharia civil;

xx. Engenharia do petróleo e de energia;

xxi. Engenharia sanitária;

xxii. Engenharia florestal; e

xxiii. Ecologia e Arborização urbana.

4

Divisão da Estatística

Para estabelecer o âmbito dos estudos da disciplina e adotando-se um esquema prático de raciocínio, pode-se dizer que a estatística compreende duas funções ou campos bem amplos.

4.1 Estatística Descritiva ou Estatística Dedutiva

É a parte da estatística que cuida da apresentação dos dados de observação por meio do uso de tabelas, de gráficos e de medidas resumo as quais são: as medidas de posição, de dispersão, de assimetria e de curtose.

4.2 Estatística Indutiva, Estatística Analítica ou Interferência Estatística

É a parte que tem por objetivo fornecer os métodos que propiciem a realização de inferências sobre uma população a partir de amostras delas provenientes, tendo por base o cálculo de probabilidades.

5

Conceitos Básicos

5.1 POPULAÇÃO OU UNIVERSO ESTATÍSTICO (N)

No sentido geral é um conjunto de objetos, pessoas, acontecimentos, medidas, entre outras. com pelo menos uma característica comum, cujo comportamento interessa analisar ou inferir. As características da população são comumente chamadas de parâmetros, os quais são valores fixos e ordinariamente desconhecidos, tendo como símbolo os caracteres gregos. Exemplo: As áreas em hectares das propriedades agrícolas produtoras de milho no Brasil.

5.2 TIPOS DE POPULAÇÃO

5.2.1 POPULAÇÃO FINITA

É aquela em que o número de elementos que a compõem não é muito grande, ou seja, é limitada em tamanho ou ainda quando $n/N \geq 0,05$. Exemplo: O número de frutos por árvore de mangueira contados em 1000 árvores de um pomar. Aqui n é o tamanho amostral e N o populacional.

5.2.2 POPULAÇÃO INFINITA

É aquela em que o número de elementos que a compõem é muito grande, admitindo-se como infinito, ou ainda quando $n/N < 0,05$. Exemplo: As possíveis vazões medidas em m^3/s em uma seção do rio Mossoró no período de um ano.

5.3 AMOSTRA (n)

É um subconjunto de observações, indivíduos e objetos. Selecionado de uma população, necessariamente finita, e que preserva as suas funções básicas, cujo comportamento interessa analisar ou inferir. As funções da amostra são chamadas de estatísticas, sendo simbolizadas por caracteres latinos. Exemplos: valores de volume de chuva em milímetros (mm) em Mossoró nos dez primeiros dias do mês de janeiro de 2007, valores de produção leiteira em quilogramas (kg) do rebanho bovino holandês preto e branco, da Universidade Federal Rural do Semi Árido (UFERSA), durante o mês de Janeiro de 2008.

5.4 VARIÁVEL (X_j)

Característica mensurável de acordo com alguma escala e que pode assumir diferentes valores de elemento para elemento. A variável será representada por letras maiúsculas. Tipo: X, Y, Z e W. Exemplo: A temperatura corporal de animais em graus Celsius;

5.5 CLASSIFICAÇÃO DAS VARIÁVEIS (TIPOS)

Os dados de observação ou dados estatísticos constituem a matéria prima para o trabalho estatístico, eles têm sua origem, seja por medição, por contagem ou pesagem, no estudo de atributo ou característica de plantas, animais ou qualquer objeto ou elemento de uma população ou amostra, como exemplo podem ser citados, a altura de plantas, o rendimento de uma cultura, o ganho de peso de bovinos, a renda anual de uma comunidade rural, as precipitações pluviométricas de uma região, as possíveis vazões de um rio, entre outras.

Tais medidas são variáveis, porque originam valores que tendem a exibir certo grau de variabilidade quando se fazem mensurações sucessivas (tais valores são chamados domínio da variável). Ao contrário da constante a qual é uma característica que deve assumir valores iguais de indivíduo para indivíduo.

Na maioria das vezes, a escolha do processo a se utilizar na análise ou descrição de dados estatísticos depende do tipo de dado considerado.

Existem 4 tipos de variáveis ou dados, inclusive oriundos de uma mesma população ou amostra, vale salientar que dados ou observações são os valores numéricos assumidos pela variável.

O tratamento dos dados depende dessa classificação, ou seja, às técnicas estatísticas utilizadas para dados provenientes de variáveis qualitativas são diferentes das técnicas utilizadas para dados provenientes de variáveis quantitativas.

Sendo assim as variáveis podem ser classificadas da seguinte maneira:

5.5.1 VARIÁVEIS QUALITATIVAS

São aquelas em que as modalidades ou categorias formam um conjunto sem forma definida, não estruturado numericamente, ou seja, quando não há ligação entre esses atributos, independentemente do fato de constituírem um conjunto completo de observações de um estudo. Ou ainda são aquelas que apresentam como possíveis realizações uma qualidade ou atributo do elemento pesquisado, por isso não são inerentemente numéricas e devem ser convertidas em valores numéricos antes do processamento estatístico. Exemplo: a cor da pelagem de animais de um rebanho caprino, enquanto que, branco, preto, pardo, malhado, amarelo, cinza, são possíveis valores ou realizações da variável.

5.5.1.1 VARIÁVEIS QUALITATIVAS NOMINAIS

Surgem quando se definem categorias, tipos ou atributos, tais como sexo (masculino ou feminino), campo de estudo (engenharia, biologia, ciências humanas e ciências exatas), estado civil (solteiro, casado, divorciado e desquitado), ou seja, são aquelas para as quais não existe nenhuma ordenação nas possíveis realizações, e conta-se o número de observações pertencentes a esta categoria. Exemplo: Tipo de raça bovina (holandês, nelore, gir, hereford, guzerá, entre outros).

5.5.1.2 VARIÁVEIS QUALITATIVAS ORDINAIS

São aquelas constituídas de valores relativos atribuídos para denotar ordem, ou hierarquia, isto é são aquelas para as quais existe certa ordem nos possíveis resultados, os possíveis valores ocupam uma ordem ou ranking dentro da série numérica. Como exemplo, tem-se o grau de instrução dos funcionários de uma agroindústria (1º grau, 2º grau, superior), dados oriundos de concurso de culinária, concurso de beleza, concurso de flores, concurso de cães, conjunto de notas atribuído a um restaurante (ótimo, bom, regular, ruim e péssimo), notas de resistência da cultura do milho a doença ferrugem (resistente, moderadamente resistente e susceptível). Exemplo: O grau de maturação de frutos de figo (verde, "de vez", maduro).

5.5.2 VARIÁVEIS QUANTITATIVAS

São aquelas que apresentam como possíveis realizações valores resultantes de uma contagem ou mensuração, ou seja, os dados são de caráter numérico ou quando os resultados possuem uma estrutura numérica. Exemplo: O peso ao nascer em kg de um bezerro macho da raça bovina nelore. Essas variáveis podem ainda ser do tipo:

5.5.2.1 VARIÁVEIS QUANTITATIVAS DISCRETAS

"X" será uma variável discreta quando a menor diferença não-nula entre dois valores possíveis dessa variável for finita. Deve-se notar que teoricamente, X pode variar em todo o conjunto de números inteiros racionais, e não apenas inteiros positivos de zero a infinito (TOLEDO; OVALLE, 1987). Normalmente a variável discreta resulta de contagem, razão pela qual seus valores são expressos por meio de números inteiros não negativos, ou seja, o seu campo de definição é um conjunto finito ou infinito enumerável de valores. Como por exemplo, pode-se citar o número de grãos por espiga de milho, o número de insetos por folha de planta, e outros. Exemplo: O número de vagens por planta na cultura do feijão Macassar: (0, 1, 2, 3, ...).

5.5.2.2 VARIÁVEIS QUANTITATIVAS CONTÍNUAS

"X" é uma variável contínua, quando, ao passar de um valor real "a" para outro valor "b", assume todos os valores intermediários entre a e b. Assim sendo, pode-se dizer que a variável contínua resulta geralmente de mensuração, e a escala numérica de seus possíveis valores corresponde ao conjunto $\Re$ dos números reais (TOLEDO; OVALLE, 1987). São dados que podem assumir qualquer valor num intervalo contínuo, ou seja, num conjunto infinito não enumerável de valores, como por exemplo, dados obtidos por meio de mensuração, medição ou pesagem, tais como altura de plantas em centímetros, peso de frangos em gramas aos 30 dias de vida, velocidade do vento em m/s, temperatura corporal de um coelho durante um mês em graus Celsius, produtividade de uma cultura agrícola de algodão em toneladas por hectare, peso de 100 sementes de feijão macassar em gramas, entre outros. EXEMPLO: A umidade relativa média do ambiente em porcentagem no dia 5 de janeiro de 2008 em Mossoró, RN, medida durante todo o dia.

5.6 CONSTANTE (K)

É uma característica de um conjunto de indivíduos que toma apenas um único valor numérico de elemento para elemento. Exemplo: Número de ovos postos por 5 galinhas poedeiras: K = {10, 10, 10, 10, 10}.

5.7 DADO ESTATÍSTICO OBSERVADO OU OBSERVAÇÃO

É aquele conjunto de números, taxas e outras informações numéricas ou não, coletadas ou registradas em experimentos ou levantamentos amostrais associados a uma variável. Dentro desse contexto todo dado ou observação é um valor de uma variável. O valor observado será representado por letras minúsculas. Exemplos: x, y, z e w; x = 3 toneladas de algodão por hectare, w = 30°C.

6

Escalas de Medição

6.1 INTRODUÇÃO

O tema de escalas de medição está intimamente relacionado ao de classificação de tipos de variáveis que se discutiu na seção anterior, mas possui aspectos diferentes. As escalas de medição se classificam em nominal, ordinal, intervalo e de razão.

As escalas nominal e ordinal estão associadas às variáveis qualitativas de mesmo nome. As escalas de intervalo e de razão estão associadas a variáveis quantitativas, tanto discretas quanto contínuas.

6.2 ESCALA NOMINAL

A escala nominal está associada a variáveis nominais, aquelas para as quais as categorias não têm nenhum significado numérico e nem apresentam uma ordem "natural". Vamos ver em seções subsequentes que as análises estatísticas que se podem fazer com variáveis cuja escala é nominal estão limitadas a um número bastante pequeno. No caso univariado isso se resume praticamente a construir tabelas de frequências e fazer gráficos de barras, e gráficos tipo estrela, mas estes gráficos devem ser interpretados com muito cuidado já que nem o espaçamento entre as barras nem a ordem das barras tem significado. Outro tipo de gráfico que pode ser feito é o tipo setores ("pie chart" em inglês). Mas, como veremos, este é um tipo de gráfico que deverá ser evitado devido a suas péssimas características em termos de interpretação (e também do ponto de vista estético), especialmente se for feito com efeito tridimensional ou com uma fatia destacada das demais, mas tudo no seu devido tempo.

6.3 ESCALA ORDINAL

A escala ordinal está associada a variáveis qualitativas do mesmo nome, ou seja, a variáveis **ordinais**. Neste caso já se amplia mais a gama de opções de análise e de apresentação. No caso de gráficos, as barras, o espaçamento entre elas, ainda não tem significado, mas as mesmas deverão ser apresentadas em sua ordem natural.

6.4 ESCALA DE INTERVALO

O importante nesta definição é entender o que significam as escalas de intervalo e de razão, que são utilizadas com variáveis quantitativas.

Uma escala é de intervalo se os valores da variável (que pode ser discreta ou contínua) não estão limitados por um valor zero que tenha significado real. O melhor exemplo (e talvez o mais fácil de entender) se tem com temperatura medida em graus Celsius. Temos tanto temperaturas acima como abaixo de zero. Não faz sentido dizer que a temperatura de 20°C é duas vezes maior do que a temperatura de 10°C. Esta escala se chama de intervalo porque diferenças entre valores tem significado, mas não um múltiplo ou quocientes dela. Existem poucos exemplos de variáveis que se medem com escala de intervalo nas áreas de Ciências Sociais (incluída aí a área de Ciências Econômicas), mas no entanto é comum nas ciências agrárias e biológicas. Mas, considerando, o caso de renda domiciliar em reais onde esta pode ter valores negativos, seria correto dizer que esta é uma variável com escala de intervalo. Ainda assim em geral os economistas consideram apenas casos de renda não negativa e trabalham com escala de razão para esta variável, o que não acontece com outros tipos de variáveis como a temperatura média diária em graus Célsius, por exemplo. Na realidade é muito raro encontrar exemplos de escalas de intervalo fora das ciências exatas, onde elas existem em alguns casos nos quais se criaram escalas para problemas específicos surgidos em laboratório.

6.5 ESCALA DE RAZÃO

Uma escala é de razão quando o zero é uma barreira, um limite natural para os valores de uma variável, que pode ser tanto discreta quanto contínua. É o caso de idade em anos de uma pessoa, número de anos de escolaridade, peso, e muitas outras. Podemos agora não apenas trabalhar com diferenças entre valores, mas também com quocientes (razões) entre eles. É perfeitamente legítimo dizer que um indivíduo que esteve 10 anos na escola tem o dobro de escolaridade que outro que esteve apenas 5 anos na escola.

É importante destacar que para uma escala ordinal a única operação que tem sentido é a de comparação de posição. Podemos dizer, por exemplo, que o nível socioeconômico alto está acima do nível baixo e este é menor do que o nível médio. Para uma escala de intervalo podemos efetuar operações de diferença de valores. Podemos dizer que a diferença de temperatura entre 30°C e 20°C é a igual à diferença entre 25°C e 15°C. É claro que também podemos fazer comparações, 30°C é mais ou maior do que 20°C. Já para escala de razão podemos efetuar a operação de razão (divisão, quociente) dizendo que J que pesa 100 quilos tem o dobro do peso de M que tem apenas 50 quilos.

Para escala de razão obviamente também se podem efetuar operações de comparação e de diferença. Estas classificações de escalas de medição e a classificação de tipos de variáveis formam uma taxonomia útil, mas, como sempre, existem casos que se situam em áreas nebulosas, e as classificações neste caso devem servir principalmente para que reflitamos com cuidado ao usar técnicas que pressupõem certas propriedades das variáveis.

Devemos evitar usar métodos inadequados que levam á resultados que não podem ser interpretados e conduzem a erros muitas vezes extremamente graves.

6.6 EXERCÍCIO

6.6.1 Apresente exemplos de escalas de intervalo e de razão no contexto da área de Ciências Agrárias, das Ciências Biológicas, nas Engenharias, na Zootecnia, na Médica Veterinária, Nas Ciências Sociais, nas Ciências da Computação, na Administração, nas Ciências Contábeis.

Depois de ter escrito as suas respostas, discuta com um colega de disciplina e compare o que você apresenta com o que ele ou ela propõe.

7

EXEMPLOS DE APLICAÇÃO DE VARIÁVEIS QUANTITATIVAS

7.1 As duas tabelas a seguir serão utilizadas para ilustrar exemplos de variáveis qualitativas nominais e ordinais, e, quantitativas discretas e contínuas.

Tabela 1: Dados referentes as observações coletados em fichas cadastrais de 30 servidores técnicos efetivos da ativa, da Universidade Uni-Mossoró, referente a: estado civil, nível de escolaridade número de filhos, altura (m), tempo de serviço (dias) e religião praticante. Mossoró, RN, 2013. (continua)

Número de identificação	Estado cívil	Nível de escolaridade	Número de filhos	Altura (m)	Tempo de serviço (dias)	Religião
01	Casado	1º Grau	-	1,70	1020	Evangélico
02	Casado	1º Grau	1	1,65	1100	Católico
03	Solteiro	1º Grau	2	1,62	850	Católico
04	Solteiro	2º Grau	0	1,63	950	Católico
05	Casado	1º Grau	3	1,60	880	Católico
06	Desquitado	Superior	1	1,61	550	Católico
07	Divorciado	2º Grau	0	1,60	680	Católico
08	Desquitado	Superior	2	1,59	100	Católico
09	Divorciado	2º Grau	1	1,58	1300	Católico
10	Divorciado	Superior	1	1,7	1200	Católico
11	Divorciado	1º Grau	-	1,72	1056	Mulçumano
12	Casado	Superior	1	1,75	1085	Evangélico
13	Casado	1º Grau	-	1,80	1049	Evangélico
14	Casado	Superior	0	1,58	957	Mulçumano
15	Divorciado	Superior	2	1,90	965	Católico
16	Casado	1º Grau	1	1,49	874	Umbandista

Tabela 1: Dados referentes as observações coletados em fichas cadastrais de 30 servidores técnicos efetivos da ativa, da Universidade Uni-Mossoró, referente a: estado civil, nível de escolaridade número de filhos, altura (m), tempo de serviço (dias) e religião praticante. Mossoró, RN, 2013. (final)

Número de identificação	**Estado cívil**	**Nível de escolaridade**	**Número de filhos**	**Altura (m)**	**Tempo de serviço (dias)**	**Religião**
17	Casado	Superior	1	1,51	789	Mulçumano
18	Divorciado	1º Grau	2	1,54	1020	Umbandista
19	Casado	Superior	3	1,55	1070	Evangélico
20	Divorciado	2º Grau	0	1,50	1060	Umbandista
21	Casado	Superior	0	1,78	1058	Umbandista
22	Casado	Superior	0	1,76	1046	Evangélico
23	Divorciado	Mestrado	-	1,72	998	Umbandista
24	Divorciado	Mestrado	-	1,70	1030	Umbandista
25	Casado	Doutorado	2	1,66	780	Mulçumano
26	Casado	Pós doutorado	1	1,67	762	Umbandista
27	Solteiro	Doutorado	1	1,62	496	Mulçumano
28	Desquitado	Mestrado	1	1,71	123	Umbandista
29	Casado	Doutorado	1	1,75	258	Umbandista
30	Desquitado	Superior	1	1,77	658	Católico

Fonte: dados fictícios.

Tabela 2: Observações obtidas em um levantamento amostral com aves poedeiras, conduzido em Mossoró, RN, no ano de 2011, com registros referentes a: Tipo de raça, Peso vivo corporal (kg), Número de ovos mensal (postura mensal), cor da plumagem, classificação do tamanho do ovo e grau de resistência à gripe aviária. Mossoró, RN, 2013.

Número de identificação	Raça	Peso vivo (kgf)	Número de ovos mensal	Cor da Plumagem	Classificação do tamanho do ovo	[1]Grau de resistência à gripe aviária
01	embrapa 011	1,80	10	branco	grande	r
02	embrapa 031	1,75	15	vermelha	grande	s
03	embrapa 051	2,10	20	cinza	grande	s
04	hisex	1,35	18	pintado	grande	s
05	lohmann	1,64	17	preto	médio	s
06	isa	1,54	14	preto	pequeno	pr
07	hy –line	1,38	12	preto	médio	ps
08	shaver	2,40	16	pintado	pequeno	ps
09	tetra	1,88	19	cinza	pequeno	pr
10	harco	1,76	20	cinza	médio	r
11	H & nnick chick	1,94	20	pintado	médio	r
12	leghorn	1,23	21	preto	médio	r
13	orpingthon	1,54	23	branco	médio	r
14	jersey gigante	1,87	18	cinza	médio	ps
15	isa	1,68	19	cinza	médio	r
16	embrapa 051	1,87	11	vermelha	médio	r
17	shaver	1,77	10	vermelha	grande	r
18	hisex	1,56	12	cinza	pequeno	r
19	isa	1,85	15	vermelha	grande	r
20	lohmann	1,68	13	branco	grande	r

Fonte: Dados fictícios

[1] r : resistente; pr : pouco resistente; ps : pouco sucetível; s : sucetível

8

TÉCNICAS DE SOMATÓRIO $\left[\sum_{i=1}^{n} X_i\right]$

8.1 ÍNDICES OU NOTAÇÃO POR ÍNDICES

O símbolo X_i (leia-se X índice i) representa um dos “n” valores, X_1, X_2,..., X_n, assumidos pela variável “X”, na amostra ou no conjunto de dados. A letra “i”, usada como índice, pode representar qualquer um dos valores: 1, 2, 3,..., n. Evidentemente pode ser usada para qualquer outra letra além de “i” (TOLEDO; OVALLE, 1987).

8.2 SOMATÓRIO

Muitas vezes precisamos escrever expressões que envolvem somas com muitos termos, ou cujos termos obedecem a certa lei de formação. Por exemplo, a soma dos 100 primeiros números naturais:

$$1 + 2 + 3 + ... + 99 + 100.$$

Simbolizaremos por x_i o i-ésimo termo da soma. Assim, x_1 representa o primeiro termo, x_2 representa o segundo, x_3, o terceiro, x_{100} representa o centésimo termo. Também chamaremos n o número de termos da soma. Assim, na ilustração, n = 100. (TOLEDO e OVALLE, 1987; MARTINS e DONAIRE, 1991).

A soma de n termos pode ser simbolicamente representada por $\sum_{i=1}^{n} X_i$.

No caso anterior, temos 100 termos; então n = 100 e a soma desses cem números será representada por $\sum_{i=1}^{100} x_i$.

8.2.1 PARTES DO SÍMBOLO DO SOMATÓRIO (NOTAÇÃO DE SOMATÓRIO)

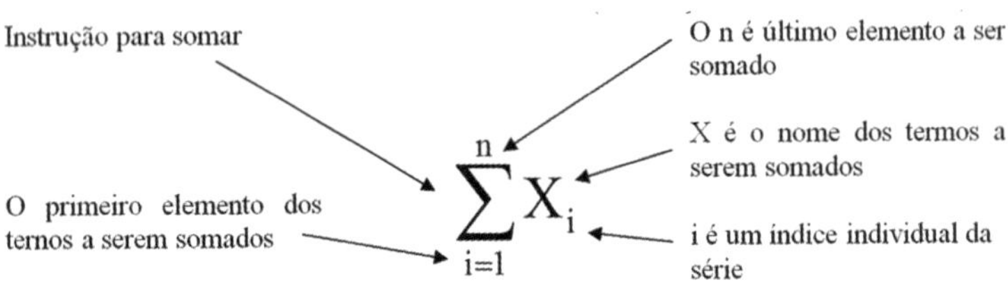

Dessa forma, a leitura acima se faz assim: "somatório de x_i, para i variando de 1 a "n" ou "soma de x_i, para i variando de 1 a "n". O símbolo $\sum$ é a letra grega sigma maiúsculo. Se estamos interessados na soma dos segundo, terceiro,..., centésimo elemento, devemos escrever: $\sum_{i=2}^{100} x_i$.

8.2.2 PROPRIEDADES DOS SOMATÓRIOS

i) O quadrado da soma é diferente da soma dos quadrados;

$$\left(\sum_{i=1}^{n} X_i\right)^2 \neq \sum_{i=1}^{n} X_i^2$$

ii) O produto de duas somas é diferente da soma dos produtos;

$$\left(\sum_{i=1}^{n} X_i\right) \times \left(\sum_{i=1}^{n} Y_i\right) \neq \left(\sum_{i=1}^{n} X_i Y_i\right)$$

iii) O número de parcelas de um somatório:

O número "P" de parcelas ou termos do somatório $\sum_{i=a}^{n}$ é dado pela seguinte expressão.

$$P = n - a + 1$$

iv) Somatórios Múltiplos (Duplos);

O somatório múltiplo (duplo) de um produto é igual ao produto dos somatórios tomados separadamente;

$$\sum_{i=1}^{n}\sum_{j=1}^{m} X_i Y_j = \left(\sum_{i=1}^{n} X_i\right) \times \left(\sum_{j=1}^{m} Y_j\right)$$

O número "P" de parcelas ou termos de somatórios múltiplos é dado pela multiplicação dos totais de termos de cada somatório. Para a expressão de somatório duplo acima, tem-se que o número total P de termos envolvidos é dado por:

$$P = (n - 1 + 1) \times (m - 1 + 1) = n \times m$$

v) O somatório do produto de uma constante por uma variável que depende do somatório é igual ao produto da constante pelo somatório da variável. Ou é o mesmo que se cada elemento da série é multiplicado por uma constante, os elementos podem ser somados, e a soma multiplicada pela constante.

$$\sum_{i=1}^{n} K X_i = K \sum_{i=1}^{n} X_i$$

vi) A soma de uma constante sobre n termos é igual a n vezes a constante.

$$\sum_{i=1}^{n} K = nK$$

No entanto, $\sum_{i=a}^{n} K = (n-a+1)K$.

vii) O somatório da soma (ou diferença) é igual à soma (ou diferença) de somatórios.

$$\sum_{i=1}^{n}(X_i \pm Y_i) = \sum_{i=1}^{n} X_i \pm \sum_{i=1}^{n} Y_i$$

viii) Quando não houver possibilidade de dúvidas, poderemos omitir os índices. Assim:

$\sum X$, $\sum X^2$ serão usados, ao invés de $\sum_{i=1}^{n} X_i$, $\sum_{i=1}^{n} X_i^2$

ix) Sempre que houver operações indicadas em frente do somatório, deveremos primeiro desenvolvê-las para em seguida aplicarmos as propriedades de somatório. Por exemplo, para a soma dos n termos a seguir, temos:

$$\sum(3X+2)^2$$

$$\sum(3X+2)^2 = \sum\left(9X^2+12X+4\right)$$

$$\sum(3X+2)^2 = \sum 9X^2 + \sum 12X + \sum 4$$

$$\sum(3X+2)^2 = 9\sum X^2 + 12\sum X + n4$$

8.2.3 SOMATÓRIO DUPLO

É frequente, na representação dos dados estatísticos, o uso de tabelas de dupla entrada, na qual os valores são expressos em função de duas variáveis. Uma variável linha e uma variável coluna. Assim, podemos representar: Estado Civil (solteiro, casado, outros) x Sexo (masculino e feminino), Faixa Etária x Faixas de Rendas; Escolaridade x Departamentos.

A indicação da soma dos elementos de tabelas de dupla entrada pode ser feita pelo somatório duplo já mostrado anteriormente.

8.2.4 EXEMPLO DE APLICAÇÃO 1

Seja X_{ij} um elemento genérico, sujeito a i-ésima linha e a j-ésima coluna da tabela abaixo:

Tabela 3: Valores genéricos de uma variável quantitativa X_{ij}.

i	j				
	1	2	3	…	k
1	x_{11}	x_{12}	x_{13}	…	x_{1k}
2	x_{21}	x_{22}	x_{23}	…	x_{2k}
3	x_{31}	x_{32}	x_{33}	…	x_{3k}
⋮	⋮	⋮	⋮	⋮	⋮
L	x_{L1}	x_{L2}	x_{L3}	…	x_{Lk}

Para provar algumas propriedades dadas anteriormente, usaremos as seguintes séries de números:

Variáveis X: $x_1 = 5 \quad x_2 = 3 \quad x_3 = -2 \quad x_4 = 0$

Variáveis Y: $y_1 = 2 \quad y_2 = 3 \quad y_3 = -3 \quad y_4 = 1$

Para a propriedade v. Vamos supor que a constante seja igual a 3, então:

$$\sum_{i=1}^{4} Kx_i = K\sum_{i=1}^{4} x_i$$

$$Kx_1 + Kx_2 + Kx_3 + Kx_4 = K(x_1 + x_2 + x_3 + x_4)$$

$$3(5) + 3(3) + 3(-2) + 3(0) = 3[5 + 3 + (-2) + 0]$$

$15 + 9 - 6 + 0 = 3(6)$, sendo assim, $18 = 18$

Para a propriedade vi. Vamos supor que a constante seja igual a 3 e n = 4, então:

$$\sum_{i=1}^{4} K = nK$$

$$K + K + K + K = nK$$

$3 + 3 + 3 + 3 = 4.(3)$, e então temos que,

$$12 = 12$$

Para a propriedade vii, teremos:

$$\sum_{i=1}^{4} (x_i + y_i) = \sum_{i=1}^{4} x_i + \sum_{i=1}^{4} y_i$$

$$(x_1 + y_1) + (x_2 + y_2) + (x_3 + y_3) + (x_4 + y_4) =$$

$$(x_1 + x_2 + x_3 + x_4) + (y_1 + y_2 + y_3 + y_4)$$

$$(5 + 2) + (3 + 3) + (-2 - 3) + (0 + 1) =$$

$$[5 + 3 + (-2) + 0] + [2 + 3 + (-3) + 1]$$

$$7 + 6 - 5 + 1 = 6 + 3$$

$$9 = 9$$

Sendo assim temos que:

$$x_{11} + x_{12} + ... + x_{1K} + x_{21} + x_{22} + ... + x_{LK} = \sum_{i=1}^{L}\sum_{j=1}^{K} x_{ij}$$

$$\sum_{i=3}^{L}\sum_{j=3}^{K} x_{ij}^2 = x_{33}^2 + x_{34}^2 + ... + x_{3K}^2 + x_{43}^2 + ... + x_{LK}^2$$

$$\sum_{j=1}^{K} x_{2j} - \sum x_{2j} = 0$$

$$\sum_{i=1}^{L} x_{i3} - \sum x_{i3} = 0$$

8.2.5 EXEMPLO DE APLICAÇÃO 2

Se x_{ij} representar o elemento sujeito a i-ésima linha e a j-ésima coluna da tabela então temos o seguinte. Note também que as propriedades utilizadas anteriormente também são válidas nesses casos.

Tabela 4: Valores fictícios de uma variável quantitativa X_{ij}.

i	j			
	1	2	3	4
1	5	-2	0	1
2	2	1	0	-2
3	1	2	4	3

Fonte: Dados fictícios.

Calcular:

i) $\sum_{i=1}^{3}\sum_{j=1}^{4} x_{ij} = \sum\sum x_{ij} = 5+(-2)+0+1+2+...+3=15$

ii) $\sum_{j\ 1} x_{3j} = \sum x_{3j} = 1+2+4+3=10$

iii) $\sum_{i=1}^{3} x_{i4} = \sum x_{i4} = 1+(-2)+3=2$

iv) $\sum_{i=2}^{3}\sum_{j=3}^{4} x_{ij}^{3} = 0^3+(-2)^3+4^3+3^3 = 83$

v) $$\begin{aligned}\sum\sum(x_{ij}-1)^2 &= \sum\sum(x_{ij}^2-2x_{ij}+1)\\ &= \sum\sum x_{ij}^2 - 2\sum\sum x_{ij} + \sum\sum 1\\ &= 5^2+(-2)^2+0^2+1^2+2^2+...+3^2-2(15)+12(1)=-51\end{aligned}$$

8.2.6 EXERCÍCIOS SOBRE SOMATÓRIO

8.2.6.1 O que significa a notação somatório e para que é utilizada?

8.2.6.2 Exercícios sugeridos

Sendo, X = {7, 3, 9, 5, 6} e Y = {3, 2, 8, 1, 1}, Calcule as seguintes somas.

i) $\sum X$ ii) $\sum Y$ iii) $\sum X^2$ iv) $\sum Y^2$

v) $\sum XY$ vi) $\sum (X+2)$ vii) $\sum (X+Y)$ viii) $\sum (X-2)$

ix) $\sum (X+1)(Y-3)$ x) $\sum (X+2)^2$ xi) $\dfrac{\sum (X+4)}{\sum (Y+4)}$ xii) $\sum \left(\dfrac{X+4}{Y+4}\right)$

xiii) $\sum (X-Y)$ xiv) $\sum \left(\dfrac{X}{Y}\right)$ xv) $\sum \left(\dfrac{Y}{X}\right)$

Tente utilizar algum pacote estatístico para resolver o exercício computacionalmente. Você também pode observar no apêndice SOFTWARE R os comandos necessários para resolver esses exercícios utilizando o R.

8.2.6.3 Com os dados do exercício anterior, verifique que:

i) $\sum(X+Y)=\sum X+\sum Y$;

ii) $\sum(X-Y)=\sum X - \sum Y$;

iii) $(\sum X)^2 \neq \sum X^2$;

iv) $(\sum Y)^2 \neq \sum Y^2$;

v) $\sum(X.Y) \neq \sum X.\sum Y$

vi) $\sum\left(\frac{X}{Y}\right) \neq \frac{\sum X}{\sum Y}$

vii) $\sum_{i=1}^{5}\sum_{j=1}^{5} X_i Y_j = \sum_{i=1}^{5} X_i \sum_{j=1}^{5} Y_j$

8.2.6. 4 Sendo, X = {7, 2, 9} e K = 10, Verifique que $\sum_{i=1}^{3} KX_i = k\sum_{i=1}^{3} X_i$

8.2.6.5 Desenvolver os somatórios:

i) $\sum_{i=1}^{5} 9$

ii) $\sum_{i=3}^{8} 200$

iii) $\sum_{i=0}^{6} X^{8-i}$

iv) $\sum_{i=2}^{8} 6i$

v) $\sum_{i=-2}^{4} i^3$

vi) $\sum_{j=1}^{5} 5X_i Y_j$

8.2.6.6 Exprimir cada uma das seguintes somas, mediante o emprego da notação de somatório:

i) $(X_1 + 2)^2 + (X_2 + 2)^2 + (X_3 + 2)^2 + (X_4 + 2)^2$;

ii) $m_1X(Y_1 - b)^2 + m_2X(Y_2 - b)^2 + ... + m_{10}X(Y_{10} - b)^2$;

iii) $\dfrac{X_1Y_1 + X_2Y_2 + ... + X_7Y_7}{X_1 + X_2 + ... + X_7}$

iv) $\left(\dfrac{X_1}{Y_1} - 4\right)^3 + \left(\dfrac{X_2}{Y_2} - 4\right)^3 + ... + \left(\dfrac{X_{15}}{Y_{15}} - 4\right)^3$

v) $(4x_1 - 2y_1) + (4x_2 - 2y_2) + ... + (4x_n - 2y_n)$

8.2.6.7 De acordo com a tabela, calcule:

a) $\left(\sum_{i=1}^{5} X_i\right) \times \left(\sum_{j=1}^{4} Y_j\right)$ b) $\sum_{i=1}^{5}\sum_{j=1}^{4} X_i Y_j$

c) $\sum_{i=1}^{3} X_i^2$ d) $\sum_{j=1}^{4} Y_j^2$

Tabela 5: Valores fictícios de duas variáveis quantitativas X_i, Y_j.

X_i	Y_j
$X_1 = 2$	$Y_1 = 1$
$X_2 = 4$	$Y_2 = 3$
$X_3 = 6$	$Y_3 = 5$
$X_4 = 8$	$Y_4 = 7$
$X_5 = 10$	--
$\sum_{i=1}^{5} X_i =$	$\sum_{j=1}^{4} Y_j =$

Fonte: Dados fictícios.

8.2.6.8 Calcular os seguintes somatórios:

i) $\sum_{i=1}^{4} (X_i - 2)$ para X = {2, 3, 4, 5}

ii) $\sum_{i=1}^{4} (X_i + 2)^2$ para X = {1, 2, 3, 4}

8.2.6.9 Mostre por meio de exemplos numérico que o número P de parcelas ou termos do somatório $\sum_{i=a}^{n}$ é dado pela seguinte expressão P = n – a + 1.

8.2.6.10 Prove que o somatório de uma constante "K" é igual ao produto do número de termos pela constante.

8.2.6.11 Desenvolver os seguintes somatórios:

i) $\sum Y_i$ (i = 1, 2, ..., 8);

ii) $\sum V_i$ (i = 1, 2, ..., n);

iii) $\sum Z_i$ (i = 3, 4, ..., 9);

iv) $\sum Y_i$ (i = 1, 2, ..., 100);

v) $\sum (V_i W_i - K)$ (i = 1, 2, ..., n);

9

TÉCNICAS DE PRODUTÓRIO $\left[\prod_{i=1}^{n} X_i\right]$

9.1 INTRODUÇÃO

Da mesma forma que foi mostrada anteriormente em que vimos que o somatório representa a soma de termos, poderemos necessitar da representação do produtório (ou simplesmente produto) de termos de uma sucessão (MARTINS e DONAIRE, 1991; TOLEDO e OVALLE, 1987).

O produto de n fatores pode ser simbolicamente representado por:

$$\prod_{i=1}^{n} \mathbf{X}_i = X_1 \times X_2 \times ... \times X_n$$

Partes integrantes do símbolo do produtório

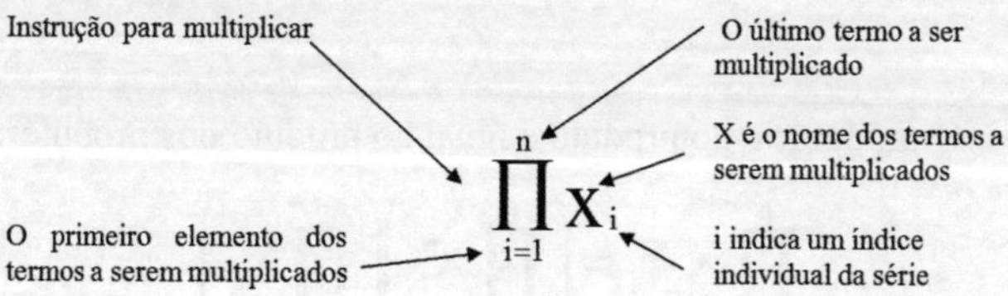

O símbolo $\prod$ é a letra do alfabeto grego "Pi" maiúscula. Esta letra corresponde ao nosso "P" no alfabeto latino e nos faz lembrar a palavra produto. Lê-se: "Produtório de X_i, para i variando de 1 a n, ou produto de X índice i para i variando de 1 a n".

9.1.1 EXEMPLOS

i) o produto 2 . 4 . 6 . 8 . 10 . 12 . ... . 36 pode ser representado por $\prod_{j=1}^{18} 2j$.

ii) o produto 1 . 2 . 3 . 4 . 5 . 6 . ... . 20, pode ser indicado por $\prod_{i=2}^{21}(i-1)$.

9.2 PROPRIEDADES DOS PRODUTÓRIOS

i) Se cada elemento da série de dados é multiplicado por uma constante, o produto dos termos ficará multiplicado pela constante elevada ao número de termos do produtório. Para esta propriedade, vamos considerar que a constante seja igual a 3, então:

$$\prod_{i=1}^{4} Kx_i = K^4 \prod_{i=1}^{4} x_i$$

$(Kx_1)(Kx_2)(Kx_3)(Kx_4)=K^4(x_1.x_2.x_3.x_4)$

$3(5).3(3).3(-2)=3^4(5.3.-2.1)$

$15.9.-6.3=81(-30)$

$-2.430=-2.430$

ii) O produtório do produto é igual ao produto dos produtórios.

$$\prod_{i=1}^{n} X_i Y_i = \left(\prod_{i=1}^{n} X_i\right)\left(\prod_{i=1}^{n} Y_i\right)$$

Para conduzir tais propriedades, usaremos os seguintes números:

Variável: X: $x_1=5$, $x_2=3$, $x_3=-2$, $x_4=1$

Variável: Y: $y_1=2$, $y_2=3$, $y_3=-3$, $y_4=1$

Para esta propriedade, teremos:

$$\prod_{i=1}^{4}(x_i y_i) = \left(\prod_{i=1}^{4} x_i\right)\left(\prod_{i=1}^{4} y_i\right)$$

$(x_1y_1)(x_2y_2)(x_3y_3)(x_4y_4) = (x_1.x_2.x_3.x_4)(y_1)(y_2)(y_3)(y_4)$

(5.2)(3.3)(-2.-3)(1.1) = (5.3.-2.1)(2.3.-3.1)

10.9.6.1 = (-30)(-18)

540 = 540

iii) De uma maneira geral, o produto dos "n" primeiros números inteiros é dado por:

$$\prod_{i=1}^{n} i = 1.2.3.....n = n!$$

O símbolo "!" em matemática, é utilizado para denotar a operação "fatorial" de um número inteiro. No caso apresentado, leia-se: n fatorial ou o fatorial de n. Para mais detalhes, consulte o apêndice GLOSSÁRIO MATEMÁTICO.

9.3 EXERCÍCIOS SOBRE PRODUTÓRIO

9.3.1 Qual o significado da notação produtório e para que é utilizada?

9.3.2 Escrever sob a forma de produtório os seguintes produtos.

i) 2. 4. 8. 16. 32. 1024

ii) 3. 6. 9 .12. 15. 60

iii) 1. 3. 5. 7. 9. 35

iv) Y. Y .Y .Y . .... . Y (produto de "n" fatores iguais)

v) $1^1. 2^2. 3^3. 4^4. 5^5. .... . n^n$

vi) $a^2 . a^3 . a^4 . \dots . a^k$

vii) $X_1 . X_2 . \dots . X_7$

viii) $a_1X_1 . a_2X_2 . a_3X_3 . \dots . a_nX_n$

ix) $X_1^{F_1} . X_2^{F_2} . \cdots . X_m^{F_m}$

9.3.3 Mostrar que:

i) $\prod_{i=1}^{k} cX_i^a = c^k \left(\prod_{i=1}^{k} X_i \right)^a$

ii) $\prod_{i=1}^{n} i = n!$

iii) $\log \prod_{i=1}^{n} X_i = \sum_{i=1}^{n} \log X_i$

iv) $\prod_{i=1}^{4} 2^i = 1024$

9.3.4 Desenvolver e calcular:

i) $\prod_{i=2}^{5} (2i-1)$

ii) $\prod_{i=1}^{4} 3i$

iii) $\prod_{j=1}^{6} (2 - \frac{1}{j})$

iv) $\prod_{i=3}^{6} \frac{3i}{i-2}$

v) $\prod_{i=1}^{3} (3i-1)i^3$

9.3.5 Verificar que:

i) $\prod_{i=3}^{7} i = \dfrac{\prod_{i=1}^{7} i}{\prod_{i=1}^{2} i}$

ii) $\prod_{i=1}^{m} i = m!$

10

O MÉTODO ESTATÍSTICO: FASES DO TRABALHO ESTATÍSTICO

A realização de uma pesquisa deve passar, necessariamente pelas fases apresentadas abaixo (TOLEDO e OVALLE, 1987).

i) Definição do problema: Saber exatamente o que se pretende pesquisar, ou seja, definir corretamente o problema.

ii) Planejamento: determinar o procedimento necessário para resolver o problema, como levantar informações sobre o assunto objeto do estudo. É importante a escolha das perguntas em um questionário, que na medida do possível, devem ser fechadas. O levantamento de dados pode ser dos tipos: censitário, amostragem, de experimentos, entre outros.

Outros elementos do planejamento de uma pesquisa são:

ii.1) Cronograma das atividades;

ii.2) Custos envolvidos;

ii.3) Exame das informações disponíveis;

ii.4) Delineamento da amostra.

iii) Coleta de Dados: consiste na busca ou compilação dos dados. Pode ser classificado, quanto ao tempo em:

iii.1) Contínua (inflação, desemprego, entre outros);

iii.2) Periódica (Censo);

iii.3) Ocasional (pesquisa de mercado, pesquisa eleitoral)

iv) Crítica dos dados: objetiva a eliminação de erros capazes de provocar futuros enganos. Faz-se uma revisão crítica dos dados suprimindo os valores estranhos ao levantamento.

v) Apresentação dos dados: a organização dos dados denomina-se "Série Estatística". Sua apresentação pode ocorrer por meio de tabelas e gráficos.

vi) Análise e Interpretação dos Dados: consiste em tirar conclusões que auxiliem o pesquisador a resolver seu problema, descrevendo o fenômeno por meio do cálculo de medidas estatísticas, especialmente as de posição e as de dispersão.

11

SUMARIZAÇÃO DE DADOS

Essa é a parte que consiste em resumir os dados em Tabelas, gráficos ou medidas resumo, com o objetivo de melhor observar e estudar o comportamento do fenômeno estudado.

11.1 ANÁLISE EXPLORATÓRIA DE DADOS [AED]

O objetivo da análise exploratória de dados é examinar a estrutura interna dos dados e avaliar os relacionamentos sistemáticos entre muitas variáveis.

A análise exploratória de dados inclui um conjunto de ferramentas gráficas e descritivas, para explorar os dados, como pré-requisito para uma análise de dados mais formal (Predição e Testes de Hipóteses) e como parte integral formal da construção de modelos.

11.2 SÉRIES ESTATÍSTICAS

Conjunto de números associados a um fenômeno expresso em quantidades absolutas ou relativas, dispostos em correspondência com ou mais de um critério de classificação, sendo constituída de época, local e fenômeno ou fator especificativo.

Após a coleta dos dados, não é conveniente apresentá-los para análise, sob a forma a que se chegou pela simples apuração. Muitas vezes o conjunto de valores é extenso e desorganizado e seu exame requer maior atenção. Além disso, existe o perigo de se perder a visão global do fenômeno analisado, quando a lista é extensa e desordenada.

As séries estatísticas podem ser de quatro tipos, conforme varie um dos fatores como época, o local e o fenômeno estudado, no entanto, costuma-se dividí-las em dois grupos, o das séries homógradas e o das séries heterógradas.

11.3 TIPOS DE SÉRIES ESTATÍSTICAS

Segundo Toledo e Ovalle, (1987), as séries estatísticas são dos tipos abaixo.

i) SÉRIE HOMÓGRADA: Aplicada para variável discreta ou descontínua.

i.1 TIPOS DE SÉRIES HOMÓGRADAS

1) Série temporal, série cronológica, série histórica, série evolutiva ou em marcha: O elemento variável é o tempo.

1.1 EXEMPLO

O gerente de marketing da empresa Agromáquinas fabricante de implementos e máquinas agrícolas, deseja examinar a evolução do volume de vendas no ano de 2007 mês a mês. Para tanto, solicitou ao departamento de análise de mercado a tabela na qual constam os valores de vendas no período pesquisado. Como pode ser observado, o único atributo variável é o tempo, neste caso representado pelos meses.

2) Série geográfica, série territorial, série espacial ou série de localização: O elemento variável é o local.

2.1 EXEMPLO

Se o gerente de marketing da empresa Agromáquinas, pretende saber, o comportamento das vendas dessa empresa efetuadas nos diversos estados do Brasil, durante o exercício fiscal de 2007, o fator diferenciador das vendas seria o geográfico, e a tabela correspondente ficaria como mostrado a seguir:

3) Série específica, qualitativa, categórica ou série por categoria: O elemento variável é o fator especificativo.

3.1 EXEMPLO

Suponhamos agora que o gerente de marketing esteja interessado em conhecer o comportamento das vendas de cada um dos produtos fabricados em sua indústria, os quais foram agrupados em três categorias ou linhas de produção, devido a grande variedade de componentes fabricados pela empresa. A tabela contendo essas informações representaria uma série específica ou categórica.

Tabela 6: Agromáquinas - Indústria de equipamentos agrícolas. Vendas no mercado interno em 2007.

Meses	Vendas (em milhares de reais)
janeiro	3300
fevereiro	1500
março	2400
abril	2350
maio	2410
junho	2700
julho	2830
agosto	3270
setembro	3000
outubro	3560
novembro	3120
dezembro	2680
Total anual	33120

Fonte: Departamento de Análise de Mercado.

Tabela 7: Agromáquinas - Indústria de equipamentos agrícolas. Vendas por unidade da Federação, em 2007.

Unidades da Federação	Vendas (em milhares de reais)
(Estados e Distrito Federal)	
Rio Grande do Sul	5000
Paraná	2500
Mato Grosso	7000
Minas Gerais	9100
São Paulo	11080
Outros	560
Total: Brasil	35240

Fonte: Departamento de Análise de Mercado.

Os dados da Tabela 8 revelam que 50% do faturamento da empresa Agromáquinas são representados pelos produtos da linha colheitadeira. Esse fato revela a importância de uma tabela, como forma de apresentação sintética e elegante dos valores representativos de um fenômeno qualquer estudado.

Tabela 8: Agromáquinas - Indústria de equipamentos agrícolas. Vendas por linha de produto, em 2007.

Linha de produto	Vendas (em milhares de reais)
Arado de disco	6000
Grade de disco	8000
Colheitadeira	14000
Todos os produtos	28000

Fonte: Departamento de Análise de Mercado

4) Séries conjugadas ou mistas

É aquela onde existe a combinação entre as séries cronológicas, geográficas e específicas, haja vista que podem variar o fator especificativo, o lugar e o tempo.

4.1 EXEMPLO

Tabela 9: Distribuição do número de propriedades agrícolas por atividade de exploração, localidade e época.

ANOS	PROPRIEDADES (NATUREZA DA ATIVIDADE)											
	AGRICULTURA					Total	PECUÁRIA					Total
	N	NE	CO	SUL	SE		N	NE	CO	SUL	SE	
1960	150	180	300	320	310	1260	600	410	800	750	680	3240
1970	160	170	320	350	340	1340	620	390	850	780	675	3315
1980	162	188	400	370	382	1502	640	405	890	796	698	3429
1990	170	203	480	490	400	1743	700	440	950	840	794	3724
2000	190	400	530	670	543	2333	1000	500	2500	1030	1050	6080
Total	832	1141	2030	2200	1975	8178	3560	2145	5990	4196	3897	

N: Norte, NE: Nordeste, CO: Centro Oeste, SE: Sudeste
Fonte: Dados fictícios.

ii) SÉRIE HETERÓGRADA: É aquela na qual o fenômeno ou o fato apresenta gradações ou subdivisões. Embora fixo o fenômeno varia em intensidade, sendo aplicadas para variáveis de classificação contínua e são comumente denominadas de distribuição de frequências ou derivadas ou seriação.

11.4 DISTRIBUIÇÃO DE FREQUÊNCIAS OU SERIAÇÃO

É a série em que os dados são agrupados com suas respectivas frequências. A época, o lugar e o fato permanecem fixos, mas o fato estudado é apresentado por meio de gradações em que é capaz de subdividir-se.

11.5 ELEMENTOS DE UMA DISTRIBUIÇÃO DE FREQUÊNCIAS

A seguir são descritos os procedimentos usuais na construção dessas tabelas e também alguns conceitos fundamentais ou termos próprios e de uso corrente.

11.5.1 FREQUÊNCIA (ABSOLUTA)

É o número de vezes que o elemento (valor assumido pela variável) aparece na amostra, ou o número de elementos pertencentes a uma determinada classe. Entenda-se por classe a representação de dados de uma mesma natureza ou dentro de um intervalo especificado. Denota-se freqüência absoluta por [f_i]

11.5.2 FREQUÊNCIA RELATIVA

É o quociente entre a frequência absoluta da classe e a frequência total. [f_r]

11.5.3 FREQUÊNCIA PERCENTUAL

É a Frequência relativa multiplicada pela frequência 100, cujo resultado é expresso em porcentagem. [$f_{\%} = f_p$]

11.5.4 FREQUÊNCIA ACUMULADA CRESCENTE OU "ABAIXO DE"

Corresponde a soma de frequências de determinada classe com as frequências anteriores. [F_{ac}🡇].

11.5.5 FREQUÊNCIA ACUMULADA DECRESCENTE OU "ACIMA DE"

Corresponde a soma de frequências de determinada classe com as frequências subsequentes. [F_{ac}🡅].

11.5.6 DADOS BRUTOS

É o conjunto dos dados numéricos obtidos após a crítica dos valores coletados, ou seja, são aqueles que não foram numericamente organizados ou tabulados.

11.5.7 ROL

É o arranjo dos dados brutos em ordem de frequência crescente ou decrescente de grandeza.

11.5.7.1 Valor típico ou representativo: Corresponde à escolha de um único valor para representar todo o conjunto de valores, geralmente é um valor central dos dados.

11.5.7.2 Valores discrepantes ou Outliers: São valores que se distanciam demais dos outros e pouco prováveis de ocorrerem novamente. É importante realizar um estudo para saber a razão da ocorrência desses valores. Existem três explicações para as causas do aparecimento desses tipos de dados: i) erro de transcrição de dados; ii) algum fato importante ocorreu durante o levantamento dos dados ou na condução do experimento e iii) o valor é verdadeiro e deve ser considerado como tal.

11.5.7.3 Dispersão: É uma medida da concentração dos dados em torno do valor típico.

11.5.7.4 Assimetria: Esse fenômeno ocorre quando os valores da variável apresentam-se com a maioria acima do valor típico, ou muito abaixo daquele valor. Por exemplo, no estudo da distribuição de renda das famílias no Nordeste do Brasil, a grande maioria dessas famílias apresenta baixo rendimento familiar, enquanto que a minoria apresenta alto rendimento.

11.5.7.5 Curtose ou achatamento: Refere-se ao grau de concentração da frequência de valores da variável quando se comparam os picos de concentração das frequências desses valores.

11.5.8 AMPLITUDE TOTAL OU RANGE [At OU R]

É a diferença entre o MAIOR e o MENOR valor de um conjunto de dados.

11.5.9 CLASSE DE FREQUÊNCIA OU INTERVALO DE CLASSE

É cada um dos grupos de valores em que se subdivide a amplitude total do conjunto de valores da variável. Esses intervalos podem ser construídos por meio dos tipos mostrados a seguir seguindo uma simbologia própria.

Existem várias maneiras de apresentar os intervalos de classes, que podem ser iguais ou diferentes entre si, porém, sempre que possível, deveremos optar por intervalos iguais, o que facilitará os cálculos posteriores. Mas mesmo com intervalos iguais, as distribuições poderão apresentar-se da seguinte maneira, mostrada abaixo.

i) [0,00 |------ 10,00): Essa classe compreende todos os valores entre o 0,00 e o 10,00, inclusive o 0,00 e exclusive o 10,00;

ii) (0,00 ------| 10,00]: Essa classe compreende todos os valores entre o 0,00 e o 10,00, exclusive o 0,00 e inclusive o 10,00;

iii) [0,00 |------| 10,00]: Essa classe compreende todos os valores entre o 0,00 e o 10,00, inclusive o 0,00 e inclusive o 10,00;

iv) (0,00 ------ 10,00): Essa classe compreende todos os valores entre o 0,00 e o 10,00, exclusive o 0,00 e exclusive o 10,00;

11.5.10 PONTO MÉDIO DE UMA CLASSE

É a média aritmética dos limites de uma classe (conhecido também como centro, marca, ou valor característico da classe). É o representante de todos os valores da classe. Sendo L_i o limite inferior e L_s o superior.

$$P.M. = X_i = \frac{L_i + L_s}{2}$$

O ponto médio pode também ser calculado pela seguinte expressão.

$P.M. = X_i = L_i + \frac{h}{2}$, em que "h" é a amplitude do intervalo de classe ($h = L_s - L_i$).

11.5.11 MÉTODOS USADOS NA DETERMINAÇÃO DO NÚMERO DE CLASSES (K)

A primeira pergunta que deve ser respondida quando do início da construção de uma distribuição de frequências é a de qual deve ser o número de classes (K) ideal que são formadas para sumarizar os dados de sua pesquisa ou levantamento amostral.

Existem vários critérios que podem ser utilizados para orientar o pesquisador a ter uma idéia do melhor número de classes, porém tais critérios servirão apenas como indicação e nunca como regra fixa, pois caberá sempre ao pesquisador estabelecer o melhor número tendo sempre em mente que a escolha dependerá antes da natureza dos dados e da unidade de medida em que eles forem expressos do que de regras muitas vezes arbitrárias e pouco flexíveis. De qualquer forma apresentaremos alguns dos principais métodos utilizados para se determinar o melhor número de classes (K). Na literatura especializada os autores recomendam utilizar de 5 a 20 classes, outros recomendam escolher um número entre 4 e 20, dependendo do número de observações.(TOLEDO e OVALLE, 1987; COSTA NETO, 2002 e FERREIRA, 2005).

i) Critério dos valores mínimo e máximo baseado no número de observações;

Tabela 10: Números mínimo e máximo de classes baseado no número de observações.

Número de dados observados (n)	Número de classes (K)	
	Mínimo	Máximo
Até 50	5	10
51 a 100	8	16
101 a 200	10	20
201 a 300	12	24
301 a 500	15	30
Mais de 500	20	40

Fonte: Dados fictícios.

ii) Método do Modo Prático ii.1. $K = 5$ para $n \leq 25$; ii.2. $K = \sqrt{n}$ para $n > 25$

iii) Fórmula de YULE $K = 2,5\sqrt[4]{n}$

iv) Fórmula de Sturges (1926) ou Regra do Logaritmo;

$$K = 1 + 3,3 \, . \, \mathrm{Log}_{10}(n)$$

Essa fórmula apresenta dois inconvenientes que são o de propor um número demasiado de classes para um número pequeno de observações e relativamente poucas classes, quando o total de observações for grande.

A regra de Sturges para determinação do melhor número de classes para construção de tabelas de distribuições de frequências vem ou é derivada da seguinte igualdade: $n = \sum_{i=0}^{k-1} \binom{k-1}{i} = (1+i)^{k-1} = 2^{k-1}$ (CORREA e GONZÁLEZ, 2002).

Podemos construir uma tabela do número de classes em função do número de dados, como pode ser observado abaixo.

Tabela 11: Número de classes obtidas por meio do método de Sturges.

Número de observações (n)	Número de classes (K)
1	1
2	2
3 a 5	3
6 a 11	4
12 a 23	5
24 a 46	6
47 a 93	7
94 a 187	8
188 a 376	9
377 a 756	10
757 a 1519	11
1520 a 3053	12

Fonte: Dados fictícios.

v) TABELA DE KELLEY

Segundo Toledo e Ovalle (1987), Truman Lee Kelley, em *The grouping data for graphic portrayal*, sugere os seguintes números de classes (K), com base no número total de observações (n), para efeito de representação gráfica.

Tabela 12: Número de classes obtidas por meio do método de Kelley em função do número de observações.

n	5	10	25	50	100	200	500	1000
K	2	4	6	8	10	12	15	15

Fonte: Dados fictícios.

vi) DETERMINAÇÃO GRÁFICA

Conforme Costa Neto (2002), a determinação do número de classes pode ser feita utilizando o gráfico ou diagrama ou ábaco mostrado a seguir em função do número de observações coletadas na pesquisa.

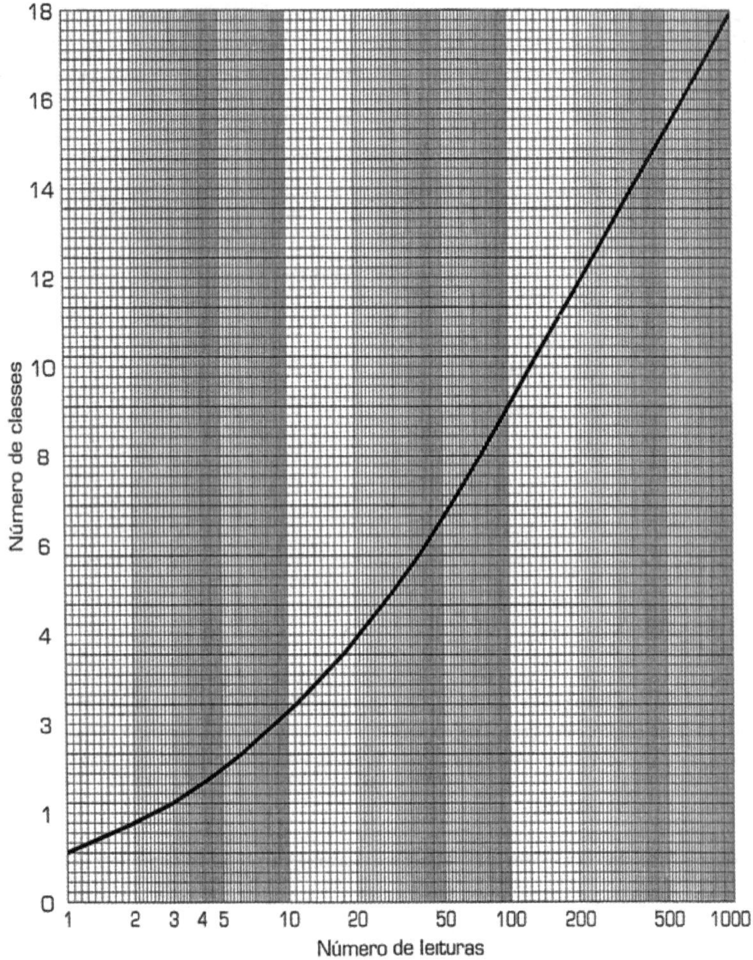

Figura 1: Diagrama para determinação do número de classes de freqüências.
Fonte: Costa Neto (2002).

vii) REGRA DA POTÊNCIA DE 2

Uma outra regra que pode ser utilizada para se ter uma idéia aproximada do número de classes K é a chamada regra da potência de 2, dada por:

$$\text{Menor valor inteiro de K, tal que } 2^K \geq n.$$

Em que K é o número de classes e n é o número de dados ou observações.

Podemos construir uma tabela do número de classes em função do número de dados, como pode ser observado abaixo.

Tabela 13: Número de classes obtidos por meio do método da potência de 2.

Número de observações (n)	Número de classes (K)
1 a 2	1
3 a 4	2
5 a 8	3
9 a 16	4
17 a 32	5
33 a 64	6
65 a 128	7
129 a 256	8
257 a 512	9
513 a 1024	10
1025 a 2048	11
2049 a 4096	12

Fonte: Dados fictícios.

viii) PRIMEIRO CRITÉRIO EMPÍRICO

Um critério empírico usado para a determinação do melhor número de classes (K) é o de considerar um número de classes entre 5 e 20, em função do conhecimento do pesquisador sobre os dados de sua investigação.

ix) SEGUNDO CRITÉRIO EMPÍRICO

Esse outro critério empírico baseia-se numa função do tamanho amostral. Esse critério está apresentado na seguinte tabela.

Tabela 14: Número de classes obtidos em função do tamanho da amostra.

Tamanho da amostra (n)	Número de classes (K)
Até 100	$\sqrt{n}$ (inteiro mais próximo)
Acima de 100	$5\text{Log}_{10}n$ (inteiro mais próximo)

x) CRITÉRIO PROPOSTO POR Scott (1979)

Esse critério é indicado para dados provenientes de uma amostragem de uma distribuição de probabilidade denominada distribuição normal ou Gaussiana de probabilidade, a qual é vista com mais detalhes quando se estuda os modelos das distribuições teóricas ou especiais de probabilidades.

Embora esse critério tenha sido proposto e desenvolvido para essa condição, ele tem um bom desempenho em situações de distribuições não simétricas ou naquelas distribuições que tenham um maior ou menor grau de achatamento ou curtose que a distribuição normal.

O critério de Scott é dado pela seguinte expressão:

$$K = 1 + \frac{A\sqrt[3]{n}}{3,49.S}$$

Em que A é amplitude, n o tamanho da amostra e S o desvio padrão. As estatísticas A e S são definidas nas equações dadas a seguir:

$$A = X_{(n)} - X_{(1)} \quad \text{e} \quad S = \sqrt{\frac{1}{n-1}\left[\sum_{i=1}^{n} X_i^2 - \frac{\left(\sum_{i=1}^{n} X_i\right)^2}{n}\right]}$$

A representação $X_{(i)}$, cujo índice se encontra dentro dos parênteses, refere-se ao valor da variável X cuja ordem na amostra ordenada de forma crescente é igual a i. Esse tipo de representação aparece na equação acima da amplitude total. Essas estatísticas são chamadas de estatísticas de ordem. Assim, $X_{(1)}$ é a estatística do menor valor e $X_{(n)}$ é a do maior valor.

O valor de K deve ser tomado como o inteiro mais próximo ao valor encontrado usando a expressão de K dada anteriormente.

xi) CRITÉRIO PROPOSTO POR Doane (1976)

Esse critério é dado pela seguinte equação:

$$K = 1 + \text{Log}_2\left[1 + \frac{\left|\sqrt{b_1}\right|}{S_{(\sqrt{b_1})}}\right] + \text{Log}_2(n),$$ em que, $(\sqrt{})$ é o erro padrão do coeficiente de assimetria $\left(\sqrt{b_1}\right)$, os quais são dados pelas seguintes equações:

$$\sqrt{b_1} = \frac{\dfrac{\sum_{i=1}^{n}\left(X_i - \overline{X}\right)^3}{n}}{\left[\dfrac{\sum_{i-1}^{n}\left(X_i - \overline{X}\right)^2}{n}\right]^{\frac{3}{2}}},\text{ e,}$$

$$S_{(\sqrt{b_1})} = \sqrt{\frac{6(n-2)}{(n+1)(n+3)}}$$

xii) $K = \sqrt{n} + 1$, em que n é o tamanho da amostra. Esse critério é proposto por Francisco, W. de (1995). O autor argumenta que geralmente o número de classes varia de 8 a 12 classes. Entretanto, existe uma fórmula empírica para se determinar o melhor número de classes "K" que é dada pela equação acima.

xiii) Critério de Oliveira (1994) ou da Regra do Quadrado (Oliveira et al. 2009; Nomelini, 2009; Costa Neto, 2002; Bearzoti, 2001)

$$K = \begin{cases} \sqrt{n} & \text{para } n \leq 100 \\ 5 \times \mathrm{Log}_{10}(n) & \text{para } n > 100 \end{cases}$$

Deve-se utilizar o número quadrado perfeito mais próximo.

ix) INTERVALOS DE CLASSES COM AMPLITUDES DIFERENTES OU DESIGUAIS.

Existem casos em que é mais adequado agrupar os dados em classes com amplitudes desiguais, como por exemplo, dados referentes a idades em populações humanas.

Nessa situação para construir as classes e o histograma, tem que ser levado em conta a densidade da frequência dada por:

$$\text{Densidade de frequência} = \frac{\text{frequência da classe}}{\text{comprimento da classe}} = \frac{f_i}{\Delta_i},$$

em que f_i é a frequência simples da classe, Δ_i é a diferença entre os limites da classe.

11.5.12 LIMITES DE CLASSES REAIS

São aqueles obtidos pela média aritmética entre o limite superior de uma classe e o limite inferior da classe seguinte. O limite real superior da primeira classe da distribuição a seguir será então:

$$Lrs = \frac{2,59 + 2,60}{2} = 2,595$$

Tabela 15: Distribuição de frequências com intervalos de classes reais.

Classes	f_i
[2,50 |------| 2,59]	2
[2,60 |------| 2,69]	3
[2,70 |------| 2,79]	8
[2,80 |------| 2,89]	4
[2,90 |------| 2,99]	1
Total	18

Fonte: Dados fictícios.

11.5.13 AMPLITUDE OU COMPRIMENTO DO INTERVALO DE CLASSE (C ou h)

11.5.13.1 PARA A CONFECÇÃO DA DISTRIBUIÇÃO DE FREQUÊNCIAS

i) PRIMEIRO CRITÉRIO

É a razão entre a amplitude total (At) e o número de classes (K), isto é, $C = h = \frac{At}{K}$, ou ainda $C = \frac{A + \Delta X}{K}$, a razão de se tomar $A + \Delta X$, ao invés de simplesmente A, é a de se levar em conta a inexatidão inerente aos dados, devido a limitação existente quanto à precisão de medida (corresponde ao menor valor detectável pelo instrumento ou procedimento de medida empregado).

ii) SEGUNDO CRITÉRIO

Para se determinar o comprimento de classe por meio desse critério a regra é a seguinte:

$$C = \frac{A}{K-1}$$

A explicação para que o denominador da divisão seja K-1 ao invés de K é explicada por uma correção que é feita no limite inferior da primeira classe. Esse limite é considerado um valor menor que $X_{(1)}$ (menor valor do rol). Essa escolha é justificada pela suposição de que a amostra de tamanho "n" tem grande chance de não conter o valor mínimo da população. Em outras palavras, à medida que o tamanho da amostra aumenta tem-se uma maior chance de obter-se elementos menores que o valor mínimo que foi encontrado para a amostra de um tamanho menor. Com base nisso, o limite inferior da primeira classe ($L_{i_{1^a classe}}$) é definido por meio da seguinte equação:

$$L_{i_{1^a Classe}} = X_{(1)} - \frac{C}{2}$$

O limite superior da primeira classe é então obtido somando-se, ao limite inferior dessa classe, a amplitude de classe. O limite inferior da segunda classe é igualado ao limite superior da primeira classe. O limite superior dessa classe é obtido somando-se a amplitude de classe ao limite inferior. O processo é repetido para formar as demais classes, devendo parar quando a última classe (K) for formada. Em seguida, são computadas as frequências dos indivíduos pertencentes a cada classe (f_i, i = 1, 2, 3,..., K) inspecionando-se os dados elaborados ou rol.

11.5.13.2 NA DISTRIBUIÇÃO DE FREQUÊNCIAS JÁ CONSTRUÍDA OU PRONTA

i) É a diferença entre o limite superior e o limite inferior da mesma classe;

ii) É a diferença entre os limites reais superior e inferior da mesma classe;

iii) É a diferença entre dois limites inferiores ou superiores;

iv) É a diferença entre dois pontos médios subsequentes.

11.5.14 INTERVALO DE CLASSE ABERTO OU COM LIMITES INDEFINIDOS OU CLASSES ABORTADAS

É aquele intervalo que ao menos teoricamente, não tem limite superior ou inferior, como por exemplo.

Tabela 16: Distribuição de frequências com intervalo de classes abertos.

CLASSES	f_i
[55,00 |------| 65,00]	10
[66,00 |------| 76,00]	18
[77,00 |------| 87,00]	20
88 ou mais	12
Soma	60

Fonte: Dados fictícios.

11.5.15 HIPÓTESE TABULAR BÁSICA [HTB]

É aquela hipótese que estabelece a condição de que todos os indivíduos (ou elementos) contidos numa classe são considerados numericamente iguais ao ponto médio da classe [X_i].

11.5.16 PROCEDIMENTOS (ALGORITMO) PARA SE ELABORAR UMA DISTRIBUIÇÃO (TABELA) DE FREQUÊNCIAS

11.5.16.1 PARA VARIÁVEIS OU DADOS QUANTITATIVOS DISCRETOS

i) Coletar os dados brutos, os quais são os dados originais, na forma com que foram coletados, ou seja, que ainda não foram numericamente organizados;

ii) Organizar os dados brutos em ordem de frequência crescente ou decrescente de valores, o que se denomina de ROL, ou listagem;

iii) Colocar em uma das colunas as classes naturais da variável (X_i) que são valores inteiros desses dados;

vi) Fazer a contagem ou enumeração do número de vezes que o valor (X_i) se repete no rol (frequência absoluta ou f_i) e escrever esses valores da repetição (f_i) em uma coluna ao lado da coluna dos X_i's.

11.5.16.2 PARA VARIÁVEIS OU DADOS QUANTITATIVOS CONTÍNUOS OU QUANTITATIVOS DISCRETOS QUANDO A QUANTIDADE DESSES ÚLTIMOS FOR MUITO GRANDE E BASTANTE DISPERSO OU HETEROGÊNEO (AMPLITUDE DE VARIAÇÃO ELEVADA)

i) Coletar os dados brutos, os quais são os dados originais, na forma com que foram coletados, ou seja, que ainda não foram numericamente organizados;

ii) Organizar os dados brutos em ordem de frequência crescente ou decrescente de valores, o que se denomina de ROL, ou listagem;

iii) Determinar o número de classes (K), por meio de, por exemplo, os seguintes métodos:

iii.1. Método de Oliveira, dado por: $K = \sqrt{n}$;

iii.2. Fórmula de Sturges, dado por: $K = 1 + 3,3 \text{Log}_{10}\, n$

iv) Calcular a amplitude total dos dados (A_t); Determinada por meio de:

A_t = Maior Valor Observado – Menor Valor Observado, ou

$$A_t = X_{(n)} - X_{(1)}$$

v) Calcular a amplitude ou comprimento de classes (C ou h)

É a diferença entre os limites superior e inferior de uma determinada classe. Na construção da distribuição de frequência, não é possível saber quais os limites de classe a priori (antes) e portanto, deve-se ter uma regra para gerar "C", fazendo o arredondamento conveniente. (certificar-se de que K vezes a amplitude é maior do que o intervalo, pois, de outra forma, os valores extremos não serão incluídos).

$$C = \frac{At}{K}$$

Nesse caso, adotaremos os intervalos de classes fechados à esquerda e aberto à direita. Isto é, [a; b).

A primeira classe de frequências é o intervalo do tipo:

l ----| l + C, a segunda classe é l + C |----- l + 2.C, e assim, sucessivamente.

Mesmo sendo aberto à direita, o último intervalo de classe contém o último elemento do ROL (o maior valor).

vi) Limite inferior da primeira classe ($L_{i_{1^a classe}}$);

Existem dois critérios para se determinar o limite inferior da primeira classe, os quais são:

vi.1. $L_{i_{1^a classe}}$ = menor valor do Rol;

vi.2. $L_{i_{1^a classe}}$ = menor valor do Rol - $\frac{c}{2}$ ou então $L_{i_{1^a classe}}$ = menor valor do Rol - $\frac{\Delta X}{2}$

vii) Determinação das classes

Para se determinar as "K" classes é necessário seguir os seguintes passos:

vii.1. Somar ao valor do limite inferior da primeira classe a amplitude de classe e obter o limite superior;

vii.2. O limite superior da primeira classe será o limite inferior da segunda classe;

vii.3. Repete-se os passos (vii.1) e (vii.2) até completar as "K" classes, e assim até que o maior valor de rol esteja contido na última classe. A contagem total deve ser igual a $n = \sum_{i=1}^{n} f_i$ (soma total das frequências).

OBSERVAÇÃO: Para fins de análises matemáticas todas as observações contidas num intervalo de classe serão consideradas numericamente iguais ao ponto médio da classe (X_i). Essa hipótese é a hipótese tabular básica (HTB).

11.5.16.3 PONTO MÉDIO DE UMA CLASSE (Xi)

Se L_i é o limite inferior e L_s é o limite superior da classe, então, o ponto médio dessa classe é dado por:

$$P.M. = X_i = \frac{L_s - L_i}{2}$$

11.5.16.4 RESUMO DOS PASSOS PARA A OBTENÇÃO DA TABELA DE FREQUÊNCIAS

i) Determinar o número de classes (K);

ii) Encontrar o maior e o menor valor do ROL e assim calcular a amplitude total (At) e a amplitude das classes (C);

iii) Iniciando pelo menor valor do ROL, construir as classes ou a coluna dos valores individuais;

iv) Processar a contagem dos valores em cada classe ou valor individual.

11.6 EXEMPLOS DE DISTRIBUIÇÕES DE FREQUÊNCIAS

11.6.1 EXEMPLO DE UMA DISTRIBUIÇÃO DE FREQUÊNCIAS PARA VARIÁVEIS OU DADOS QUANTITATIVOS DISCRETOS

11.6.1.1 VARIÁVEL X_i

Número de filhotes de coelhos machos da raça Nolfok, em uma amostra de 50 ninhadas extraídos do registro de uma granja.

11.6.1.2 CONCEITOS BÁSICOS:

Conceitos já descritos anteriormente

i) DADOS BRUTOS.

{00000000001111100000555111114442222222222222333333}

ii) ROL.

{00000000000000011111111112222222222222333333444555}

iii) DISTRIBUIÇÃO DE FREQUÊNCIAS.

Tabela 17: Distribuição de frequência do número de coelhos machos extraídos do registro de uma granja.

Número de coelhos machos x_i	F_i	F_{ac}↓	F_{ac}↑	F_r	F_{rac}↓	F_{rac}↑	$F_{\%}=F_p$	F_{pac}↓	F_{pac}↑
0	15	15	50	0,30	0,30	1,00	30	30	100
1	10	25	35	0,20	0,50	0,70	20	50	70
2	13	38	25	0,26	0,76	0,50	26	76	50
3	6	44	12	0,12	0,88	0,24	12	88	24
4	3	47	6	0,06	0,94	0,12	6	94	12
5	3	50	3	0,06	1,00	0,06	6	100	6
Soma	50	-	-	1,00	-	-	100	-	-

Fonte: Dados fictícios.

11.6.1.3 GRÁFICOS REPRESENTATIVOS DAS DISTRIBUIÇÕES DE FREQUÊNCIAS PARA VARIÁVEIS OU DADOS QUANTITATIVOS DISCRETOS

11.6.1.3.1 PARA FREQUÊNCIAS SIMPLES

i) GRÁFICO EM HASTES OU BASTÃO

Esse gráfico é construído sobre um sistema de eixos cartesianos, o qual é composto de hastes ou bastão com tamanho proporcionais as frequências de cada valor assumido pela variável e nas extremidades um traço horizontal ou uma esfera cheia para representar o caráter discreto da variável. Sendo construída uma escala no eixo das abscissas ou horizontal onde são feitas as leituras dos valores individuais da variável e no eixo das ordenadas ou vertical outra escala para leituras dos valores das frequências simples. Em um mesmo gráfico pode ser feita leitura das frequências absolutas e percentuais simultaneamente. Alternativamente, pode ser feita a representação por meio de um histograma com bases unitárias, onde as frequências serão numericamente iguais as alturas dos retângulos do histograma.

Figura 2: Gráfico[11] em hastes ou bastão, da frequência do número de coelhos machos.

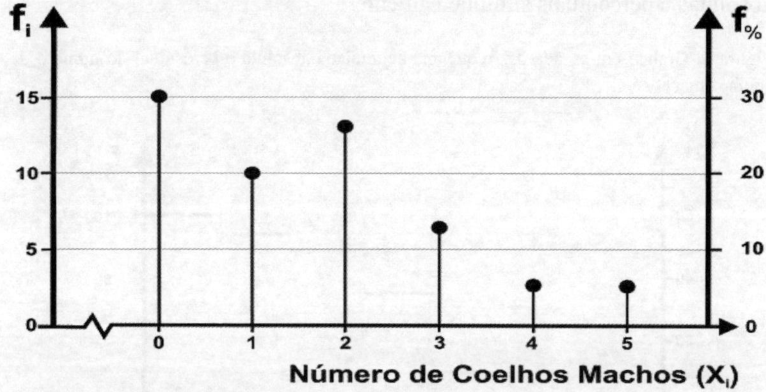

Fonte: dados fictícios.

Sendo assim pode-se observar na figura 2 de maneira clara, rápida e concisa que, por exemplo, nenhum coelho macho foi o resultado mais observado, representando 30% do total de observações e indicando que em 15 ninhadas verificou-se o nascimento de nenhum coelho macho, por outro lado 4 e 5 coelhos machos ocorreram apenas em três ninhadas. Já a porcentagem de ninhadas em que ocorreu apenas dois coelhos machos foi 26%.

Observe no apêndice SOFTWARE R como construir um gráfico em hastes.

11.6.1.3.2 PARA FREQUÊNCIAS ACUMULADAS

ii) GRÁFICO EM ESCADA

Esse gráfico é construído sobre um sistema de eixos cartesianos, o qual é composto de degraus construídos levantando-se linhas perpendiculares nos pontos onde será realizada a leitura da frequência acumulada até o maior valor desse degrau, daí o nome gráfico em escada. Sendo construída uma escala no eixo horizontal e no eixo das ordenadas outra escala onde são feitas as leituras dos valores acumulados das frequências da variável.

11 O tracejado próximo a origem é chamado de sanfonamento e indica o deslocamento de escala do eixo horizontal (no caso) e/ou vertical.

Em um mesmo gráfico pode ser feita leitura das frequências acumuladas absolutas e percentuais simultaneamente.

Figura 3: Gráfico em escada da frequência acumulada absoluta e percentual do número de coelhos machos.

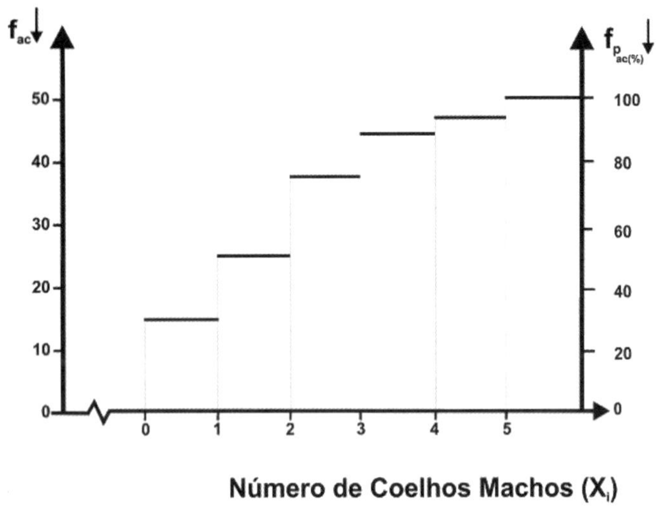

Fonte: Dados fictícios.

Neste caso o gráfico da figura 3 mostra que, por exemplo, o número de ninhadas em que foram observados no máximo 3 coelhos machos é 44 ninhadas, já o número de ninhadas em que ocorreu no máximo 2 coelhos machos foi 38 ninhadas. Ou ainda a porcentagem de ninhadas em que ocorreu até 4 coelhos machos é 94 %.

11.6.2 EXEMPLO DE UMA DISTRIBUIÇÃO DE FREQUÊNCIAS PARA VARIÁVEIS OU DADOS QUANTITATIVOS CONTÍNUOS, OU PARA VARIÁVEIS OU DADOS QUANTITATIVOS DISCRETOS QUANDO A QUANTIDADE DESSES ÚLTIMOS FOR MUITO GRANDE E BASTANTE DISPERSO OU HETEROGÊNEO (AMPLITUDE DE VARIAÇÃO ELEVADA)

11.6.2.1 VARIÁVEL X_i : DADOS REFERENTES AO ÍNDICE DE PRECIPITAÇÃO PLUVIOMÉTRICA (em mm DE CHUVA) EM 20 MUNICÍPIOS DO ESTADO DO RIO GRANDE DO NORTE (RN)

A. PROCEDIMENTOS PARA SE ELABORAR UMA TABELA DE DISTRIBUIÇÃO DE FREQUÊNCIAS (ALGORÍTMO)

1 COLETA DOS DADOS

1.1. DADOS BRUTOS:

144; 152; 159; 160; 160; 151; 157; 146; 154; 145;

141; 150; 142; 146; 142; 141; 141; 150; 143; 158

1.2 COLOCAR OS DADOS BRUTOS EM ROL;

1.2.1 DADOS EM ROL:

141; 141; 141; 142; 142; 143; 144; 145; 146; 146;

150; 150; 151; 152; 154; 157; 158; 159; 160; 160

1.3 DETERMINAR A AMPLITUDE TOTAL DOS DADOS (At);

At = MAIOR VALOR DO ROL – MENOR VALOR DO ROL

At = 160 - 141 = 19

1.4 DETERMINAR O NÚMERO DE CLASSES PELA REGRA DE "STURGES" {K = 1 + 3,3.LOG n} OU POR MEIO DO MÉTODO DE OLIVEIRA{ $K = \sqrt{n}$ };

$$K = 1 + 3{,}3Log(n) = 1+3{,}3Log(20) = 5{,}29 \approx 5$$

OU

$$K = \sqrt{20} = 4{,}5 \equiv 5$$

1.5 DETERMINAR A AMPLITUDE OU COMPRIMENTO DOS INTERVALOS DE CLASSES (C OU h);

$$C = \frac{At}{K} = \frac{19}{5} = 3{,}8 \cong 4$$

1.6 DETERMINAR OS LIMITES DE CLASSE

$L_{i\ 1^a\ Classe}$ = Menor Valor do Rol, ou $L_{i\ 1^a\ Classe}$ = Menor Valor do Rol - $\frac{C}{2}$;

1.7 CONSTRUIR A TABELA DE FREQUÊNCIAS: REALIZAR A CONTAGEM DOS VALORES DO ROL INCLUÍDOS EM CADA INTERVALO DE CLASSE E CONSTRUIR A TABELA OU DISTRIBUIÇÃO DE FREQUÊNCIAS

Tabela 18: Distribuição de frequências da quantidade de chuva (mm) registrada em 20 cidades do Rio Grande do Norte.

CLASSES (mm de Chuva)	f_i	x_i	$f_{ac\downarrow}$	$f_{ac\uparrow}$	f_r	$f_{rac\downarrow}$	$f_{rac\uparrow}$	$f_{\%}$	$f_{\%ac\downarrow}$	$f_{\%ac\uparrow}$
[141 □ 145)	7	143	7	20	0,35	0,35	1,00	35	35	100
[145 □ 149)	3	147	10	13	0,15	0,50	0,65	15	50	65
[149 □ 153)	4	151	14	10	0,20	0,70	0,50	20	70	50
[153 □ 157)	1	155	15	6	0,05	0,75	0,30	5	75	30
[157 □ 161)	5	159	20	5	0,25	1,00	0,25	25	100	25
TOTAL	20	-----	-----	-----	1,00	-----	-----	100%	-----	-----

Fonte: Dados fictícios.

-Em que: $X_i = (L_i + L_S)/2$, É o Ponto Médio de uma Classe [L_i: Limite inferior da classe e L_S: Limite superior da classe];

1.8. ASPECTOS GERAIS DA DISTRIBUIÇÃO DE FREQUÊNCIAS: Ao estudarmos a distribuição de frequências de uma variável quantitativa, seja em um grupo apenas ou comparando vários grupos, devemos verificar basicamente três características: Tendência Central; Variabilidade; Forma.

11.6.3 GRÁFICOS REPRESENTATIVOS DAS DISTRIBUIÇÕES DE FREQUÊNCIAS PARA VARIÁVEIS OU DADOS QUANTITATIVOS CONTÍNUOS OU DISCRETOS QUANDO A QUANTIDADE DESSES ÚLTIMOS FOR MUITO GRANDE E BASTANTE DISPERSO OU HETEROGÊNEO (AMPLITUDE DE VARIAÇÃO ELEVADA)

11.6.3.1 PARA FREQUÊNCIAS SIMPLES

i) HISTOGRAMA DE FREQUÊNCIAS E POLÍGONO DE FREQUÊNCIAS

O histograma de frequências é um gráfico formado por um conjunto de retângulos justapostos, de forma que a área de cada retângulo seja proporcional à frequência da classe que ele representa. Sendo assim a soma dos valores correspondentes às áreas dos retângulos será sempre igual à frequência total.

O histograma é construído tomando-se como referência dois eixos coordenados. No eixo horizontal, ou eixo das abscissas, são escritos os valores dos limites das classes. Por conseguinte, a dimensão horizontal de cada retângulo representará a classe. No eixo vertical, ou eixo das ordenadas, será construída a escala onde serão lidos os valores relativos ao número de observações ou frequências da classe. A área de cada retângulo do histograma corresponde à frequência da classe que o retângulo representa.

O polígono de frequências é construído unindo-se os pontos médios das bases superiores dos retângulos do histograma. O polígono de frequências pode se referir às frequências absolutas ou às frequências relativas, conforme a escala utilizada no eixo vertical. As escalas podem aparecer simultaneamente.

Vantagens da apresentação de dados numéricos pela construção de Histogramas de frequências.

1 - É útil para o pesquisador apreciar a forma da distribuição dos dados, se evidentemente se escolher adequadamente o número de classes bem como suas amplitudes;

2 - Podem ser empregados como um gráfico definitivo em um relatório estatístico;

3 - Podem ser utilizados para comparar duas ou mais amostras ou populações;

4 - Podem ser refinados ou aperfeiçoados para criar gráficos mais especializados, como por exemplo a pirâmide populacional;

Desvantagens da apresentação de dados numéricos por meio da construção de Histogramas de frequências.

1 - As observações individuais se perdem;

2 - A seleção ou escolha do número adequado de classes e de sua amplitude podem se tornar complicados. Um histograma com classes e poucas observações por classes agrupa de forma demasiada as observações, por outro lado uma com muitas classes agrupa poucas observações em cada intervalo de classes;. Nenhum dos extremos é adequado.

Figura 4: Histograma de frequências e polígono de frequência da quantidade de precipitação pluviométrica em (mm) em 20 cidades do Rio Grande do Norte.

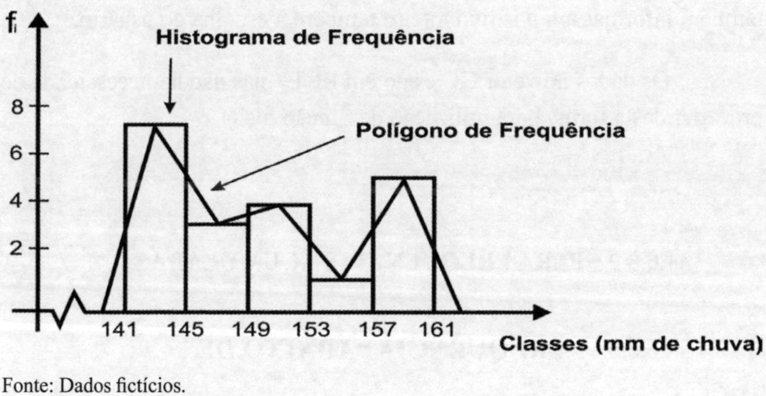

Fonte: Dados fictícios.

Na Figura 4, pode–se observar que a quantidade de chuva caída nesses 20 municípios foi bastante irregular ou heterogênea, sendo que os volumes de chuvas entre 141 e até próximo de 145 milímetros foram os valores mais frequentes, enquanto que em apenas 1 município choveu entre 153 e 157 milímetros.

Utilizando os softwares SAS e R, o histograma acima pode ser construído com os comandos:

```
data HISTOGRAMA;
input DADOS @@;
cards;
141 141 141 142 142 143 144 145 146 146
150 150 151 152 154 157 158 159 160 160
;
proc univariate data=HISTOGRAMA plot;
histogram;
run;
ods html classe; ods html; run;
```

```
GC <- c(141, 141, 141, 142, 142, 143, 144, 145, 146, 146, 150,
      150, 151, 152, 154, 157, 158, 159, 160, 160)

hist(x = GC, breaks = "Sturges")
```

Observe que a função hist permite definer, por meio do argument 'breaks', o número de classes, no caso pela regra de Sturges, mas podendo também informar um positivo inteiro também à escolha do usuário.

Os dados no vetor GC estão em ROL, mas não há necessidade de proceder desta forma para utilização da função hist().

11.6.3.2 PARA FREQUÊNCIAS ACUMULADAS

11.6.3.2.1 FREQUÊNCIA "ABAIXO DE"

i) HISTOGRAMA DE FREQUÊNCIAS ACUMULADAS E POLÍGONO DE FREQUÊNCIAS ACUMULADAS OU OGIVA DE GALTON CRESCENTE

A ogiva de Galton, em homenagem ao estatístico inglês Francis Galton (1822-1911), ou polígono de frequências acumuladas tem por finalidade a representação gráfica das tabelas de frequências acumuladas. Esse tipo de gráfico pode ser utilizado para representar as frequências acumuladas "abaixo de" e "acima de".

O histograma de frequências acumuladas e o polígono de frequências acumuladas ou ogiva de Galton crescente, são construídos utilizando-se a mesma metodologia e procedimentos do histograma e do polígono de frequências para frequências simples, no entanto as escalas devem ser construídas para representar e se fazer leituras das frequências acumuladas "abaixo de" e "acima de". O histograma é construído a partir de retângulos justapostos tendo como base os limites de classes e como altura as frequências acumuladas. Sendo que o polígono é obtido unindo-se os pontos referentes ao limite superior de cada classe quando tratar-se de frequência acumulada "abaixo de", e unindo-se os limites inferiores quando tratar-se de frequência acumulada "acima de".

Quando o polígono de frequências acumuladas se refere às frequências relativas, usa-se a denominação de ogiva percentual ou polígono de frequências relativas acumuladas. A representação das frequências relativas pode ser feita utilizando-se o mesmo gráfico das frequências absolutas, alterando-se apenas a escala de leitura. Pode-se representar a escala das frequências relativas à direita do gráfico.

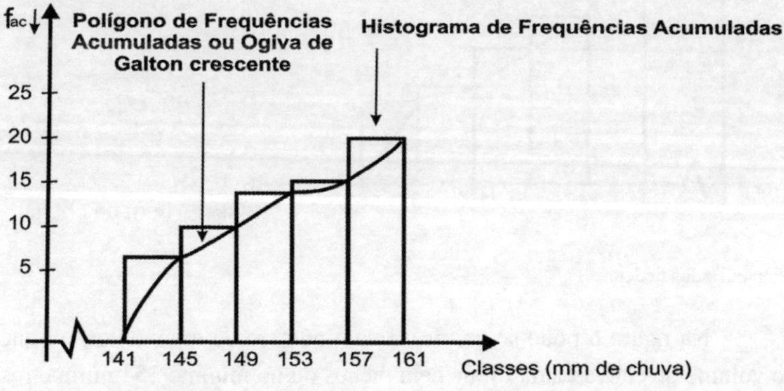

Figura 5: Histograma de frequências acumuladas e polígono de frequências acumuladas "abaixo de" referentes à quantidade de chuva em (mm) registradas nas 20 cidades do Rio Grande do Norte. Fonte: Dados fictícios.

Verifica-se na Figura 5 que o número de municípios em que choveu menos de 153 milímetros foi de 14 de cidades, já em apenas 10 cidades as chuvas caídas foram inferiores a 149 milímetros.

Confira no apêndice SOFTWARE R uma função que permite computar a ogiva a partir de um histograma do R.

11.6.3.2.2 **FREQUÊNCIA "ACIMA DE"**

i) HISTOGRAMA DE FREQUÊNCIAS ACUMULADAS E POLÍGONO DE FREQUÊNCIAS ACUMULADAS OU OGIVA DE GALTON DECRESCENTE

Figura 6: Histograma de frequências acumuladas e polígono de frequências acumuladas "acima de" referentes à quantidade de chuva (mm) registradas nas 20 cidades do Rio Grande do Norte.

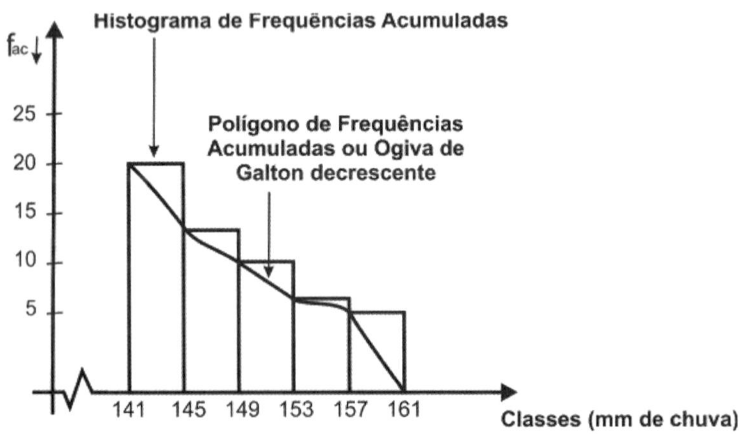

Fonte: Dados fictícios.

Na figura 6 pode-se verificar que o número de municípios em que o volume de chuva caída foi de pelo menos ou no mínimo 153 milímetros foi de 6 cidades, já o número de cidades em que choveu torrencialmente (chuvas de no mínimo 149 milímetros) foi de 10 municípios.

11.6.3.3 GRÁFICO OU DIAGRAMA DE RAMOS E FOLHAS

11.6.3.3.1 11.6.3.3.1 INTRODUÇÃO

Os histogramas não são as únicas representações gráficas das distribuições. Para pequenos conjuntos de dados, um gráfico de ramos e folhas criado por John Wilder Tukey (1915-2000) é mais rápido de fazer e apresenta informação mais detalhada. Para construir um ramos e folhas, separe cada observação em um ramo consistindo em todos os algarismos exceto o final (o mais à direita) e uma folha, o algarismo final. Uma vantagem desse diagrama sobre o histograma é que não perdemos (ou perdemos pouca) informação sobre os dados.

Para dados quantitativos, uma técnica alternativa e uma forma engenhosa para organização e apresentação de dados observados é o diagrama de ramos e folhas. A obtenção deste diagrama, além de ser fácil e rápida, tem a vantagem de preservar as informações individuais de cada dado, no que se refere ao valor numérico de cada observação.

No diagrama de ramos e folhas, cada dado é dividido (separado) em duas partes: a parte da esquerda é denominada ramo e a da direita, folha. A seguir, as folhas são colocadas nos seus respectivos ramos.

Um gráfico ramos e folhas é um gráfico de frequências construído para pontos amostrais de dois ou três algarismos, utilizando-se o último algarismo como um indicador para a classe de frequência correspondente aos algarismos iniciais. Em geral, os gráficos ramos e folhas são traçados com o ramo (algarismos iniciais) disposto verticalmente e os últimos algarismos (que formam as folhas) dispostos horizontalmente. Muitas vezes, o comprimento de cada folha é registrada à esquerda do ramo.

A vantagem do diagrama de ramos e folhas consiste em sua capacidade de proporcionar a informação desejada de modo rápido e fácil, sem a necessidade de fazer cálculos; uma amostra de 120 dados pode ser analisada em uns poucos minutos.

Se houver mais de dois ou três algarismos nos valores dos dados, provavelmente deveremos arredondá-los antes de prosseguir. Pode ainda acontecer que o ramos e folhas, tal como descrito acima, resulte no agrupamento dos dados em um número muito pequeno de folhas.

A escolha do número de linhas do ramos e folhas é equivalente à escolha do número de classes de um histograma.

11.6.3.3.2 CONSTRUÇÃO DO DIAGRAMA DE RAMOS E FOLHAS

Para ilustrar a construção do diagrama de ramos e folhas vamos considerar os seguintes dados, correspondentes ao número de tartarugas capturadas em 20 amostras realizadas pelo IZAMBRA pelo litoral da Bahia: 68, 82, 75, 43, 59, 80, 69, 60, 73, 54, 51, 93, 70, 32, 63, 61, 76, 87, 65, e 71.

Como todos os dados possuem dois algarismos, podemos dividir cada dado em algarismo da dezena e da unidade. Neste caso, o algarismo da dezena será o ramo e o da unidade será a folha. Por exemplo, para o dado 68 temos que: *ramo* $\underset{\leftarrow}{6} \mid \underset{\rightarrow}{8}$ *folha.*

Após ser feita a divisão de cada dado em ramo e folha, colocamos todos os ramos distintos verticalmente um abaixo do outro, em ordem crescente, e traçamos uma linha vertical, como mostrado na figura 7 a seguir:

Figura 7: Procedimentos usados para a construção do diagrama de ramos e folhas. (a) organização dos ramos; (b) colocação da folha do dado 68; (c) colocação da folha do dado 82; (d) aspecto final do diagrama com todos os dados.

(a)	
3	
4	
5	
6	
7	
8	
9	

(b)	
3	
4	
5	
6	8
7	
8	
9	

(c)	
3	
4	
5	
6	8
7	
8	2
9	

(d)						
3	2					
4	3					
5	9	4	1			
6	8	9	0	3	1	5
7	5	3	0	6	1	
8	2	0	7			
9	3					

Fonte: Dados fictícios.

Em seguida, colocamos a folha de cada dado em seu respectivo ramo. Para o primeiro dado, 68, a folha é 8 (algarismo da unidade) e deve ser colocada no ramo 6 (algarismo da dezena), do lado direito da linha vertical, como mostra a figura 7b. Para o segundo dado, 82, a folha é 2 e deve ser colocado no ramo 8, como mostra a figura 7c. O processo é repetido até o último dado e obtemos, com isso, o diagrama de ramos e folhas completo como mostrado na figura 7d. Vale salientar que o número total de folhas deve ser igual ao número de dados.

Quando houver somente 1, 2 ou 3 ramos, o diagrama de ramos e folhas não fornece nenhuma informação sobre a distribuição de frequências. Nestes casos, devemos utilizar o agrupamento em classes e construir uma tabela de frequências.

A organização de dados observados por meio do diagrama de ramos e folhas corresponde ao agrupamento de dados em intervalos de classes. De fato, no diagrama da figura 7d, os ramos 3, 4, 5, 6, 7, 8 e 9 correspondem respectivamente, às classes 30|——40, 40|——50, 50|——60, 60|——70, 70|——80, 80|——90 e 90|——100, e o número de folhas de cada ramo, corresponde a frequência da classe. Portanto, a partir do diagrama de ramos e folhas, podemos montar facilmente a tabela da distribuição de frequência como mostrado na Tabela 19.

Tabela 19: Distribuição de frequências construída a partir do diagrama de ramos e folhas da figura 7d representando os dados do número de tartarugas capturadas em 20 amostragens realizadas pelo IZAMBRA no litoral da Bahia.

CLASSES	Frequência
30 |-------40	1
40 |-------50	1
50 |------ 60	3
60 |------ 70	6
70 |------ 80	5
80 |-------90	3
90 |------100	1
TOTAL	20

Fonte: Dados fictícios.

11.6.3.3.3 MÉTODO DE ORDENAÇÃO DE DADOS

O diagrama de ramos e folhas representa um método prático e fácil de ordenação de dados. Após a construção do diagrama de ramos e folhas, pelo processo descrito anteriormente, podemos ordenar as folhas de cada ramo em ordem crescente e então, recuperar todos os dados, sequencialmente, do início ao fim do diagrama de ramos e folhas, resultando em dados ordenados.

Por exemplo, ordenando as folhas do diagrama da figura 7d, obtemos o diagrama de ramos e folhas da Figura 8:

Figura 8: Diagrama de ramos e folhas obtido a partir da figura 7d, com as folhas ordenadas.

3	2					
4	3					
5	1	4	9			
6	0	1	3	5	8	9
7	0	1	3	5	6	
8	0	2	7			
9	3					

Fonte: Dados fictícios.

A partir do diagrama de ramos e folhas da Figura 8, podemos, então, recuperar os dados em seqüência, obtendo os seguintes dados ordenados: {32, 43, 51, 54, 59, 60, 61, 63, 65, 68, 69, 70, 71, 73, 75, 76, 80, 82, 87, 93}.

11.6.3.4 HISTOGRAMA A PARTIR DO DIAGRAMA DE RAMOS E FOLHAS

Na construção do diagrama de ramos e folhas, se escrevermos os ramos e folhas na direção vertical, como mostra a Figura 9 a seguir, podemos visualizar a distribuição de frequências como se fosse um histograma. Para construirmos um histograma a partir deste diagrama, precisamos simplesmente desenhar um pequeno retângulo preenchido em torno de cada folha, como pode ser visualizado na Figura 9 a seguir.

Figura 9: Elaboração do histograma de frequências a partir do diagrama de ramos e folhas: (a) diagrama de ramos e folhas na direção vertical; (b) histograma de frequências obtido do diagrama de ramos e folhas.

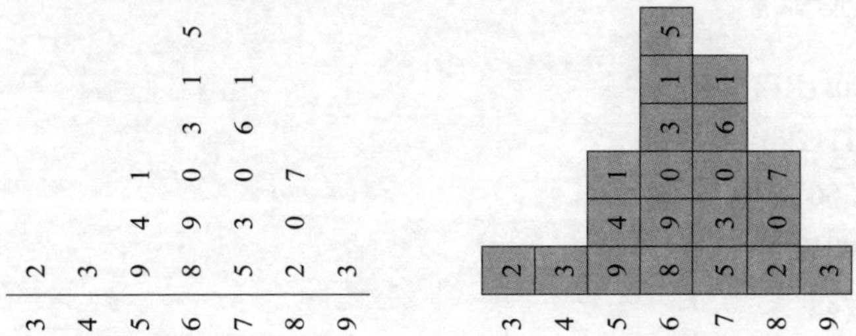

(a) (b)

Fonte: Dados fictícios.

i) Exemplo. VARIÁVEL X_i: DADOS REFERENTES AO ÍNDICE DE PRECIPITAÇÃO PLUVIOMÉTRICA (EM mm DE CHUVA) EM 20 MUNICÍPIOS DO ESTADO DO RIO GRANDE DO NORTE (RN).

O exemplo foi resolvido nos softwares estatísticos SAS e R.

```
data RAMOSEFOLHAS;
input DADOS @@;
cards;
141 141 141 142 142 143 144 145 146 146
150 150 151 152 154 157 158 159 160 160
;
proc univariate data=RAMOSEFOLHAS plot;
run;
ods html classe; ods html; run;

data HISTOGRAMA;
input DADOS @@;
cards;
141 141 141 142 142 143 144 145 146 146
150 150 151 152 154 157 158 159 160 160
;
proc univariate data=HISTOGRAMA plot;
histogram;
run;
ods html classe; ods html; run;

RF <-c (141, 141, 141, 142, 142, 143, 144, 145, 146, 146,
150, 150, 151, 152, 154, 157, 158, 159, 160, 160)
```

O comando stem(RF) produz o resultado obtido na Figura 10.

Figura 10: Gráfico de ramos e folhas da quantidade de chuva (mm) registrada em 20 cidades do Rio Grande do Norte.

```
> stem (RF)
14 | 1112234
14 | 566
15 | 00124
15 | 789
16 | 00
```

Fonte: Dados fictícios.

11.6.4 **Exemplo de uma Distribuição de Frequências para Variáveis Qualitativas**

Seja a distribuição de frequências dos dados referentes a contagem do número de animais realizados em um levantamento em diversas propriedades agrícolas existentes no Estado do Paraná, cuja atividade principal é a pecuária (Tabela 20).

Tabela 20: Distribuição de frequência dos tipos de espécies de animais obtidos em levantamentos de propriedades agrícolas no estado do Paraná.

ESPÉCIES DE ANIMAIS	f_i	f_r	$f_{\%}$
COELHOS	15	0,05	5
SUÍNOS	20	0,06	6
EQUÍNEOS	30	0,09	9
BOVINOS	50	0,15	15
OVINOS	55	0,17	17
CAPRINOS	60	0,18	18
AVES	100	0,30	30
SOMA	330	1,00	100

Fonte: dados fictícios.

11.6.5 GRÁFICOS REPRESENTATIVOS DAS DISTRIBUIÇÕES DE FREQUÊNCIAS PARA VARIÁVEIS OU DADOS QUALITATIVOS

Os gráficos mais usados para representar as distribuições de frequências de dados qualitativos são os gráficos de Colunas, de Barras e o Gráfico Circular ou Setograma ou gráfico em "Pizza".

Vamos representar a distribuição de frequências mostrada anteriormente por meio desses três tipos de gráficos descritos.

i) GRÁFICO EM BARRAS

Os gráficos em barras têm por finalidade comparar, por meio de retângulos de igual largura e alturas proporcionais às respectivas grandezas. Cada barra representa a intensidade de uma modalidade do atributo.

As magnitudes das barras são representadas pelos respectivos comprimentos e seu traçado é feito tendo-se como referência uma escala horizontal. Em geral, as divisões da escala se prolongam em traços verticais por todo o gráfico, facilitando assim a leitura do comprimento de cada barra. A identificação da barra é inscrita à esquerda do gráfico. As barras só diferem em comprimento e não em largura, a qual é arbitrária e elas devem vir separadas uma das outras pelo mesmo espaço, como regra prática pode-se tomar o espaço entre as barras como aproximadamente a metade ou dois terços de suas larguras.

O gráfico representativo da distribuição de frequências do exemplo anterior é mostrado na Figura 11. Para a confecção do gráfico, utilizaram-se os seguintes comandos nos softwares SAS e R:

```
data BARRAS;
input ESPECIE $ VALOR@@;
cards;
COELHO 15   SUÍNOS 20   EQUÍNEOS 30   BOVINOS 50  OVINOS 55
AVES 60;
proc gchart data=BARRAS;
hbar ESPECIE/freq=VALOR DISCRETE;
```

```
run;
ods html close;
ods html;
run;

fi <- c(15, 20, 30, 50, 55, 60, 100)

animal <- c("COELHOS", "SUÍNOS", "EQUÍNEOS", "BOVINOS",
"OVINOS","CAPRINOS", "AVES")

barplot(fi, names = animal, horiz = TRUE, xlab = "Frequência",
col="darkgreen")
```

Figura 11: Gráfico de barras referente a distribuição de frequências das espécies de animais exploradas em uma fazenda, em diversas propriedades agrícolas existentes no Estado do Paraná, cuja atividade principal é a pecuária.

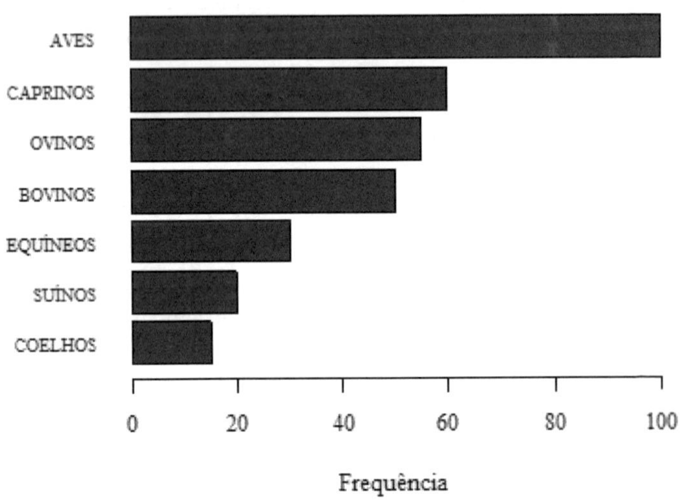

Fonte: Dados fictícios.

ii) GRÁFICO EM COLUNAS

Os gráficos em colunas ou gráficos em barras verticais prestam-se à mesma finalidade que os gráficos em barras horizontais, sendo, entretanto, preferíveis a esses últimos quando as legendas a se inscreverem sob os retângulos forem breves. Caso contrário, o emprego do gráfico em barras é mais adequado. Todas as demais observações apresentadas anteriormente são extensíveis a esse tipo de gráfico (Figura 12).

Nos softwares SAS e R, de forma semelhante ao gráfico de barras, utilizaram-se os seguintes comandos para o gráfico de colunas:

```
data COLUNAS;
input ESPECIE $ VALOR@@;
cards;
COELHO 15    SUÍNOS 20    EQUÍNEOS 30    BOVINOS 50   OVINOS 55
AVES 60;
proc gchart data=COLUNAS;
vbar ESPECIE/freq=VALOR DISCRETE;
run;
ods html close;
ods html;
run;
barplot(fi, names = animal, horiz = FALSE, ylab = "Frequência",
      col = "darkblue")
```

Figura 12: Gráfico em colunas referente a distribuição de frequências das espécies de animais explorados em uma fazenda, em diversas propriedades agrícolas existentes no Estado do Paraná, cuja atividade principal é a pecuária.

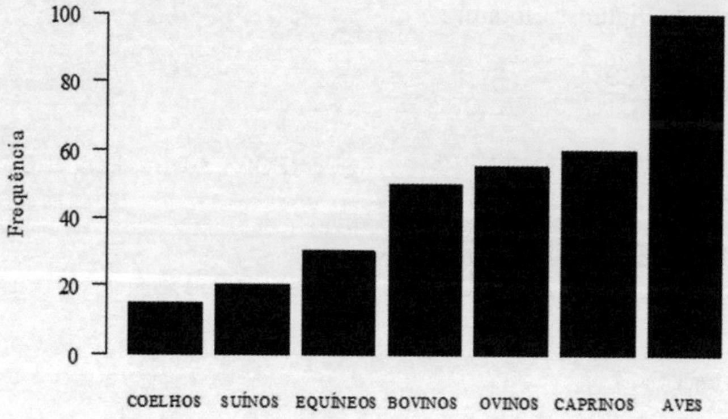

Fonte: Dados fictícios.

iii) GRÁFICO CIRCULAR OU EM SETORES OU SETOGRAMAS OU CARTOGRAMAS EM SETORES

Os gráficos em setores ou setogramas são usados para representar valores absolutos ou porcentagens complementares e pode ser feita por meio de diferentes tipos de gráficos.

Para construir esse tipo de gráfico parte-se do fato de que o número total de graus de um arco de circunferência é 360°. Assim, o número total de valores analisados (100%, se quisermos representar as porcentagens complementares) corresponderá a 360°. Cada uma das parcelas componentes do total dos valores poderá, então, ser expressa em graus e a correspondência se fará por meio de uma regra de três simples.

O gráfico pode ser feito a partir de um círculo de circunferência (360°) como já comentado anteriormente ou de um semicírculo (180°) ou de um quadrante (90°) conforme se utilize o semicírculo ou o quadrante para a representação completa do fenômeno.

Nos softwares SAS e R, os comandos utilizados para a construção do gráfico da Figura 13 foram:

```
data SETORES;
input ESPECIE $ VALOR@@;
cards;
COELHO 15   SUÍNOS 20   EQUÍNEOS 30   BOVINOS 50
OVINOS 55   AVES 60
;
proc gchart data=SETORES;
pie ESPECIE/freq=VALOR fill=x other=0;
run;
ods html close;
ods html;
run;
```

```
pie(fi, labels = animal, col = rainbow(8))
```

Figura 13: Gráfico de setores referente à distribuição de frequências das espécies de animais explorados em uma fazenda, em diversas propriedades agrícolas existentes no Estado do Paraná, cuja atividade principal é a pecuária.

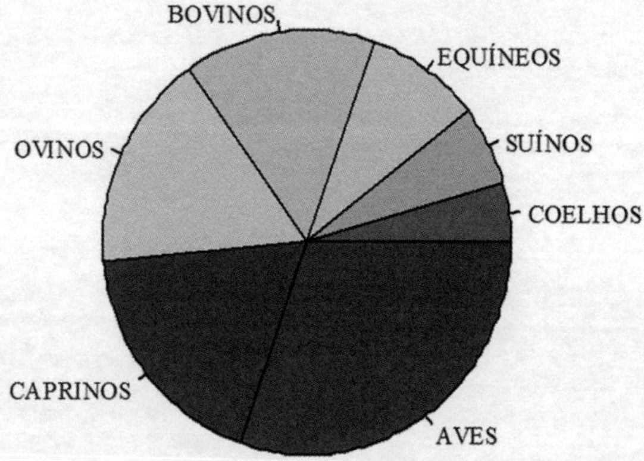

Fonte: Dados fictícios.

12

TIPOS DE CURVAS OU POLÍGONOS DE FREQUÊNCIAS POLIDO MAIS COMUM, ENCONTRADOS NA PRÁTICA

De acordo com a distribuição dos dados obtidos na prática em levantamentos ou nos experimentos, as curvas ou polígonos de frequências polidos das distribuições de frequências podem ser de diversos tipos, como mostrado na Figura 14.

Figura 14: Tipos de curvas ou polígonos de frequências polido mais comuns, encontrados na prática.

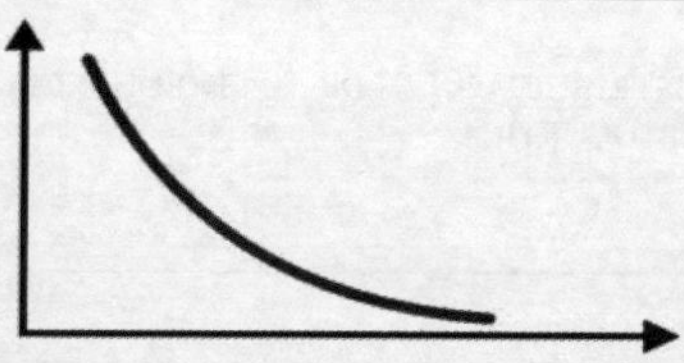

-DISTRIBUIÇÃO DE FREQUÊNCIA EM FORMA DE JOTA INVERTIDO (AMODAL: SEM PONTOS DE MÁXIMO OU DE MÍNIMO).

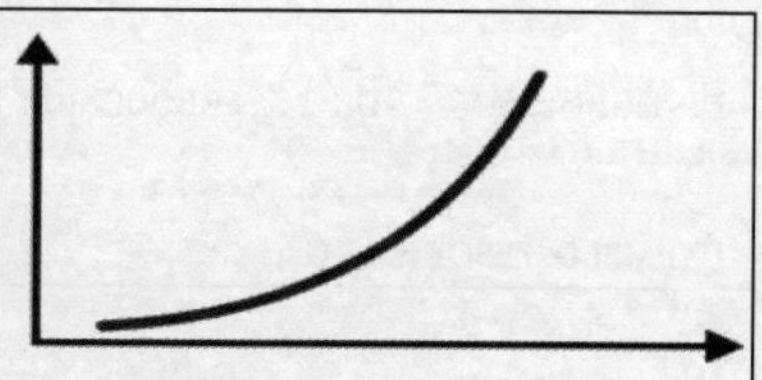

-DISTRIBUIÇÃO DE FREQUÊNCIA EM FORMA DE JOTA (AMODAL: SEM PONTOS DE MÁXIMO OU DE MÍNIMO).

-EXEMPLO: CASO EXTREMO DE ASSIMETRIA POSITIVA: PRECIPITAÇÕES PLUVIOMÉTRICAS DIÁRIAS E DE MESES MUITO SECOS.

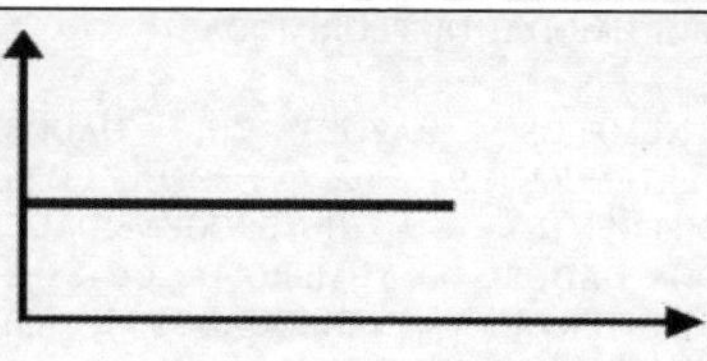

-DISTRIBUIÇÃO DE FREQUÊNCIA AMODAL.

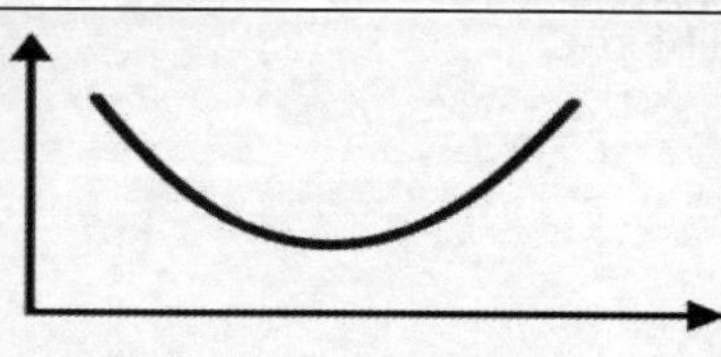

-DISTRIBUIÇÃO DE FREQUÊNCIA EM FORMA DE U (ANTIMODAL: APRESENTAM UM PONTO DE MÍNIMO).

-EXEMPLO: A DISTRIBUIÇÃO DA NEBULOSIDADE.

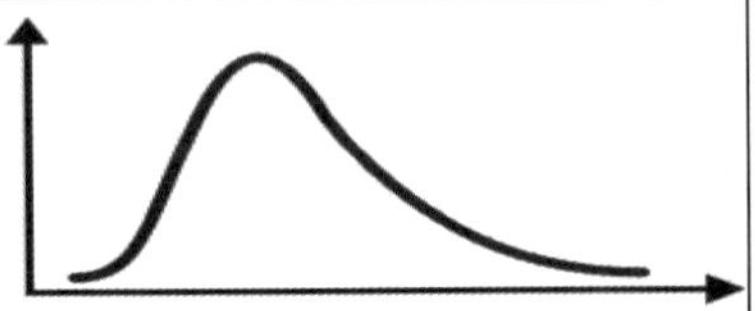	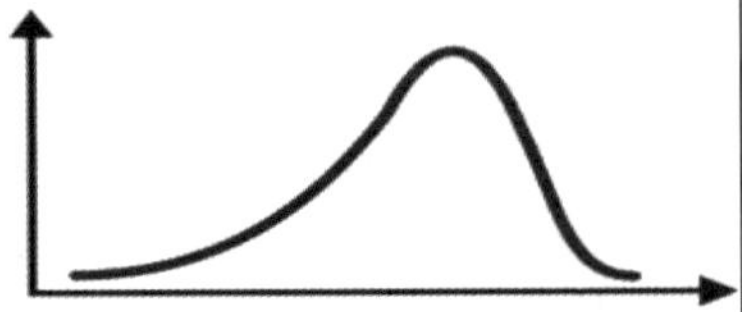
-DISTRIBUIÇÃO DE FREQUÊNCIA ASSIMÉTRICA POSITIVA -EXEMPLO: DADOS ECONÔMICOS (RENDA), DADOS DO TEMPO DE SOBREVIVÊNCIA DE PACIENTES DOENTES COM CÂNCER.	-DISTRIBUIÇÃO DE FREQUÊNCIA ASSIMÉTRICA NEGATIVA.
	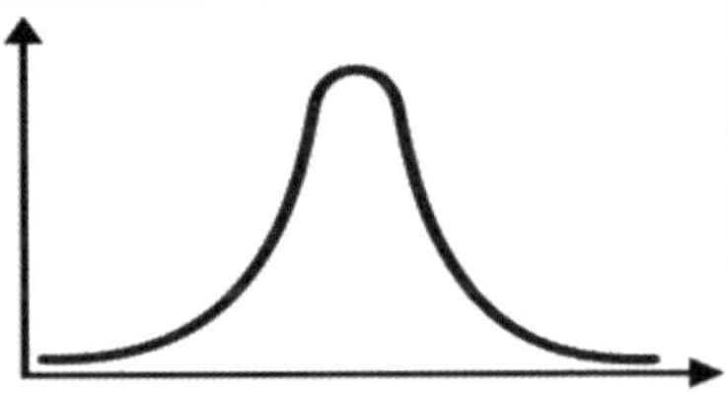
-DISTRIBUIÇÃO DE FREQUÊNCIA SIMÉTRICA. -EXEMPLO: PESOS EM KG.	-DISTRIBUIÇÃO DE FREQUÊNCIA LEPTOCÚRTICA
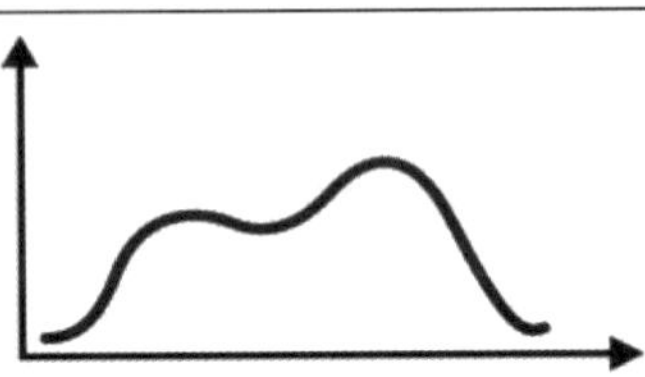	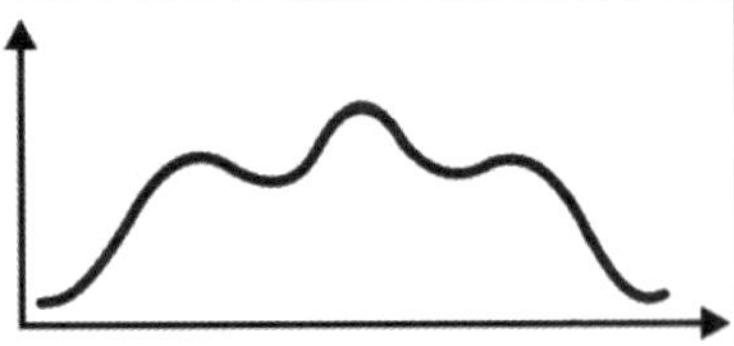
-DISTRIBUIÇÃO DE FREQUÊNCIA BIMODAL.	-DISTRIBUIÇÃO DE FREQUÊNCIA MULTIMODAL OU PLURIMODAL -EXEMPLOS: RAZÕES (i) DADOS PERTENCENTES A POPULAÇÕES DIFERENTES (HETEROGENEIDADE DOS DADOS), (ii) NÚMERO DE CLASSES E INTERVALOS INADEQUADOS E (iii) INSUFICIÊNCIA DE DADOS.

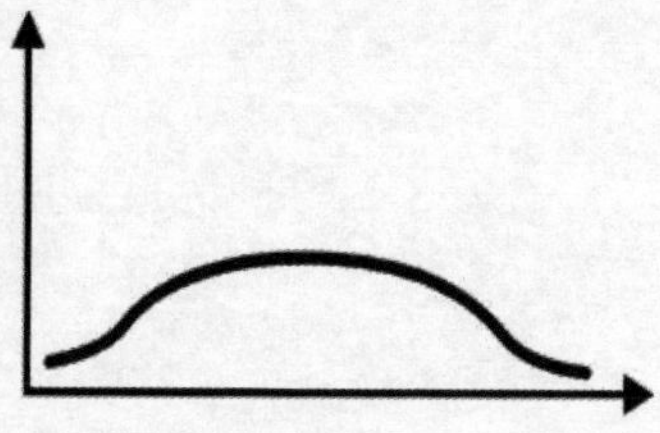

-DISTRIBUIÇÃO DE FREQUÊNCIA PLATICÚRTICA.

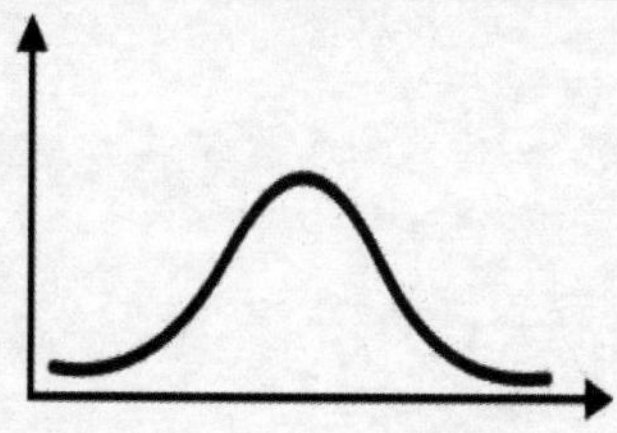

-DISTRIBUIÇÃO DE FREQUÊNCIA MESOCÚRTICA.

Fonte: Dados fictícios.

13

MEDIDAS DESCRITIVAS OU CARACTERÍSTICAS NUMÉRICAS DAS DISTRIBUIÇÕES DE FREQUÊNCIAS (MEDIDAS RESUMO)

13.1 INTRODUÇÃO

São utilizadas para quantificar ou sumarizar características importantes e de interesse nas distribuições de frequências. Essas medidas podem ser as medidas de posição ou tendência central, medidas de variação ou de dispersão, medidas de assimetria e medidas de curtose.

Essas medidas quantificam valores importantes das distribuições de frequências tais como peso médio, salário médio, temperatura média, precipitação pluviométrica média, o ponto central da distribuição do consumo de energia elétrica em diferentes sistemas de irrigação, o número modal de insetos capturados em armadilhas luminosas, a taxa média de retorno de um capital aplicado num fundo de investimento, a vazão média de um rio, a velocidade média de um trator em atividades em tempos diferentes, o custo médio de comodites agrícolas compradas com uma quantia fixa, a taxa de enviesamento ou assimetria da distribuição dos pesos ao nascer de bezerros machos de quatro diferentes raças bovinas, o grau de achatamento ou curtose da distribuição dos preços do boi gordo em diferentes mercados durante o ano de 2007, entre outros.

13.2 MEDIDAS DE POSIÇÃO OU TENDÊNCIA CENTRAL

13.2.1 INTRODUÇÃO

Quando se trabalha com dados numéricos, observa-se que a maioria dos valores observados se agrupa em torno de um valor central. Este fenômeno é designado por tendência central.

13.2.2 PROPRIEDADES DESEJÁVEIS DAS MEDIDAS DESCRITIVAS

i) Objetividade: Para que dois pesquisadores diferentes cheguem à mesma conclusão;

ii) Depender de todas as observações: Para refletir a informação contida no conjunto de todas as observações;

iii) Ter um significado concreto: Para se ter uma fácil interpretação;

iv) Eficiência computacional e algébrica: Esse fato se refere ao que diz respeito à velocidade de cálculo e simplicidade algébrica; e

v) Insensibilidade às variações das amostras: Para que as medidas sejam robustas e estáveis.

13.2.3 TIPOS DE MEDIDAS DE POSIÇÃO OU TENDÊNCIA CENTRAL

A MÉDIA ARITMÉTICA [$\overline{X}$]

A.1 INTRODUÇÃO

É a mais empregada das medidas de posição, por ser a mais comum e compreensível, por simplicidade de cálculo e por prestar-se bem ao tratamento algébrico. No entanto é bastante influenciada por valores extremos ou discrepantes presentes na população ou na amostra, não sendo recomendada como uma boa medida de tendência central em distribuições assimétricas.

A média aritmética simples ($\overline{X}$) é a soma dos valores dividida pelo número de observações. A simbologia usada para a média é a seguinte: Para a população usa-se m ou μ e para a amostra utiliza-se $\hat{m}$ ou $\overline{X}$

Existe uma interpretação física para a média. Suponha que em cada ponto X_i do eixo dos X's, seja colocada uma quantidade de massa $[f(X_i)]$. Então, a média é o centro de gravidade do sistema, formado pelos pontos $x_1, x_2, ..., x_n$., todos com massa igual a frequência. Na língua inglesa, a palavra Média é representada tanto pelo termo MEAN como por AVERAGE. A origem de average é a palavra árabe AWAR, que significa mercadorias danificadas. Ainda hoje, na lei marítima, average (média) significa a divisão da perda entre as partes interessadas (WONNACOTT e WONNACOTT, 1985).

A.2 CARACTERÍSTICAS DA MÉDIA ARITMÉTICA

i) É muito influenciada pelos valores extremos da distribuição, podendo em alguns casos não representar a série, sendo assim a média é particularmente indicada para séries que possuem os valores em progressão aritmética ou simétricos em relação a um valor médio e máximo. A média teria seu valor aumentado, se existirem alguns poucos valores que são maiores que a maioria das mensurações realizadas, ou teria seu valor diminuída, se existirem na amostra alguns poucos valores menores que a maioria das mensurações. Quando existirem na amostra alguns valores extremos ou existirem suspeitas de sua presença, uma média que é mais robusta a essa violação pode e deve ser usada, essa média é conhecida como média aparada (*trimmed mean*). A média aparada deve ser usada, além da situação mencionada acima, em distribuições que são assimétricas. Muitas vezes as observações discrepantes são removidas para tentar estabilizar a estimativa média.

ii) É facilmente calculável, pois é uma função linear das observações;

iii) É rigorosamente definida e exata;

iv) Depende de todos os valores da série e descreve esses dados da série e é de fácil compreensão, ou seja, usa a totalidade das observações;

v) É a medida de tendência central ou promédio mais conhecido e o mais utilizado, mas é sensível a valores extremos;

vi) Não pode ser empregada para dados qualitativos, nem nominais nem ordinais. Uma exceção a essa regra é aplicada quando temos dados dicotômicos e os dois resultados possíveis são representados pelos valores zero (0) e um (1). Nessa situação, a média das observações é igual a proporção de uns (1 s) no conjunto de dados. Por exemplo, suponhamos que queiramos conhecer a proporção de caprinos que apresentam defeitos nas orelhas e do sexo masculino numa determinada pesquisa com 13 animais. Listamos os dados dicotômicos, em que o valor 1 representa um caprino do sexo masculino e 0 um caprino do sexo feminino. Se calcularmos a média dessas observações, encontraremos o seguinte.

$$\overline{x} = \frac{\sum_{i=1}^{n} x_i}{n} = \frac{[0+1+1+0+0+1+1+1+0+1+1+1+0]}{13} = \frac{8}{13} = 0,615$$

Consequentemente, 61,5% dos animais estudados são do sexo masculino.

vii) Pode acontecer da média aritmética $\overline{X}$ ser um número que não está no conjunto de dados. Neste caso diz-se que a média não tem existência concreta;

viii) Não pode ser calculada para distribuições com limites de classes indeterminados (indefinidos);

ix) Pode ser tratada algebricamente, veja, por exemplo, as suas propriedades;

x) Serve para compararmos conjuntos de valores semelhantes.

A.3 PARA DADOS NÃO AGRUPADOS: Média Aritmética Simples.

A.3.1 PARA A POPULAÇÃO

Sejam $\{x_1, x_2, ..., x_N\}$ dados de uma população, então a média será:

$$\mu = \frac{x_1 + x_2 + ... + x_N}{N} = \frac{1}{N}\sum_{i=1}^{N} x_i$$

A.3.2 PARA A AMOSTRA

Sejam $\{x_1, x_2, ..., x_n\}$ dados de uma amostra, então:

$$\bar{x} = \frac{x_1 + x_2 + ... + x_n}{n} = \frac{\sum_{i=1}^{n} x_i}{n}$$

Pode-se ter ainda que:

$$n\bar{x} = \sum_{i=1}^{n} x_i \quad \text{ou} \quad n = \frac{\sum_{i=1}^{n} x_i}{\bar{x}}$$

A.3.2.1 Exemplo 1: Seja X_i a variável referente a altura de 4 plantas de algodão em centímetros: Determine a altura média dessas plantas. X_i = {2, 5, 6, 7}, n = 4.

$$\bar{x} = \frac{2+5+6+7}{4} = 5 \text{ cm}$$

A.3.2.2 Exemplo 2: Seja Y_i a variável referente aos salários mensais em reais de cinco empregados de uma agroindústria: Determine o salário médio mensal dos trabalhadores.

Y_i = {780,00; 790,00; 800,00; 810,00; 820,00}, n = 5.

$$\bar{y} = \frac{780 + 790 + 800 + 810 + 820}{5} = R\$\ 800{,}00$$

A.4 PARA DADOS AGRUPADOS SEM INTERVALOS DE CLASSES: Média Aritmética Ponderada. A média aritmética ponderada é utilizada quando os valores dos dados tem diferentes pesos, como por exemplo, o cálculo do peso médio de animais, idade média, média de desempenho escolar, entre outros.

$$\overline{x} = \frac{f_1x_1 + f_2x_2 + ... + f_kX_k}{n} = \frac{\sum_{i=1}^{k} f_ix_i}{n},$$

em que $n = \sum_{i=1}^{k} f_i$ e k é o número de classes.

A.4.1 Exemplo: Seja X_i a variável referente ao número de frutos por árvore de mangueira contados em dez árvores de um pomar: Determine o número médio de frutos por árvore. $X_i = \{1, 1, 2, 2, 3, 3, 3, 5, 5, 5\}$, n = 10. A Tabela 21 mostra a distribuição de frequências para esses dados.

Tabela 21: Distribuição de frequência referente ao número de frutos por árvore de mangueira contados em dez árvores de um pomar.

x_i	f_i	$x_i f_i$
1	2	2
2	2	4
3	3	9
5	3	15
Soma	10	30

Fonte: Dados fictícios.

Em que n = 10, $\overline{x} = \frac{30}{10} = 3,0$ Frutos/árvore

A.5 PARA DADOS AGRUPADOS COM INTERVALOS DE CLASSES: Média Aritmética Ponderada.

$$\bar{x} = \frac{f_1 x_1 + f_2 x_2 + ... + f_k x_k}{n} = \frac{\sum_{i=1}^{k} f_i x_i}{n},$$

em que $n = \sum_{i=1}^{k} f_i$, x_i é ponto médio de uma classe e k é o número de classes.

Distribuição de frequências com amplitudes de classe diferentes não altera o cálculo da média.

A.5.1 Exemplo. Seja X_i a variável referente a área de 40 propriedades agrícolas produtoras de mamão em hectares cadastradas no Rio Grande do Norte: Determine a área média das propriedades (Tabela 22).

Tabela 22: Distribuição de frequências referente a área de 40 propriedades agrícolas produtoras de mamão em hectares cadastradas no Rio Grande do Norte.

CLASSES (área em ha)	f_i	x_i	$f_i x_i$
2 |-------4	5	3	15
4 |------ 6	10	5	50
6 |------ 8	14	7	98
8 |------10	8	9	72
10 |------12	3	11	33
SOMA	40	----------	268

Fonte: Dados fictícios.

Verifique que n = 40, $\bar{x} = \frac{268}{40}$ =6,70 ha

A.6 PROPRIEDADES DA MÉDIA ARITMÉTICA

i) A SOMA ALGÉBRICA DOS DESVIOS, AFASTAMENTOS OU ERROS [$(X_i - \overline{X})$] DE UM CONJUNTO DE NÚMEROS TOMADOS EM RELAÇÃO À MEDIA ARITMÉTICA É ZERO [Soma = 0].

i.1 Para dados não agrupados

$$\sum_{i=1}^{n} d_i = \sum_{i=1}^{n} (x_i - \overline{x}) = 0$$

$$\text{Soma} = (x_1 + x_2 + ... + x_n) - (\overline{x} + \overline{x} + ... + \overline{x})$$

$$\text{Soma} = \sum_{i=1}^{n} x_i - \sum_{i=1}^{n} \overline{x} = \sum_{i=1}^{n} x_i - n\overline{x} \therefore \text{como } \overline{x} = \frac{\sum_{i=1}^{n} x_i}{n}, \text{ tem-se}$$

$$\text{Soma} = \sum_{i=1}^{n} x_i - n\frac{\sum_{i=1}^{n} x_i}{n} \therefore SD = \sum_{i=1}^{n} x_i - \sum_{i=1}^{n} x_i = 0$$

i.2 Para dados agrupados

$$\sum_{i=1}^{n} d_i f_i = \sum_{i=1}^{n} (x_i - \overline{x}) f_i = 0$$

ii) A SOMA DOS QUADRADOS DOS DESVIOS (SQD) TOMADOS EM RELAÇÃO À MÉDIA ARITMÉTICA É UM MÍNIMO

$$\text{Soma} = (x_1 - \overline{x}) + (x_2 - \overline{x}) + \cdots + (x_n - \overline{x})$$

ii.1 Para dados não agrupados

$$\text{SQD} = \sum_{i=1}^{n} \left(x_i - \bar{x} \right)^2 < \sum_{i=1}^{n} \left(x_i - x_0 \right)^2 ,$$

para qualquer valor de x_0 diferente de $\bar{x}$.

$$Z = e_1^2 + e_2^2 + \cdots + e_n^2 \quad \therefore \; Z = \left(x_1 - \bar{x} \right)^2 + \left(x_2 - \bar{x} \right)^2 + \cdots + \left(x_n - \bar{x} \right)^2$$

$$Z = \sum_{i=1}^{n} \left(x_i - \bar{x} \right)^2 \text{, derivando “Z” em relação a } \overline{X} \text{, tem-se.}$$

$$\frac{\partial Z}{\partial \bar{x}} = Z' = 2\sum_{i=1}^{n} \left(x_i - \bar{x} \right)\left(-1 \right) \therefore Z' = -2\sum_{i=1}^{n} \left(x_i - \bar{x} \right) = 0$$

$$\sum_{i=1}^{n} \left(x_i - \bar{x} \right) = 0 \therefore \sum_{i=1}^{n} x_i - n\bar{x} = 0 \therefore \bar{x} = \frac{\sum_{i=1}^{n} x_i}{n}$$

Ou seja $\overline{X}$ é o ponto crítico da derivada primeira de Z, mas, estudando o sinal da 2ª derivada de Z, pode-se saber se $\overline{X}$ é o valor que torna mínima ou máxima a soma dos quadrados dos desvios (SQD).

$$Z'' = -2\sum_{i=1}^{n} \left(-1 \right) \therefore Z'' = -2\left(-n \right) = 2n$$

Como o sinal da 2ª derivada é positivo para qualquer tamanho de amostra (que é positivo), pode-se dizer que a soma de quadrados dos desvios (SQD) é mínima quando os desvios são tomados em relação à média aritmética. Fica concluída assim a demonstração.

ii.2 Para dados agrupados

$$\sum_{i=1}^{n}(x_i-\overline{x})^2 f_i < \sum_{i=1}^{n}(x_i-x_0)^2 f_i ,$$

para qualquer valor de x_0 diferente de $\overline{x}$.

iii. MÉDIA ARITMÉTICA PONDERADA DE TODAS AS MÉDIAS

Se n_1 valores têm média $\overline{x}_1$, n_2 valores têm média, $\overline{x}_2$, ..., n_k valores têm média $\overline{x}_k$, então a média do conjunto formado por todos os valores é dada pela expressão (TOLEDO e OVALLE, 1987).

$$\overline{x}=\frac{\overline{x}_1 n_1+\overline{x}_2 n_2+\cdots+\overline{x}_k n_k}{n_1+n_2+\cdots+n_k} \text{ e simplificando tem-se } \overline{x}=\frac{\sum_{i=1}^{k}\overline{x}_i n_i}{\sum_{i=1}^{k} n_i}$$

iii.1 Exemplo de aplicação: Considere os seguintes conjuntos de valores.

$$n_1=4,\ X_1=\{10,40,70,80\},\ \overline{x}_1=\frac{10+40+70+80}{4}=\frac{200}{4}=50,\ \begin{cases} n_1=4 \\ \overline{x}_1=50 \end{cases}$$

$$n_2=5,\ X_2=\{5,15,20,30,40\},\ \overline{x}_2=\frac{5+15+20+30+40}{5}=\frac{110}{5}=22,\ \begin{cases} n_2=5 \\ \overline{x}_2=22 \end{cases}$$

$$n_3=6,\ X_3=\{1,2,3,10,12,20\},\ \overline{x}_3=\frac{1+2+3+10+12+20}{6}=\frac{48}{6}=8,\ \begin{cases} n_3=6 \\ \overline{x}_3=8 \end{cases}$$

$$\overline{x}=\frac{(50\times 4)+(22\times 5)+(8\times 6)}{4+5+6}=\frac{200+110+48}{15}=\frac{358}{15}=23,87$$

Supondo agora que as três séries de dados constituam uma única série, teríamos, ordenando os valores.

$$\{1,2,3,5,10,10,12,15,20,20,30,40,40,70,80\}$$

Daí calcula-se a média geral $\overline{X}$.

$$\overline{x} = \frac{(1+2+3+5+10+10+12+15+20+20+30+40+40+70+80)}{15}$$

$$\overline{x} = \frac{358}{15} = 23,87$$

iv. SOMANDO-SE (OU SUBTRAINDO-SE) UM VALOR CONSTANTE E ARBITRÁRIO A CADA UM DOS ELEMENTOS DE UM CONJUNTO DE VALORES, A MÉDIA ARITMÉTICA FICA SOMADA (OU SUBTRAÍDA) POR ESSA CONSTANTE

Sejam $X_i = x_i \pm K$ e $\overline{X} = \dfrac{\sum_{i=1}^{n} X_i}{n}$

Soma + k então; ($X_1 + K, X_2 + K, ..., X_n + K$) sendo assim a nova média $\overline{X}'$ será:

$$\overline{X}' = \frac{(X_1 + K) + (X_2 + K) + ... + (X_n + K)}{n} = \frac{\sum_{i=1}^{n}(X_i + K)}{n}$$

$$= \frac{\sum_{i=1}^{n} X_i}{n} + \frac{\sum_{i=1}^{n} K}{n} = \overline{X} + \frac{nK}{n} = \overline{X} + K,$$

Portanto $\overline{X}' = \overline{X} + K$

v. MULTIPLICANDO-SE (OU DIVIDINDO-SE) CADA ELEMENTO DE UM CONJUNTO DE VALORES POR UM VALOR CONSTANTE E ARBITRÁRIO, A MÉDIA FICA MULTIPLICADA (OU DIVIDIDA) POR ESSA CONSTANTE.

Sejam

$X_i = x_{i.}K$ e $\overline{X} = \dfrac{\sum_{i=1}^{n} X_i}{n}$

Multiplicando K por $(X_1, X_2, ..., X_n)$ tem-se,

$$\overline{X}' = \frac{(KX_1 + KX_2 + ... + KX_n)}{n} = \frac{K\sum_{i=1}^{n}(X_i)}{n}, \text{ portanto}$$

$$\overline{X}' = K\overline{X}$$

De modo semelhante, poderia ser demonstrado que, para $X_i = \dfrac{x_i}{K}$, teríamos $\overline{X}' = \dfrac{\overline{X}}{K}$.

vi. A MÉDIA DE UMA CONSTANTE É A PRÓPRIA CONSTANTE.

Seja $X_i = \{K, K, \ldots, K\}$.

$$\overline{X} = \frac{\sum_{i=1}^{n} X_i}{n} = \frac{nK}{n} = K$$

A.7 MEDIDAS ROBUSTAS DE LOCALIZAÇÃO

i) MÉDIA WINSORIZED

A média Winsorized ou truncada compensa a presença de valores extremos no cálculo da média, atribuindo a estes, o valor de um determinado percentil da distribuição. Por exemplo: estimando a média winsorized de 95%, os 2,5% dos menores valores corresponderão ao 2,5 percentil da distribuição, enquanto os 2,5 % dos valores maiores receberão o valor do 97,5 percentil da distribuição.

i.1 Exemplo de aplicação: Considere os seguintes conjuntos de valores.

{0, 3, 5, 7, 8, 10, 11, 12, 14, 15, 16, 18, 20, 24, 25, 27, 30, 32, 34, 55}

Tem-se que os percentis 2,5% e 97,5% correspondem aos valores: 1,425 e 45,025, respectivamente. Logo, os valores que encontram-se abaixo de 1,425 são substituídos por este, bem como os valores que estão acima de 45,025 são substituídos por este e a amostra winsorized de 95% é

{1,425, 3, 5, 7, 8, 10, 11, 12, 14, 15, 16, 18, 20, 24, 25, 27, 30, 32, 34, 45,025}

Logo, a média winsorized de 95% é, então, dada por

$$\overline{x} = \frac{(1,425 + 3 + 5 + 7 + ... + 34 + 45,025)}{20} = 17,8725$$

ii) MÉDIA APARADA OU PODADA OU MÉDIA TRUNCADA (TRIMMED MEAN)

A média aparada é calculada excluindo-se uma dada percentagem dos valores mais baixos e mais altos e então, calcula-se a média com os valores restantes. Por exemplo, excluindo os 2,5% dos valores inferiores e superiores e usando os dados remanescentes, temos a média aparada de 5%. Já a média aparada com 25% em cada lado é chamada de meia – média, pois é a média aritmética da metade central das estatísticas ordinais. A média aparada não é afetada por valores discrepantes (outliers) como a média aritmética. A média aparada é usada, por exemplo, em classificação em esportes para minimizar as classificações extremas, possivelmente causadas por julgamentos tendenciosos.

ii.1 Exemplo de aplicação: Considere os seguintes conjuntos de valores.

{0, 1, 1, 4, 5, 9, 10, 13, 16, 18, 20, 22, 26, 30, 32, 40, 51, 56, 63, 68}

Os percentis 25% e 75% são, espectivamente, 8 e 34. Então, a meia-média é dada por:

$$\overline{x} = \frac{(9+10+13+...+32)}{10} = 19,6$$

A.8 PROCESSO BREVE PARA O CÁLCULO DA MÉDIA ARITMÉTICA

O cálculo da média por meio de sua conhecida fórmula seja para dados não agrupados ou dados agrupados sem ou com intervalos de classes é denominado processo de cálculo longo.

Utilizando os recursos das propriedades iv e v da média aritmética (duas últimas propriedades) é possível desenvolver um processo breve para se calcular a média aritmética, o qual é menos direto que o processo mostrado anteriormente, mas que proporciona o mesmo resultado. Neste caso, faz-se uso de uma variável transformada, denominada variável reduzida, cujas expressões, conforme os dados sejam agrupados com e sem intervalos de classe respectivamente, são as seguintes:

A.8.1 PARA DADOS NÃO AGRUPADOS

Seja $d_i' = \frac{x_i - x_0}{c}$, em que x_0 e c são constantes arbitrárias. Podendo por exemplo "x_0" ser um valor intermediário (valor do meio), e "c" a diferença ente dois valores sucessivos quaisquer (TOLEDO e OVALLE, 1987).

Por meio da fórmula anterior deduzimos facilmente as expressões da média aritmética simples, com a utilização da variável reduzida d'.

Para o caso da média aritmética simples, fazemos o seguinte.

$$d_i' = \frac{x_i - x_0}{c}, \; x_i = x_0 + cd_i'$$

Conforme a definição da média aritmética simples, podemos escrever:

$$\overline{x} = \frac{\sum_{i=1}^{n} x_i}{n} = \frac{\sum_{i=1}^{n}\left(x_0 + cd_i^{'}\right)}{n}$$

A última expressão pode ser desenvolvida como mostrado a seguir:

$$\overline{x} = \frac{\sum_{i=1}^{n}\left(x_0 + cd_i^{'}\right)}{n} = \frac{\sum_{i=1}^{n} x_0 + \sum_{i=1}^{n} cd_i^{'}}{n} = \frac{\sum_{i=1}^{n} x_0}{n} + \frac{c\sum_{i=1}^{n} d_i^{'}}{n} = \frac{\cancel{n}x_0}{\cancel{n}} + c\frac{\sum_{i=1}^{n} d_i^{'}}{n}$$

Portanto temos que,

$$\overline{x} = x_0 + c\frac{\sum_{i=1}^{n} d_i^{'}}{n}$$

Genericamente, podemos escrever a seguinte equação.

$$\overline{x} = x_0 + c\overline{d^{'}}$$

Em que $\overline{d^{'}}$ é a média aritmética simples dos valores dos desvios reduzidos.

A.8.1.1 Exemplo para Dados não Agrupados

Seja X_i a variável referente aos pesos em quilogramas de cinco suínos em fase de terminação da raça DUROC JERSEY, coletados em uma granja próxima a cidade de Campo Grande no Estado do Mato Grosso do Sul. Determine a média aritmética simples por meio dos métodos longo e breve. X_i = {35,10; 38,40; 40,60; 41,89; 42,78}, veja que o n = 5.

Tabela 23: Dados de pesos (kgf) de cinco suínos em fase de terminação da raça DUROC JERSEY, coletados em uma granja próxima à cidade de Campo Grande no Estado do Mato Grosso do Sul.

i	x_i (pesos em kgf)	$d_i^{'} = \frac{x_i - 40,60}{3,30}$
1	35,10	-1,67
2	38,40	-0,67
3	40,60	0,00
4	41,89	0,39
5	42,78	0,66
SOMA	198,77	-1,29

Fonte: Dados fictícios.

Vejamos o cálculo da média por meio do Método Longo.

$$\bar{x} = \frac{198,77}{5} = 39,75 \text{ kg}$$

Agora o cálculo da média por meio do Método breve.

$$\bar{x} = 40,60 + 3,30\frac{(-1,29)}{5} = 40,60 - 0,8514 = 39,75 \text{ kg}$$

Valor igual ao obtido pelo método Longo.

A.8.2 PARA DADOS AGRUPADOS COM OU SEM INTERVALOS DE CLASSES

Partindo da variável reduzida $d_j^{'}$, chegaremos da mesma forma à expressão da média aritmética ponderada ou para dados agrupados sem ou com intervalos de classes.

Vale salientar aqui que: se os dados forem agrupados sem intervalos de classes, podemos, por exemplo, considerarmos o valor de "x_0" como o ponto médio da classe de maior frequência e "c" a amplitude do intervalo de classe. No entanto, quando a média aritmética tiver que ser calculada a partir de uma tabela de frequências onde os dados estiverem agrupados em intervalos de classes, costuma-se adotar os seguintes critérios na escolha dos valores de "x_0" e "c". Sendo neste caso o valor da constante x_0, será igual ao ponto médio da classe de maior frequência, se o número de classes (K) for par, ou o ponto médio da classe intermediária, se o número de classes (K) for ímpar. Já o valor da constante "c" será igual à amplitude do intervalo de classe adotado na construção da tabela.

Senão vejamos,

$$d'_j = \frac{x_j - x_0}{c}, \; x_j = x_0 + cd'_j$$

$$\overline{x} = \frac{\sum_{j=1}^{k} x_j . f_j}{n} = \frac{\sum_{j=1}^{k} \left(x_0 + cd'_j\right).f_j}{n}$$

$$\overline{x} = \frac{\sum_{j=1}^{k} \left(x_0 + cd'_j\right).f_j}{n} = \frac{\sum_{j=1}^{k} x_0.f_j + \sum_{j=1}^{k} cd'_j.f_j}{n} = \frac{\sum_{j=1}^{k} x_0.f_j}{n} + \frac{c\sum_{j=1}^{k} d'_j.f_j}{n} = \frac{x_0 \sum_{j=1}^{k} f_j}{n} + c\frac{\sum_{j=1}^{k} d'_i.f_j}{n}$$

$$\overline{x} = \frac{\cancel{n}\, x_0}{\cancel{n}} + c\frac{\sum_{j=1}^{k} d'_j}{n} = x_0 + c\frac{\sum_{j=1}^{k} d'_j.f_j}{n},$$

portanto temos que a média é:

$$\overline{x} = x_0 + c\frac{\sum_{j=1}^{k} d'_j.f_j}{n}$$

Genericamente, podemos escrever a seguinte equação.

$$\overline{x} = x_0 + c\overline{d'}$$

Em que $\overline{d'}$ é a média aritmética ponderada dos valores dos desvios reduzidos.

A.8.2.1 EXEMPLO PARA DADOS AGRUPADOS SEM INTERVALOS DE CLASSES

A distribuição de frequência abaixo representa o número de plantas de tomate atacada por uma doença chamada Pinta Preta, contadas em um experimento em que as plantas foram submetidas a diferentes condições baixa, média e alta de umidade do ar e que foi conduzido na fazenda de alagoinhas, em Mossoró no Rio Grande do Norte. Calcular a média aritmética dos dados pelos processos longo e breve.

Tabela 24: Dados dos números de plantas de tomate atacadas por uma doença chamada Pinta Preta, Mossoró, RN.

		PROCESSO LONGO	PROCESSO BREVE	
x_i	f_i	$x_i f_i$	$d'_j = \frac{x_j - 6}{2}$	$d'_j f_j$
2	10	20	-2	-20
4	15	60	-1	-15
6	20	120	0	0
8	16	128	1	16
10	9	90	2	18
Soma	70	418	------	-1

Fonte: Dados fictícios.

Determinação da média por meio do processo Longo

$$\overline{x} = \frac{\sum_{j=1}^{k} x_j.f_j}{n} = \frac{\sum_{j=1}^{k} x_j.f_j}{70} = \frac{418}{70} \approx 5,97 \text{ Plantas doentes}$$

Cálculo da média pelo processo Breve

Inicialmente façamos o seguinte: Escolher um valor para o "x_0" e um valor para o "c". Ou seja:

$x_0 = 6$, pois $x_3 = 6$ é o valor intermediário da Tabela 24.

c = 2, pois 2 é a diferença entre dois valores sucessivos quaisquer.

$$\overline{x} = x_0 + c\frac{\sum_{j=1}^{k} d'_j.f_j}{n}$$

Então temos que:

$$\overline{x} = 6 + 2\frac{-1}{70} = 6 - \frac{2}{70} = 6 - 0,0286 = 5,9714$$

$$\overline{x} \approx 5,97 \text{ Plantas doentes}$$

A.8.2.2 EXEMPLO PARA DADOS AGRUPADOS COM INTERVALOS DE CLASSES

Seja a distribuição dos dados X_i, referentes ao consumo diário de eletricidade de 80 projetos de irrigação por aspersão, localizados na Chapada do Apodi, no Estado do Rio Grande do Norte. Calcular a média aritmética ponderada do consumo de energia, por meio dos métodos longo e breve. Verifique que n = 80.

Tabela 25: Dados referentes ao consumo diário de eletricidade de 80 projetos de irrigação por aspersão, localizados na Chapada do Apodi, no Estado do Rio Grande do Norte.

CLASSES (CONSUMO DE ENEREGIA EM KWh)	f_j	x_j	PROCESSO LONGO	PROCESSO BREVE	
			$f_j x_j$	$d_j' = \dfrac{\overline{x}_j - 75}{20}$	$d_j' f_j$
5 |-------25	4	15	60	-3	-12
25 |------ 45	6	35	210	-2	-12
45 |------ 65	14	55	770	-1	-14
65 |------85	26	75	1950	0	0
85 |------105	14	95	1330	1	14
105 |------125	8	115	920	2	16
125 |------145	6	135	810	3	18
145 |------165	2	155	310	4	8
SOMA	80	------	6360	------	18

Fonte: Dados fictícios.

Vejamos agora o cálculo da média aritmética por meio do Processo Longo.

Conforme a fórmula comum do cálculo da média, teremos.

$$\overline{x} = \frac{\sum_{j=1}^{k} x_j f_j}{n} = \frac{6360}{80} = 79,50 \text{ kwh}$$

Portanto, o consumo médio diário de energia elétrica por projeto de irrigação é de 79,50 kwh.

Vejamos agora o cálculo da média aritmética pelo Processo Breve.

Inicialmente vamos calcular os valores de x_0 e c. Senão vejamos.

$X_0 = 75$, que é o ponto médio da classe de maior frequência (K = 8), e c = 20, a qual é a amplitude do intervalo de classe. Sendo assim aplicando a seguinte fórmula da média temos que:

$$\overline{x} = x_0 + c\frac{\sum_{j=1}^{k} d'_j . f_j}{n}, \text{ obtemos}$$

$$\overline{x} = 75 + 20\frac{18}{80} = 75 + 4{,}50 = 79{,}50 \text{ kwh}$$

Resultado igual ao obtido pelo processo longo.

B MÉDIA GEOMÉTRICA [Mg]

Em um conjunto de "n" números X_1, X_2,... , X_n a média geométrica é dada pela raiz de ordem "n" do produto desses números.

É aplicada em média de relações ou razões, como relação capital/dívida, dívida/capital, para médias de distribuições assimétricas ou série de dados em progressão geométrica, médias de taxas de variação, como taxa média de aumento do capital investido no período, média de índices econômicos e da taxa de crescimento de microorganismos, produto interno bruto, nível de preços do consumidor.

A média geométrica é também apropriada para médias de taxas ou números índices. A média geométrica é bastante usada em Administração e Economia para achar taxas médias de variação, de crescimento, ou razões médias como informado anteriormente. A média geométrica só poderá ser utilizada para valores positivos e é menos sensível a valores discrepantes que a média aritmética.

A denominação geométrica deriva do fato que esta média é o termo central de uma progressão geométrica. De fato, na progressão geométrica: 3: 6: 12: 24: 48, o termo central 12 é a média geométrica simples de seus termos, isto é:

$$mg = \sqrt[5]{3.6.12.24.48} = 12$$

Essa média não tem significado quando houver valores nulos na série ou quando existir números ímpares de valores negativos. É também menos influenciada pelos valores extremos do que a média aritmética. Ela adquire maior representatividade, nas séries em que os valores se escalonam em progressão geométrica e tem boa aplicação no cálculo de números índices, taxas de crescimento relativamente constantes como, por exemplo, em crescimentos de populações, capitais sujeitos a juros compostos, entre outros. É também usada como valor médio de um conjunto de percentagens de variações mensais. A média geométrica de duas ou mais séries de valores pode ser obtida por meio das respectivas médias de cada série, isto é:

$$Mg = \sqrt[n_1+n_2+\cdots+n_k]{Mg_1^{n_1}.Mg_2^{n_2}.\cdots.Mg_k^{n_k}}$$

A média geométrica é usada principalmente em problemas envolvendo mudanças proporcionais. Em demografia, para se estimar a população de determinada localidade num ano t_x, quando se supõe crescimento entre dois censos, usa-se a seguinte fórmula.

$$P_X = P_0\left(\frac{P_1}{P_0}\right)^{\frac{t_X-t_0}{t_1-t_0}}$$

Em que P_0 é a população do primeiro censo, realizado na data t_0, P_1 é a população do segundo censo, realizado na data t_1, e P_x é a população que se quer determinar na data t_x.

Se quisermos determinar a população no centro do período $t_1 - t_0$ isto é, para t_x, temos que.

$t_X = \dfrac{t_1 + t_0}{2}$, então,

$t_X - t_0 = \dfrac{t_1 + t_0}{2} - t_0 = \dfrac{t_1 - t_0}{2}$, logo temos o seguinte,

$\dfrac{t_X - t_0}{t_1 - t_0} = \dfrac{1}{2}$, e P_x torna-se assim.

$$P_X = p_0\left(\frac{P_1}{P_0}\right)^{\frac{1}{2}} = P_0\sqrt{\frac{P_1}{P_0}} = \sqrt{P_0P_1}$$

Ou seja, P_x é a média geométrica de P_o e P_1.

Na área biomédica, é freqüente o emprego da média geométrica para expressar resultados de experiências laboratoriais. Suponha, por exemplo, que determinada experiência consiste na diluição de certa substância. Denomina-se essa substância de substância ativa, enquanto o meio no qual esta sendo feita a diluição é denominado substância neutra. Seja a proporção de diluição mantida constante em 12 (uma parte da substância ativa para cada duas partes do total). Então para sucessivas diluições temos os seguintes valores: Diluição {0, 1, 2,..., K}; Proporção da substância ativa em porcentagem (%): {100, 50, 25,...,}; Proporção da substância ativa (partes sobre o total): {1; 1:2; 1:4; ... ; $1{:}2^k$}. Observa-se que, se for considerada a concentração da substância ativa, a escala não é linear, pois a diferença entre o teor de concentração para duas diluições subseqüentes não é constante (100 – 50 = 50; 50 – 25 = 25, ...).

Tomado os logaritmos na base b, em que b é a proporção da diluição, a escala de concentração torna-se linear, em intervalos iguais a

$$\log\left(1:b^K\right) - \log\left(1:b^{K-1}\right) = \text{Cons tan te} = \log b$$

Por exemplo, para a quarta diluição temos que.

$$\log\left(1:2^4\right) - \log\left(1:2^3\right) = \text{Constante} = \log 2$$

As propriedades da média aritmética, quanto à sua capacidade de representar normalidade, estão associadas ao fato de a variável estar em escala linear. No caso de sucessivas diluições, a variável concentração da substância ativa é expressa em escala logarítmica (não linear). Desta forma, não é correto aplicar a média aritmética neste tipo de experimento. A média geométrica, que por construção se aplica a escalas logarítmicas, fornece o cálculo adequado para representar a normalidade da variável em estudo (BERQUÓ, et al., 1981; ARANGO, 2001 e CALLEGARI – JACQUES, 2003).

B.1 PARA DADOS NÃO AGRUPADOS

É definida como sendo a raiz de ordem "n" do produto dos "n" dados de uma amostra.

$$Mg = \sqrt[n]{X_1.X_2, \ldots,.X_n} = \sqrt[n]{\prod_{i=1}^{n} X_i} \text{ para } X_i > 0, \forall\, i = 1, 2, \cdots, n,$$

em que o símbolo Π é a letra grega maiúscula pi e significa tomar o produtório dos valores de X_i desde o primeiro até o último ou n-ésimo valor.

A tomada de logaritmos pode evitar problemas computacionais de se ter que trabalhar com números de elevada magnitude. A expressão alternativa da média geométrica apresentada abaixo será calculada considerando o uso de logaritmo decimais, cuja base é 10.

Logo,

$$Mg = \frac{LogX_1 + LogX_2 + \ldots + LogX_n}{n} = \frac{\sum_{i=1}^{n} LogX_i}{n}; \; X_i > 0, \; \forall\, i = 1, 2, \ldots, n.$$

Ou seja, o logaritmo da média geométrica é a média aritmética dos logaritmos dos valores da variável X. A partir dessa fórmula a média geométrica é determinada por meio do antilogarítmo dessa soma dividida por n.

$$Mg = \text{Anti}\log\left(\frac{\sum_{i=1}^{n} LogX_i}{n}\right)$$

B.1.1 Exemplo 1: Estimar a taxa média de retorno de um capital aplicado após três anos de investimento, sendo 10% no primeiro, 50% no segundo e 30% no terceiro ano.

$$Mg = \overline{x}_G = \sqrt[3]{(0,10).(0,50).(0,30)} = 0,247 = 24,7\%$$

B.1.2 Exemplo 2: Média de relações.

Tabela 26: Dados referentes a relação capital/dívida de duas empresas agrícolas.

Empresa	Capital	Dívida	Relação Capital/dívida
A	2500	1000	2,5
B	1000	2000	0,5

Fonte: Dados fictícios.

A relação média entre capital e dívida é:

$$Mg = \overline{x}_G = \sqrt{2,5 \times 0,5} = 1,118$$

B.1.3 Exemplo 3: Média de taxas de variação.

Um investidor aplicou em 2001, R$ 500,00. Após um ano o saldo é de R$ 550,00. Reaplicou esta quantia e ao final de mais um ano, o montante era de R$ 590,00. Qual a taxa média de aumento?

Tabela 27: Taxa média de aumento de capital após aplicação em três anos.

PERÍODO	TAXA
2001/2002	550/500 = 1,1000
2002/2003	590/550 = 1,0727

Fonte: Dados fictícios.

$$Mg = \sqrt{1,1000 \times 1,0727} = R\$\ 1,0863 \text{ (taxa média anual)}$$

B.2 PARA DADOS AGRUPADOS SEM INTERVALOS DE CLASSES; Média Geométrica Ponderada.

$$Mg = \sqrt[n]{X_1^{f_1}.X_2^{f_2}...X_n^{f_n}} = \sqrt[n]{\prod_{i=1}^{n} X_i^{f_i}} \text{ , em que } n = \sum_{i=1}^{k} f_i$$

B.2.1 Exemplo. Seja X_i o número de colônias de bactérias contadas em placas de um microscópio: Calcule o número médio de colônias de bactérias por placa.

Tabela 28: Distribuição de frequências do número de colônias de bactérias contadas em placas de um microscópio.

x_i	f_i	x_i^{fi}
1	1	1^1
2	3	2^3
3	5	3^5
4	1	4^1
Soma	10	-------

Fonte: Dados fictícios.

Observe que n = 10

$$Mg = \sqrt[10]{1^1.2^3.3^5.4^1} = \sqrt[10]{(1).(8).(243).(4)} = \sqrt[10]{7776} = 2,45$$

colônias de bactérias

B.3 PARA DADOS AGRUPADOS COM INTERVALOS DE CLASSES: Média Geométrica Ponderada.

$Mg = \sqrt[n]{X_1^{f_1}.X_2^{f_2}...X_n^{f_n}} = \sqrt[n]{\prod_{i=1}^{n} X_i^{f_i}}$, em que $n = \sum_{i=1}^{k} f_i$ e X_i é ponto médio de uma classe.

B.3.1 Exemplo: Seja X_i o número de atendimentos em um hospital veterinário durante vinte dias do mês de março de 2005. Determine o número médio de atendimentos.

Tabela 29: Distribuição de frequências referente ao número de atendimentos em um hospital veterinário durante vinte dias do mês de março de 2005.

CLASSES (número de atendimentos)	f_i	x_i	$x_i f_i$	$x_i f_i$
2 |-------4	4	3	3^4	81
4 |------ 6	6	5	5^6	15625
6 |------ 8	8	7	7^8	5764801
8 |------10	2	9	9^2	81
SOMA	20	-------	--------	--------

Fonte: Dados fictícios.

$$Mg = \bar{x}_g = \sqrt[20]{(81).(15625).(5764801).(81)} = 5,48 \text{ atendimentos}$$

B.4 PROPRIEDADES DA MÉDIA GEOMÉTRICA

i) O produto do quociente de cada valor de um conjunto de observações pela média geométrica do conjunto é igual a 1(um);

$$\frac{X_1}{M_g}.\frac{X_2}{M_g}.\cdots.\frac{X_n}{M_g} = 1$$

ii) Séries que apresentam o mesmo número de elementos com a mesma soma total têm a mesma média aritmética, enquanto séries que apresentam o mesmo número de elementos com o mesmo produto têm a mesma média geométrica;

iii) A média geométrica é menor ou igual do que a média aritmética, ou seja, $M_g \leq \bar{X}$;

iv) Quanto maior a diferença entre os valores originais, maior será a diferença entre as médias aritmética e geométrica.

C MÉDIA HARMÔNICA [MH]

É dada pelo inverso da média aritmética do inverso dos números para os quais se deseja calcular a média.

Conforme essa definição pode-se afirmar que o valor MH é a média harmônica de um conjunto de valores, se a operação que iguala os dois conjuntos de valores for a adição dos inversos. Para um conjunto de n valores da variável, podemos escrever.

$$\frac{1}{MH}+\frac{1}{MH}+\cdots+\frac{1}{MH}=\frac{1}{X_1}+\frac{1}{X_2}+\frac{1}{X_3}+\cdots+\frac{1}{X_n}$$

$$\frac{n}{MH}=\sum_{i=1}^{n}\left(\frac{1}{X_i}\right) \text{ ou ainda, } \frac{1}{MH}=\frac{\sum_{i=1}^{n}\frac{1}{X_i}}{n}$$

Logo,

$$MH=\frac{n}{\sum_{i=1}^{n}\frac{1}{X_i}}$$

Sendo assim se conclui que o inverso da média harmônica é a média aritmética dos inversos dos valores da variável.

Parece que foi Arquitas[12], (HARIKI, 1996) que viveu por volta do ano 400 antes de cristo, que deu origem ao nome de Harmônica a média que antes dele era conhecida como subcontrária.

12 Arquitas de Tarento (428 a.C. - 347 a.C.), Matemático, astrônomo, músico, político, filósofo e cientista grego de Tarento, cidade colonial grega no sul da Itália, nas costas do Mediterrâneo, considerado o mais ilustre dos matemáticos pitagóricos. Acredita-se ter sido discípulo de Filolau de Crotona e foi amigo de Platão, sendo assim considerado de caráter platônico. Foi um dos responsáveis por mudanças fundamentais na matemática do quinto século antes de Cristo e de certa forma, também de transição na era platônica foi antes de tudo mais aritmético que geômetra e sem a componente religiosa e mística dos pitagóricos como Filolaus. Fundou a mecânica e influenciou Euclides. Foi o primeiro a usar o cubo em geometria e a restringir as matemáticas às disciplinas técnicas como a geometria, aritmética, astronomia e acústica. Para resolver o famoso problema da duplicação do cubo (dobrar o seu volume), valeu-se de um modelo tridimensional.

Essa é a média a ser usada em problemas que envolvem razão de variação, ou seja, quando as observações são expressas inversamente às nossas exigências ou a sua importância (valores que são inversamente proporcionais) como velocidades (quilômetros por hora) e preços (reais por dúzia). Por exemplo: taxas de variação como o cálculo de velocidade média (em tempos diferentes), custo médio de produtos comprados com uma quantia fixa em diversos anos (exercícios) a preços variáveis, tempo médio de escoamento de estoques, vazões médias, frequência média, taxas médias, média de razões e em algumas técnicas da estatística, como por exemplo, em alguns processos estatísticos conhecidos como estimação de componentes de variância. Nenhum valor pode ser, por exemplo, igual a zero. Portanto essa média é empregada sempre que os fenômenos considerados variem em sentido inverso. Em economia, por exemplo, é usada para determinação dos índices do poder aquisitivo das moedas. Ou seja, em situações em que não faz sentido somar os valores da variável por haver proporcionalidade inversa (BERQUÓ et al., 1981; ARANGO, 2001 e CALLEGARI – JACQUES, 2003). Outro exemplo em estatística é o cálculo do número médio de repetições quando o ensaio é desbalanceado.

Essa média é usada no confronto entre média de velocidade e tempo (grandezas inversamente proporcionais), e no calculo na velocidade média entre dois pontos.

A série estatística que é mostrada a seguir apresenta um comportamento diferente das séries apresentadas anteriormente. A característica desta série é o denominador dos dados que forma uma progressão aritmética (PA). Para os dados da tabela abaixo o denominador tem progressão aritmética com razão igual a 1. Esse tipo de série é conhecido como progressão harmônica ou série harmônica.

Recomenda-se o uso da média harmônica quando os dados se aproximam ou formam uma progressão harmônica.

Tabela 30: Progressão harmônica ou série harmônica.

Período	1	2	3	4	5
Dados	$\frac{1}{1}$	$\frac{1}{2}$	$\frac{1}{3}$	$\frac{1}{4}$	$\frac{1}{5}$

Fonte: Dados fictícios.

A média harmônica é muito usada em economia, na construção dos chamados números índices. Em experimentação agrícola na determinação do número médio de repetições em análise conjunta de experimentos com diferentes números de repetições, mas também de um único ensaio desbalanceado.

Para qualquer conjunto de "n" valores positivos tem-se que $MH \leq MG \leq \overline{X}$. O sinal de igualdade vale somente quando todos os valores x_1, $x_2, \ldots, x_n$; são idênticos.

C.1 PARA DADOS NÃO AGRUPADOS

$$MH = \frac{1}{\dfrac{\dfrac{1}{X_1} + \dfrac{1}{X_2} + \ldots + \dfrac{1}{X_n}}{n}} = \frac{n}{\dfrac{1}{X_1} + \dfrac{1}{X_2} + \ldots + \dfrac{1}{X_n}} = \frac{n}{\sum_{i=1}^{n} \dfrac{1}{X_i}}$$

A característica desta fórmula é o denominador dos dados que forma uma progressão aritmética. Esse tipo de série é conhecido como progressão harmônica ou série harmônica.

A média anti-harmônica $M\tilde{H}$ é dada por:

$$M\tilde{H} = \frac{\sum_{i=1}^{n} X_i^2}{\sum_{i=1}^{n} X_i}$$

A origem da denominação da média harmônica MH é musical. Essa média é o termo central da sucessão numérica: 6, [4], 3 em que 6: 4: 3 é a sequência segundo a qual, deve estar o comprimento da corda musical para se obter uma nota, a quinta e a oitava. De fato temos o seguinte:

$$\frac{1}{\frac{1}{3}\left(\frac{1}{6}+\frac{1}{4}+\frac{1}{3}\right)}=\frac{3}{\frac{9}{12}}=4\text{, sendo que } \overline{x}=\frac{13}{3}\cong 6,33 \text{ e}$$

$$MG=\sqrt[3]{72}\cong 4,16\,.$$

Como se vê a média harmônica MH de n termos $x_1, x_2,..., x_n$ é tal que, se vêem substituída para cada termo, deixa inalterada a somas de seus recíprocos. De fato:

$$\sum_{i=1}^{n}\frac{1}{X_i}=\frac{n}{MH}$$

A MH não é muito usada, mas, necessita ser corretamente empregada, quando temos os termos para os quais os recíprocos são de interesse não se deve calcular a média aritmética. Por exemplo, para calcular a média dos preços de um mesmo produto em quatro supermercados temos que recorrer a médias aritméticas. Sejam os preços: 5, 2, 4 e 10 reais, então a média aritmética é dada por:

$$\overline{x}=5,25(R\$/kg)$$

Suponhamos agora que ao invés dos preços consideremos os recíprocos desses valores, isto é, a quantidade daquele produto que será adquirida com um real (em kg/R$).

$$\frac{1}{5}=0,20;\quad \frac{1}{2}=0,50;\quad \frac{1}{4}=0,25;\quad \frac{1}{10}=0,10\,.$$

Se desejarmos calcular uma média destas quantidades (quantidade média de produto adquirida com 1 real), no qual o seu recíproco seja a média aritmética dos preços. Devemos, portanto, recorrer a média harmônica:

$$MH = \frac{4}{\frac{1}{0,20}+\frac{1}{0,50}+\frac{1}{0,25}+\frac{1}{0,10}} = \frac{4}{21} \cong 0,1904 \text{ R\$ / Kg}$$

Se tivéssemos calculado a média aritmética das quantidades adquiridas nos vários negócios com 1 real, isto é:

$$\overline{X} = \frac{0,20+0,50+0,25+0,10}{4} = \frac{1,05}{4} = 0,26 \ ,$$

não teríamos obtido, fazendo o recíproco da média aritmética dos preços. De fato, em geral temos o seguinte:

$$\overline{X}_{\text{preços}} \neq \frac{1}{\overline{X}_{\text{kg/R\$}}}$$

No caso desse exemplo, $5,25 \neq \dfrac{1}{0,26} \cong 3,84$.

C.1.1 Exemplo 1. Um comprador pagou 1 real por penca de banana a 10 centavos cada uma, e 1 real de banana a 20 centavos cada fruto, qual é o preço médio pago por banana.

$$MH = \frac{2}{\frac{1}{10}+\frac{1}{20}} = 13,33 \text{ centavos de Real}$$

C.1.2 Exemplo 2. Uma pessoa vai da cidade de Mossoró até o distrito de Alagoinhas na zona rural do município no Rn, numa distância de 12 km, em automóvel a 80 km/h, e volta a pé a 5 km/h. Qual é a velocidade média obtida?

$$MH = \frac{24}{\frac{12}{80}+\frac{12}{5}} = \frac{1}{(0,50\times 0,20)+(0,50\times 0,0125)} = 9,4 \text{ km/h}$$

C.1.3 Exemplo 3. Uma dona de casa comprou 5 carretéis de linha de algodão ao preço de R$ 8,00 a unidade, na loja A; 8 carretéis ao preço de R$ 6,00, na loja B; e 9 carretéis ao preço de R$ 10,00, na loja C. Qual o preço médio da sua compra?

$$MH = \frac{5+8+9}{\frac{5}{8}+\frac{8}{6}+\frac{9}{10}} = \frac{22}{\frac{75+160+108}{120}} = \frac{22.120}{343} = \frac{2640}{343} = 7,70$$

C.2 PARA DADOS AGRUPADOS SEM INTERVALOS DE CLASSES: Média Harmônica Ponderada.

$$MH = \frac{n}{\frac{1}{X_1}f_1 + \frac{1}{X_2}f_2 + \ldots + \frac{1}{X_k}f_k} = \frac{n}{\sum_{i=1}^{k}\frac{1}{X_i}f_i}, \text{ em que } n = \sum_{i=1}^{k} f_i$$

C.2.1 Exemplo. Seja X_i o número de computadores vendidos mensalmente por uma indústria de produtos de informática. Determine o número médio de computadores vendidos mensalmente por essa indústria.

Tabela 31: Distribuição de frequências referente ao número de computadores vendidos mensalmente por uma indústria de produtos de informática.

x_i	f_i	$\frac{1}{x_i}$	$\frac{1}{x_i}f_i$
1	1	$\frac{1}{1}$	$\frac{1}{1}.1$
2	4	$\frac{1}{2}$	$\frac{1}{2}.4$
3	5	$\frac{1}{3}$	$\frac{1}{3}.5$
6	2	$\frac{1}{6}$	$\frac{1}{6}.2$
Soma	12	------	5

Fonte: Dados fictícios.

Temos: n = 12,

$$MH = \frac{12}{\frac{1}{1}\times 1 + \frac{1}{2}\times 4 + \frac{1}{3}\times 5 + \frac{1}{6}\times 2} = \frac{12}{5} = 2,4 \text{ computadores/mês}$$

C.3 PARA DADOS AGRUPADOS COM INTERVALOS DE CLASSES: Média Harmônica Ponderada.

$$MH = \frac{n}{\frac{1}{X_1}f_1 + \frac{1}{X_2}f_2 + ... + \frac{1}{X_k}f_k} = \frac{n}{\sum_{i=1}^{k} \frac{1}{X_i} f_i},$$

em que $n = \sum_{i=1}^{k} f_i$ e X_i é ponto médio de uma classe.

C.3.1 Exemplo. Seja X_i o preço de vendas em reais de tratores agrícolas que foram comercializados no mercado do agronegócio da cidade de Mossoró, RN, durante o ano de 2006. Determine o preço médio dos tratores vendidos nesse período.

Tabela 32: Distribuição de frequências referente ao preço de vendas em reais de tratores agrícolas que foram comercializados no mercado do agronegócio da cidade de Mossoró, RN, durante o ano de 2006.

CLASSES (10000 reais)	f_i	x_i	$\frac{1}{x_i}$	$\frac{1}{x_i}f_i$
1 |-------3	2	2	$\frac{1}{2}$	$\frac{1}{2}.2$
3 |------ 5	4	4	$\frac{1}{4}$	$\frac{1}{4}.4$
5 |------ 7	8	6	$\frac{1}{6}$	$\frac{1}{6}.8$
7 |-------9	4	8	$\frac{1}{8}$	$\frac{1}{8}.4$

9 |-------11	2	10	$\frac{1}{10}$	$\frac{1}{10}.2$
SOMA	20	-------	-------	4,03

Fonte: Dados fictícios.

Note que n = 20,

$$MH = \frac{12}{\frac{1}{2}\times 2+\frac{1}{4}\times 4+\frac{1}{6}\times 8+\frac{1}{8}\times 4+\frac{1}{10}\times 2} = \frac{20}{4,03} = 4,96\times(10.000)$$

Reais

D MEDIANA [Md]

D.1 INTRODUÇÃO

Colocando-se os valores de uma série em ordem crescente ou decrescente, a mediana é o valor que ocupa a posição central. Além de representar o valor central da série, ela serve para analisar sua distribuição, bem como para comparar fenômenos da mesma espécie o que também ocorre com as outras medidas de posição. É recomendado para representar o centro em séries assimétricas. Ordenando os dados da amostra, obtêm-se as estatísticas de ordem $x_{(1)}, x_{(2)}, \cdots, x_{(n)}$, com $x_{(1)} \leq x_{(2)}, \cdots, \leq x_{(n)}$, sendo $x_{(1)} = \min(x_i)$ e $x_{(n)} = \max(x_i)$. Os valores são organizados assim:

$\{x_{(1)}, x_{(2)}, \ldots, x_{(n)}\}$, em que $x_{(i)}$ é a observação que ocupa a i-ésima posição no conjunto de dados colocados em ordem crescente ou decrescente como já comentado anteriormente.

D.2 DETERMINAÇÃO

D.2.1 PARA DADOS NÃO AGRUPADOS

D.2.1.1 QUANDO "n" É ÍMPAR: A mediana é igual ao valor de ordem $\frac{n+1}{2}$ desse conjunto de dados, ou seja:

$$M_d = X_{\left(\frac{n+1}{2}\right)}$$

D.2.1.1.1 Exemplo. Seja X_i o número de lagartas "ELASMO" contadas em 7 plantas de milho após serem pulverizadas com um inseticida sistêmico. Calcule o número mediano de lagartas por planta nesse levantamento.

x_i={2, 3, 7, 11, 15, 17, 21}, n = 7 é ímpar, então.

$$M_d = x_{\left(\frac{7+1}{2}\right)} = x_{(4)} = 11 \text{ lagartas / planta}$$

D.2.1.2 QUANDO "n" É PAR: A mediana é definida como qualquer valor situado entre os valores de ordem $\frac{n}{2}$ e $\frac{n}{2}+1$. Por simplificação consideraremos como sendo o valor médio entre esses valores. Sendo assim temos que.

$$M_d = \frac{X_{\left(\frac{n}{2}\right)} + X_{\left(\frac{n}{2}+1\right)}}{2}$$

D.2.1.2.1 Exemplo: Seja X_i o número de borboletas capturadas por uma armadilha luminosa. Determine o número mediano de borboletas capturadas nesse experimento.

$$x_i = \{12, 14, 14, 15, 16, 16, 17, 20\}, n = 8,$$

$$M_d = \frac{x_{\left(\frac{8}{2}\right)} + x_{\left(\frac{8}{2}+1\right)}}{2} = \frac{x_{(4)} + x_{(5)}}{2} = \frac{15+16}{2} = 15,5 \text{ borboletas}$$

D.2.2 PARA DADOS AGRUPADOS SEM INTERVALOS DE CLASSES: Preliminarmente determinamos as frequências acumuladas "abaixo de".

D.2.2.1 QUANDO "n" É ÍMPAR: A determinação é feita de maneira análoga ao caso anterior para dados não agrupados.

$$M_d = X_{\left(\frac{n+1}{2}\right)}$$

D.2.2.1.1 Exemplo: Seja X_i o número de pulgões por folha, enumerados em plantas de tomate. Calcule o número mediano de pulgões por folha nessa pesquisa.

Tabela 33: Distribuição de frequências referente ao número de pulgões por folha, enumerados em plantas de tomate.

x_i	f_i	$f_{ac\downarrow}$
1	1	1
2	3	4
3	5	9
4	2	11
SOMA	11	-------

Fonte: Dados fictícios.

Observe que n = 11.

$$M_d = x_{\left(\frac{11+1}{2}\right)} = x_{(6)} = 3 \text{ pulgões}$$

D.2.2.2 QUANDO "n" É PAR: A determinação é feita de maneira análoga ao caso anterior para dados não agrupados.

$$M_d = \frac{X_{\left(\frac{n}{2}\right)} + X_{\left(\frac{n}{2}+1\right)}}{2}$$

D.2.2.2.1 Exemplo: Seja X_i o número de peixes Tilápia capturados, marcados e devolvidos ao rio Mossoró, em um período chuvoso de avaliação composto de 24 dias. Calcule o número mediano de tilápias capturadas.

Tabela 34: Distribuição de frequências referente ao número de peixes Tilápia capturados, marcados e devolvidos ao rio Mossoró, em um período chuvoso de avaliação composto de 24 dias.

x_i	f_i	$f_{ac\downarrow}$
3	5	5
4	7	12
5	8	20
6	4	24
SOMA	24	-------

Fonte: Dados fictícios.

Observe que n = 24

$$M_d = \frac{x_{\left(\frac{24}{2}\right)} + x_{\left(\frac{24}{2}+1\right)}}{2} = \frac{x_{(12)} + x_{(13)}}{2} = \frac{4+5}{2} = 4,5 \text{ tilápias}$$

D.3 PARA DADOS AGRUPADOS COM INTERVALOS DE CLASSES: Uma das maneira de se calcular essa medida é quando ela é obtida aritmeticamente por meio de uma fórmula deduzida por interpolação, como a seguir.

$M_d = L_i + \dfrac{\left(\dfrac{n}{2} - \sum f_{ant.}\right)}{f_{iMd}} \times C$, em que Md: Mediana, L_i: Limite inferior da classe mediana, n: soma total das frequências absolutas ou relativas = $\sum_{i=1}^{k} f_i$, $\sum f_{ant.}$: soma das frequências anteriores a classe mediana, $f_{i_{Md}}$: frequência da classe mediana e C: amplitude da classe mediana.

D.3.1 Exemplo: Seja X_i a área em km² de 58 reservas florestais naturais. Determinar a área mediana em km² dessas reservas.

Tabela 35: Distribuição de frequências referente a área em km² de 58 reservas florestais naturais.

CLASSES (áreas em km²)	f_i	$f_{ac\downarrow}$
35 |-------45	5	5
45 |------ 55	12	17
55 |------ 65	18	35
65 |-------75	14	49
75 |-------85	6	55
85 |-------95	3	58
SOMA	58	----------

Fonte: Dados fictícios.

Sendo, portanto, n = 58, L_i = 55, $f_{i_{Md}}$ =18, $\sum f_{ant.}$ = 17, C = 65-55=10.

- Procedimentos:

i) Calcula-se $\dfrac{n}{2} = \dfrac{58}{2} = 29^o$;

ii) Identificar a classe mediana por meio da frequência acumulada abaixo de. Neste caso é a 3ª classe[55 |------ 65];

iii) Aplica-se a fórmula.

$$M_d = 55 + \frac{\left(\frac{58}{2} - 17\right)}{2} \times 10 = 61,67 \text{ km}^2$$

D.4 PROPRIEDADES E CARACTERÍSTICAS DA MEDIANA

i) A mediana depende ou só considera os ranques, postos, posição ou ainda a ordem e não depende dos elementos em si da distribuição, pois estes devem estar dispostos em ordem crescente ou decrescente de seus valores, sendo assim a mediana é uma estatística menos informativa que a média;

ii) A mediana pode ser usada como alternativa em relação à média, para caracterizar o centro do conjunto de dados em distribuição de frequências assimétricas como a distribuição de rendas de uma população, pois valores muito discrepantes tendem a exercer pouca influência sobre a mediana;

iii) A mediana é empregada nas distribuições de frequências que apresentam nos extremos classes abertas ou abortadas, com intervalos do tipo "menor que" ou "maior que";

iv) A mediana tem interpretação simples, quando as observações são todas diferentes, por que ela é tal que o número de observações com valores maiores do que a mediana é igual ao número de observações com valores menores do que a mediana. Contudo, quando há valores repetidos a sua interpretação não é assim tão simples, pois, por exemplo, no caso de uma amostra do número de frutos de acerola [2, 2, 5, 5, 5, 5, 7, 7, 8, 8}, a mediana é o valor 5 frutos e no entanto, só existem dois números de frutos menores do que 5 e há quatro maiores do que 5;

v) A mediana, pela sua própria característica define exatamente o centro da distribuição, ou seja, o centro da distribuição de frequências é calculado de forma rigorosa enquanto que com a média, se tem em geral uma medida de tendência central, mas não o centro. Isto faz com que à mediana seja uma medida de posição preferida em casos onde a distribuição é assimétrica em torno da média ou naqueles casos nos quais se deseja indicar o centro da distribuição;

vi) A soma dos módulos dos desvios em relação a mediana é mínimo ou seja: $\sum_{i=1}^{n} \left| X_i - M_d \right|$ é mínima;

vii) É uma medida separatriz;

viii) É uma medida definida e exata;

ix) É de fácil compreensão;

x) O cálculo é simples;

xi) A mediana não depende de cada valor da série, a não ser em casos em que a alteração do valor torne-a maior ou menor do que o da mediana já calculada;

xii) Não se apresenta com valores aproximados em várias amostras representativas de um fenômeno;

xiii) Serve para análise comparativa;

xiv) O valor da mediana pode ou não coincidir com um elemento do conjunto de dados. Quando o número de elementos do conjunto "n" é ímpar, há essa coincidência, mas o mesmo não é garantido quando "n" é par;

xv) Somando-se ou subtraindo-se cada elemento "X_i" de um conjunto de números por um valor constante e arbitrário "K", a mediana ficará somada ou subtraída por essa mesma constante "K", ou seja: Sejam $X_i = x_i \pm K$, então $Md' = Md \pm K$;

xvi) Multiplicando-se ou dividindo-se cada elemento "X_i" de um conjunto de números por um valor constante e arbitrário "K", a mediana ficará multiplicada ou dividida por essa mesma constante "K", ou seja: Sejam $X_i = x_i.K$, com $K \in \Re$, então $Md' = Md.K$.

E MODA, MODAS, MODO OU NORMA [MO] OU [$\hat{X}$]

É uma medida que representa o valor (ou valores) que ocorre com maior frequência, ou seja, é o valor que mais se repete numa série ou é o mais comum. Ela nem sempre existe e nem sempre é única. O termo moda foi utilizado primeiramente pelo estatístico inglês Karl Pearson (1857-1936) em 1895, talvez como uma associação a sua concepção na linguagem comum (TOLEDO e OVALLE, 1987).

E.1 PARA DADOS NÃO AGRUPADOS

É o valor da variável X_i que ocorre com a maior frequência.

E.1.1 Exemplo. Seja X_i o número de ovos produzidos por cinco granjas criadoras de galinhas poedeiras. Determine a produção modal de ovos para cada uma das granjas.

- GRANJA A: {2, 3, 7, 9, 12}: AMOSTRA ONDE NÃO EXISTE MODA. AMOSTRA AMODAL;
- GRANJA B: {2, 2, 3, 3, 6, 6}: AMOSTRA ONDE NÃO EXISTE MODA. AMOSTRA AMODAL. Atenção: alguns pacotes computacionais podem acusar existência de valor modal num conjunto desse tipo, erroneamente. O SAS informa o menor valor (2 no caso).
- GRANJA C: {2, 3, 4, 4, 4, 6, 6, 8, 9}: Mo = 4 ovos, CONJUNTO UNIMODAL;
- GRANJA D: {2, 3, 7, 7, 7, 9, 9, 11, 11, 11, 13, 15}: M_{o1} = 7 ovos;

M_{o2} = 11 ovos. CONJUNTO BIMODAL OU DIMODAL;

- GRANJA E: {2, 3, 3, 4, 4, 5, 5, 7, 8}: M_{o1} = 3 ovos; M_{o2} = 4 ovos; M_{o3} = 5 ovos CONJUNTO MULTIMODAL OU PLURIMODAL.

Um código em linguagem R para o cálculo da moda de dados não agrupados, mesmo para variáveis qualitativas, está escrito no apêndice SOFTWARE R. Utilize a função para resolver os exemplos acima.

E.2 PARA DADOS AGRUPADOS SEM INTERVALOS DE CLASSES

É o valor da variável X_i que ocorre com a maior frequência.

E.2.1 Exemplo. Seja X_i o número de motores para irrigação, defeituosos devolvidos mensalmente pelo departamento de controle de qualidade da empresa IRRIGATUDO. Determine o número modal de motores defeituosos.

Tabela 36: Distribuição de frequências referente ao número de motores para irrigação, defeituosos devolvidos mensalmente pelo departamento de controle de qualidade da empresa "Irrigatudo".

x_i	f_i
2	10
4	15
6	20
8	16
10	9
Soma	70

Fonte: Dados fictícios.

$$n = \sum_{i=1}^{5} f_i = 70$$

A determinação da MODA é rápida e direta, bastando para isso, consultar a tabela, localizando o valor X_i que apresenta a maior frequência.

Mo = X_i = X_3 = 6 motores defeituosos/mês

Esse resultado indica ou mostra que a rejeição de 6 motores defeituosos por mês foi o resultado mais observado, ou que ocorre com maior frequência.

E.3 PARA DADOS AGRUPADOS COM INTERVALOS DE CLASSES

Para dados quantitativos contínuos, a definição de moda como o valor mais frequente de uma amostra se torna inadequado, uma vez que, mesmo que dois valores se apresentem como iguais em uma amostra, eles devem ser considerados diferentes. Isso pode parecer um tanto quanto paradoxal nesse momento para o leitor, mas a explicação dessa consideração pode ser dada, de uma forma bastante simples para o momento, por considerar que as medidas de um elemento da amostra não são exatas, podendo ser obtidas com mais precisão com aparelhos mais sofisticados. Sendo assim é sempre possível diferenciar dois valores amostrais que se apresentam semelhantes para uma dada precisão, aumentando-se o número de dígitos significantes da mensuração. Assim a definição de moda apresentada anteriormente pode ser usada para se propor um estimador adequado para esse tipo de dado estatístico.

Quando os dados estão distribuídos numa tabela de frequências, pode-se determinar a moda por vários processos: Método de King, Método da Moda Bruta, Método de Czuber[13] e Método de Pearson. Porém o mais preciso é o geométrico, por meio do histograma de frequências e o método de Czuber.

Os quatro métodos pressupõem uma distribuição unimodal, os métodos de Czuber e King, pressupõe, ainda, que a classe modal não está situada nos extremos.

E.3.1 MÉTODO DE CZUBER

Quando as amplitudes de classes são diferentes, a classe modal é aquela que apresenta o maior valor para o quociente da divisão da frequência pela amplitude do intervalo de classe (então, no histograma, a classe modal corresponde sempre ao retângulo de maior amplitude).

Para estimar a moda usando a fórmula de Czuber, é preciso, inicialmente, mencionar que a classe modal da distribuição de frequências,

13 Emanuel Czuber (1851 - 1925), Professor de Matemática e Estatística, nasceu na cidade de Praga na antiga Thecoslováquia, e faleceu na Áustria.

classe na qual a moda está inserida, é aquela de maior frequência dentre todas as classes. Se todas as classes tiverem as mesmas frequências, a distribuição não terá moda, será uma distribuição amodal. Se duas classes ou mais apresentarem frequências mais elevadas e idênticas, então a distribuição será multimodal (bimodal, trimodal, tetramodal, pentamodal, hexamodal, entre outros).

A principal idéia do estimador a seguir é apresentar uma medida que considera a classe de maior frequência e ainda considera a influência da frequência das classes vizinhas. Se as classes anterior e posterior à classes modal tiverem a mesma frequência, então a moda será o ponto médio da classe, caso contrário, a moda tenderá para o limite inferior ou superior da classe modal à medida que o valor da frequência da classe anterior for maior que a da frequência da classe posterior ou a frequência da classe posterior for maior que a frequência da classe anterior, respectivamente.

Sendo assim a moda calculada pelo método de Czuber é dada por: $M_o = L_i + \left[\frac{\Delta_1}{\Delta_1+\Delta_2}\right] \times C$, em que Mo: moda, L_i: limite inferior da classe modal, Δ_1 : diferença entre a frequência da classe modal e a frequência da classe imediatamente anterior, Δ_2 : diferença entre a frequência da classe modal e a frequência da classe imediatamente posterior e C: amplitude da classe modal.

E.3.1.1 Exemplo: Seja X_i A produção de óleo de mamona por hora em litros em 46 usinas de BioDiesel, instaladas no Estado do Ceará. Calcule a produção modal de óleo de mamona em litros.

Tabela 37: Distribuição de frequências referente à produção de óleo de mamona por hora em litros em 46 usinas de BioDiesel, instaladas no Estado do Ceará.

CLASSES (produção de óleo em litros)	f_i
0 |-------1	5
1 |-------2	10
2 |-------3	17
3 |-------4	8
4 |-------5	6
SOMA	46

Fonte: Dados fictícios.

Sendo que: $L_i = 2$, $\Delta_1 = 17 - 10 = 7$, $\Delta_2 = 17 - 8 = 9$ e $C = 3 - 2 = 1$

- Procedimentos:

1º Localiza-se a classe modal ou de maior frequência {3ª classe 2 |-------3 };

2º Aplica-se a fórmula.

$$M_o = 2 + \left(\frac{7}{7+9}\right) \times 9 = 2,44 \text{ litros / hora}$$

E.3.2 MÉTODO DE KING

O método de King, para a determinação da Moda elaborada, baseia-se na influência das frequências das classes adjacentes sobre a classe modal. Considerando essas frequências o pesquisador está admitindo implicitamente que a moda se desloca dentro do intervalo de classe para um determinado ponto ou valor, de tal sorte que as distâncias desse ponto aos limites de classes sejam inversamente proporcionais às frequências das respectivas classes adjacentes. Assim é que, quanto maior for a frequência da classe adjacente, menor será a distância do ponto a essa classe.

Para comprovar o que foi mencionado anteriormente, vamos definir previamente os seguintes elementos:

L_i é o limite inferior da classe modal;

L_s é o limite superior da classe modal;

D_1 é distância do ponto (moda) ao limite inferior;

D_2 é a distância do ponto (moda) ao limite superior;

$f_{ant.}$ é a frequência simples da classe adjacente anterior à classe modal;

$f_{post.}$ é a frequência simples da classe posterior à classe modal;

Como D_1 e D_2 são inversamente proporcionais às frequências das classes adjacentes, podemos escrever a seguinte relação.

$$\frac{D_1}{D_2} = \frac{f_{ant.}}{f_{post.}},$$

A propriedade das proporções permitem-nos escrever a igualdade abaixo:

$$\frac{D_2 + D_1}{D_1} = \frac{f_{ant.} + f_{post.}}{f_{post.}}$$

O numerador do primeiro membro da expressão equivale à amplitude do intervalo de classe: $D_2 + D_1 = C$, assim temos que,

$$\frac{C}{D_1} = \frac{f_{ant.} + f_{post.}}{f_{post.}} \quad \text{e também} \quad D_1 = \frac{C.f_{post.}}{f_{ant.} + f_{post.}}$$

Para determinar a moda, basta acrescentar a distância D_1 ao valor do limite inferior da classe modal, sendo assim temos a seguinte equação para se calcular o valor da moda.

$$M_o = L_i + D_1 = L_i + C.\frac{f_{post.}}{f_{ant.} + f_{post.}} \quad \text{ou ainda,}$$

$$M_o = L_i + C.\frac{f_{post.}}{f_{ant.} + f_{post.}}$$

Como pode ser observado, o método de King não leva em consideração a frequência da classe modal, o que mostra assim a sua limitação. Se essa frequência, por exemplo, for muito maior do que as frequências das classes adjacentes, então por esse método estaremos atribuindo uma importância exageradamente grande a essas frequências.

E.3.2.1 Exemplo. A Tabela de Frequências abaixo representa a distribuição dos pesos de 20 caixas com frutos de Manga TOMMY ATKINS, em um carregamento vistoriado no porto de Natal na segunda semana do mês de Outubro de 2007, no Estado do Rio Grande do Norte. Determine o valor da Moda pelo Método de KING.

Tabela 38: Dados de pesos de 20 caixas com frutos de Manga Tommy Atkins, em um carregamento vistoriado no porto de Natal, RN, outubro de 2007.

CLASSES (pesos em quilogramas)	f_i
10 |-------20	2
20 |-------30	4
30 |-------40	8
40 |-------50	5
50 |-------60	1
SOMA	20

Fonte: Dados fictícios.

Note que a terceira classe é a classe modal e a moda pelo método de King será dada por:

Classe Modal: 30 |-------40, e os elementos da fórmula são os seguintes.

$L_i = 30$

$C = L_s - L_i = 40 - 30 = 10$

$f_{ant.} = 4$

$f_{post.} = 5$

A moda será:

$$M_o = L_i + C.\frac{f_{post.}}{f_{ant.} + f_{post.}} = 30 + 10.\frac{5}{4+5} = 30 + \frac{50}{9} = 30 + 5,56 = 35,56\ \text{Kg}$$

E.3.3 MÉTODO DA MODA BRUTA

O método mais rudimentar e simples de cálculo da moda em tabelas de frequências com valores agrupados em intervalos de classes, consiste em tomar o ponto médio da classe modal. Esse valor recebe o nome de MODA BRUTA. A classe modal é aquela que apresenta a maior frequência. Ou seja:

$$M_o = \frac{L_s - L_i}{2}$$

E.3.3.1 Exemplo: A Tabela de frequências abaixo representa a distribuição dos pesos de 22 caixas com frutos de Melão espanhol tipo amarelo em um carregamento vistoriado no porto de Natal na primeira semana do mês de Setembro de 2007, no Estado do Rio Grande do Norte. Determine o valor da Moda pelo conceito de Moda Bruta.

Tabela 39: Dados de pesos de 22 caixas com frutos de Melão espanhol tipo amarelo em um carregamento vistoriado no porto de Natal, RN, setembro de 2007.

CLASSES (pesos em quilogramas)	f_i
10 |-------20	3
20 |-------30	5
30 |-------40	7
40 |-------50	6
50 |-------60	1
SOMA	22

Fonte: Dados fictícios.

Neste caso, podemos dizer que a terceira classe é a classe modal e a moda bruta será o seu ponto médio, isto é:

Classe Modal: 30 |-------40, moda: $M_o = \frac{30+40}{2} = 35$ Kg

E.4 PARA DADOS QUALITATIVOS [NOMINAL OU ORDINAL]

E.4.1 INTRODUÇÃO

A moda é a única medida de tendência central que pode ser calculada para dados qualitativos e quantitativos. Esta medida é especialmente útil para resumir a informação de um conjunto de dados qualitativos, apresentados sob a forma de nomes ou categorias, para os quais não se pode calcular a média e por vezes a mediana (se não forem susceptíveis de ordenação).

E.4.2 Exemplo. Encontre a moda das distribuições de dados qualitativos mostradas abaixo as quais representam a distribuição de frequências de raças bovinas em três fazendas que exploram a atividade pecuária no Estado do Rio Grande do Norte. Os valores possíveis são {H =Holandesa; S = Shorthorn; J = Jersey; G = Gir e N = Nelore}.

-FAZENDA ÁGUA NOVA: {H, S, J, J, G, G, G, G, N, N }

A Moda é G, com frequência modal 4. O conjunto de dados é unimodal.

-FAZENDA OESTE: {N, G, J, J, J, J, S, S, S, S}

As Modas são J e S, ou seja, o conjunto é bimodal ou dimodal.

-FAZENDA SERTANEJA: {N, N, G, G, J, J, S, S, H, H}

Neste caso não existe moda, isto é, o conjunto é amodal.

E.5 PROPRIEDADES, CARACTERÍSTICAS E IMPORTÂNCIA DA MODA

i) É uma medida de posição;

ii) É de fácil compreensão;

iii) Pode não existir em uma série ou ocorrer mais de uma vez em outras;

iv) Não é rigorosamente definida e exata;

v) É uma das medidas de tendência central de grande importância;

vi) Não é influenciada por todos os valores de uma série;

vii) É muito utilizada quando há valores extremos que afetam de maneira acentuada o valor da média;

viii) Seu cálculo pode depender de alguns valores da série e o seu valor só é alterado nos casos em que a variação de um deles se torna maior do que a moda anteriormente calculada;

ix) Não é afetada pelos valores extremos da distribuição, desde que esses valores não constituam a classe modal;

x) É uma medida bastante empregada na estatística econômica e na indústria, como por exemplo, na indústria o padrão de salários é representado por meio dessa medida e um líder sindical pode usar como argumento a afirmativa de que a grande maioria dos operários recebe baixos salários; por outro lado na indústria essa medida é utilizada para definir, por exemplo, na produção de sapatos as frequências de peças perfeitas e de peças defeituosas, ou ainda a dimensão modal de calçados (que encontra mais saída ou demanda), uma outra situação na indústria é aquela em que se usa essa medida para representar o diâmetro da gola de camisas mais procuradas ou demandadas, entre outros. Outro exemplo, é aquele em que numa loja de roupas feitas ou de sapatos toma como base para estoque não o tamanho médio, mas sim o mais procurado pelos fregueses, isto é, o mais frequente.

xi) Somando-se ou subtraindo-se cada elemento ”X_i” de um conjunto de valores por um valor constante e arbitrário “K”, a moda ficará somada ou subtraída por essa mesma constante “K”, ou seja: Sejam $X_i = x_i \pm K$, então, $M_o' = M_o \pm K$;

xii) Multiplicando-se ou dividindo-se cada elemento "X_i" de um conjunto de valores por um valor constante e arbitrário "K", a moda ficará multiplicada ou dividida por essa mesma constante "K", ou seja: Sejam $X_i = x_i.K$, com $K \in \Re$, então $M_o^{'} = M_o \times K$;

xiii) A moda bruta é instável no sentido que varia de acordo com a amplitude dos intervalos de classe;

xiv) A não ser o que o número de escores (dados) seja muito elevado, a moda poderá ser afetada por fatores casuais. Isso ocorre principalmente no caso de distribuições achatadas ou platicúrticas, em que o deslocamento de um ou dois casos poderá acarretar a mudança da moda bruta, representada pelo ponto médio do intervalo de uma classe para outra;

xv) Quando há duas classes adjacentes com a frequência máxima a melhor solução seria a de considerar a moda como o limite entre os dois intervalos. Se, porém, as duas classes não são contínuas, a distribuição deverá ser considerada como bimodal, a não ser que a distância entre elas não seja grande e possa ser atribuída ao acaso;

xvi) A moda pode ser útil quando o que se quer é uma estimação mais rápida do que precisa;

xvii) A moda de variáveis biológicas contínuas, em geral, não é importante, já que este tipo de variável pode assumir qualquer valor em um certo intervalo e portanto, a repetição de um certo valor nem sempre indicará uma tendência central dos dados;

xviii) A moda pode ser muito importante em certos experimentos na área biológica fornecendo informação que complementa a média ou até mesmo a substituir com vantagem. Em experimentos com animais de laboratório, submetidos ao um tratamento que provoque câncer e que leve a morte dos animais, a moda do tempo de sobrevida pode ser tão ou mais importante que o tempo médio de sobrevida;

xix) O inconveniente da moda como medida de tendência central é que, para variáveis contínuas ou para contagens, a moda não necessariamente traduz a tendência central dos dados;

xx) Quando numa distribuição existe poucos valores da variável como por exemplo pesos em quilogramas, muito frequentemente não há valores repetidos com que nenhum deles satisfaz à condição de moda;

xxi) Quando a distribuição é bimodal, pode se suspeitar de que a população estudada é, na verdade, um mistura de duas populações estatísticas;

xxii) A bimodalidade de uma distribuição somente pode ser identificada com clareza em amostras grandes, já que, nas pequenas amostras, podem ocorrer depressões que são os pontos de sela ou picos espúrios;

xxiii) Também é empregada quando se deseja ter uma noção imediata de qual será aproximadamente o valor de uma média. Pode-se, por exemplo, ter uma noção da média aritmética dos acertos de um teste, aplicado em uma classe de uma disciplina em uma universidade, verificando-se as respostas certas mais frequentes.

xxiv) A moda possui instabilidade de um conjunto de observações para outro;

xxv) O valor da moda é fortemente afetado pela maneira como as classes são constituídas quando se trabalha com dados agrupados;

xxvi) É uma medida que pode ser usada para medir a tendência central no caso da variável considerada ser de natureza qualitativa. Por exemplo em medicina, quando se diz que as doenças cardíacas constituíram a causa principal da mortalidade em certo ano, isto quer dizer que na distribuição dos óbitos, segundo a causa mortis, às doenças cardíacas correspondeu um maior número de óbitos, isto é, a rubrica doenças cardíacas é a moda da distribuição;

xxvii) A ANTIMODA numa distribuição ou curva de frequências ou de probabilidades é o valor da abscissa, cuja ordenada corresponde a um mínimo relativo.

F RELAÇÃO EMPÍRICA ENTRE A MÉDIA, A MEDIANA E A MODA

O Estatístico Inglês Karl Pearson (1857-1936) desenvolveu uma fórmula empírica de relação entre a média, a mediana e à moda dada a seguir. Existem algumas condições a serem satisfeitas para que a relação de Pearson se verifique com maior aproximação.

i) A distribuição (curva) de frequências deve ser Unimodal;

ii) A distribuição de frequências deve ser fracamente assimétrica;

iii) O número de observações deve ser suficientemente grande e pequena a escala de unidades que divide a distribuição.

A relação de Pearson é a seguinte:

$$\left(\overline{X}-M_o\right)=3\left(\overline{X}-M_d\right)$$, sendo assim podemos ter.

$$\overline{X}=\frac{3M_d-M_O}{2},\ M_o=3M_d-2\overline{X}\ \text{e}\ M_d=\frac{2\overline{X}+M_o}{3}$$

Estas expressões indicam geometricamente que a Mediana situa-se entre a Média e a Moda, sendo sua distância à Moda o dobro de sua distância à Média. Ou seja.

vejamos nos gráficos a seguir.

Figura 15: Gráficos representativos da forma das assimetrias de distribuições de frequências.

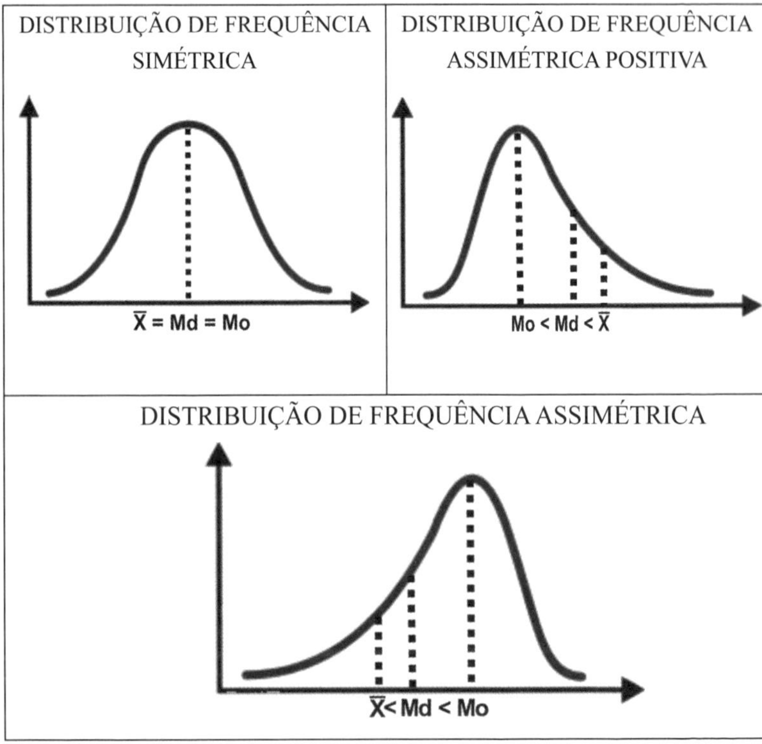

Fonte: Dados fictícios.

G SEPARATRIZES: São medidas que indicam os valores que ocupam determinados lugares de uma série ou distribuição de dados observados (Rol). Estas medidas separam o rol em partes.

G.1 MEDIANA (Md): Medida ou separatriz já mostrada anteriormente, a qual indica o centro da distribuição de valores, ou seja, divide a distribuição em duas partes iguais.

G.2 QUARTIL (Q_i): É a medida ou separatriz que serve para dividir a distribuição de valores observados em quatro partes iguais quando esse conjunto está ordenado ou em rol. Calcula-se qualquer dos Quartis de forma idêntica ao cálculo da mediana, substituindo-se, na fórmula

desta, apenas a posição em que se encontra o elemento desejado.

G.2.1 1º QUARTIL (Q_1): É o valor que antecede 25% da frequência abaixo dele e sucede 75% dessa frequência acima dele.

G.2.2 2º QUARTIL (Q_2): É o valor que antecede 50% da frequência abaixo dele e sucede 50% dessa frequência acima dele. É igual ao valor mediano.

G.2.3 3º QUARTIL (Q_3): É o valor que antecede 75% da frequência abaixo dele e sucede 25% dessa frequência acima dele.

G.2.4 PARA DADOS NÃO AGRUPADOS EM INTERVALOS DE CLASSES

i) Quando o número de observações for Par.

A posição do elemento Quartil no conjunto ordenado é identificada pela seguinte expressão:

$$E_{q_i} = \frac{i(n+1)}{4},$$

em que, E_{q_i} é a posição do elemento desejado, i = {1, 2, 3}; n é o número de observações.

i.1 Exemplo: Dado o conjunto de dados referentes aos pesos em gramas de n = 8 frutos de mamão. X = {10, 12, 12, 16, 20, 23, 25, 28}. Calcular o primeiro quartil (Q_1) e o terceiro Quartil (Q_3) dessa série.

$$E_{q_1} = \frac{1(8+1)}{4} = \frac{9}{4} = 2,25,$$

logo: 1º Quartil (Q_1) = 12 gramas.

$$E_{q_3} = \frac{3(8+1)}{4} = \frac{27}{4} = 6,75 \text{ (posição do 3º elemento quartil do conjunto)},$$

logo: 3º Quartil (Q_3) = 24,50 gramas,

Ou seja, no conjunto X, a 6ª posição corresponde ao valor 23 e a 7ª posição corresponde ao valor 25. Portanto a posição 6,75 corresponde a 75 % da diferença entre os valores 25 e 23, cujo resultado é adicionado ao valor que ocupa a 6ª posição, assim.

25-23 = (2).(0,75) = 1,5, logo Q_3 = 23+1,5 = 24,50 gramas

ii) Quando o número de observações for Ímpar.

A posição do elemento Quartil no conjunto ordenado é identificada pela seguinte expressão.

$$E_{q_i} = \frac{i(n+1)}{4},$$

em que, E_{q_i} é a posição do elemento desejado, i = {1, 2, 3}; n é o número de observações.

i.2 Exemplo: Dado o conjunto de dados Y, referentes a produção de raízes de mandioca em kg/ha de $n = 7$ parcelas de terra em um experimento. Y = {184, 196, 207, 305, 574, 597, 612}. Calcular o primeiro quartil (Q_1) e o terceiro Quartil (Q_3) dessa série.

$$E_{q_1} = \frac{1(7+1)}{4} = \frac{8}{4} = 2^a\text{(Posição)}$$

Portanto: 1º Quartil (Q_1) = 196 kg/ha.

$$E_{q_3} = \frac{3(7+1)}{4} = \frac{24}{4} = 6^a\text{ (posição)}$$

Portanto: 3º Quartil (Q_3) = 597 kg/ha,

G.2.5 PARA DADOS AGRUPADOS EM INTERVALOS DE CLASSES

$$Q_i = L_i + \frac{\left(E_{q_i} - f_{ac\downarrow_{ANT}}\right)}{f_{i_{CLASSE}}}.C$$

i.1 Exemplo: Dado o conjunto X de dados referentes a produção diária de BioDiesel (óleo de Pinhão Bravo) em litros em 110 usinas produtoras instaladas no nordeste do Brasil. Calcular o primeiro quartil (Q_1), o segundo quartil (Q_2) e o terceiro Quartil (Q_3) dessa série. n = 110.

Tabela 40: Distribuição de frequências referentes a produção diária de BioDiesel (óleo de Pinhão Bravo) em litros em 110 usinas produtoras instaladas no nordeste do Brasil.

CLASSES (produção de óleo em litros)	f_i	$f_{ac}\downarrow$
0 |--------2 27		27
2 |--------4	16	43
4 |--------6	34	77
6 |------- 8	17	94
8 |-------10	16	110
SOMA	110	-------

Fonte: Dados fictícios.

Primeiramente localizamos a posição dos elementos $E_{q_1}, E_{q_2}, E_{q_3}$.

$$E_{q_1} = \frac{1.n}{4} = \frac{110}{4} = 27,50^{a} \text{ Posição}$$

$$E_{q_2} = \frac{2.n}{4} = \frac{n}{2} = \frac{110}{2} = 55,00^{a} \left(\text{Posição do elemento mediano}\right)$$

$$E_{q_3} = \frac{3.n}{4} = \frac{3.110}{4} = 82,50^{a} \text{ Posição}$$

Logo, segundo a expressão anterior (G.2.5):

$$Q_1 = 2 + \left[\frac{27,50 - 27}{16}\right] \times 2 = 2,06 \text{ litros}$$

$$Q_2 = 4 + \left[\frac{55,00 - 43}{34}\right] \times 2 = 4,70 \text{ litros}$$

$$Q_3 = 6 + \left[\frac{82,50 - 77}{17}\right] \times 2 = 6,65 \text{ litros}$$

Vamos agora interpretar esses resultados obtidos.

i) Para Q_1 = 2,06 litros, significa, em nosso exemplo, que 25 % das usinas atingiram uma produção de óleo de 2,06 litros ou menos; e também que 25% dos valores de produção de óleo estão abaixo de 2,06 litros.

ii) Para Q_2 = 4,70 litros, significa que 50% das usinas produziram 4,70 litros de óleo ou menos; e também que 50% dos valores de produção de óleo estão abaixo de 4,70 litros.

iii) Para Q_3 = 6,65 litros, significa que 75 % das usinas obtiveram produção de 6,65 litros ou menos; e também que 75% dos valores de produção de óleo estão abaixo de 6,65 litros.

G.3 DECIL (D_i): São medidas separatrizes que dividem a distribuição de valores em dez partes iguais em um conjunto ordenado de valores. Sendo assim poderemos ter D_1, D_2, D_3,..., D_9.

Façamos o seguinte.

$$E_{d_i} = \frac{i(n)}{10},$$

em que i = {1, 2, 3, ..., 9}, assim temos:

$$D_i = L_i + \frac{\left(E_{d_i} - f_{ac\downarrow_{ANT}}\right)}{f_{i_{CLASSE}}} \times C$$

i.1 Exemplo: Dado o conjunto X de valores referentes a produção diária de BioDiesel (óleo de Pinhão Bravo) em litros em 110 usinas produtoras instaladas no nordeste do Brasil. Calcular o segundo decil (D_2), o quinto decil (D_5) e o sétimo decil (D_7) dessa série, com n = 110.

Tabela 41: Distribuição de frequências referentes a produção diária de BioDiesel (óleo de Pinhão Bravo) em litros em 110 usinas produtoras instaladas no nordeste do Brasil.

CLASSES (produção de óleo em litros)	f_i	$f_{ac}\downarrow$
0 |--------2	27	27
2 |--------4	16	43
4 |--------6	34	77
6 |------- 8	17	94
8 |-------10	16	110
SOMA	110	-------

Fonte: Dados fictícios

As posições dos elementos desejados são:

$$E_{d_2} = \frac{2.n}{10} = \frac{2.110}{10} = 22^a \text{ Posição}$$

$$E_{d_5} = \frac{5.n}{10} = \frac{n}{2} = \frac{110}{2} = 55,00^a \left(\text{Posição do elemento mediano}\right)$$

$$E_{d_7} = \frac{7.n}{10} = \frac{7.110}{10} = 77^a \text{ Posição}$$

Logo, seguindo a expressão anterior (G.3):

$$D_2 = 0 + \left[\frac{22-0}{27}\right] \times 2 = 1,63 \text{ litros}$$

$$D_5 = 4 + \left[\frac{55-43}{34}\right] \times 2 = 4,70 \text{ litros}$$

$$D_7 = 4 + \left[\frac{77-43}{34}\right] \times 2 = 6,00 \text{ litros}$$

Vamos agora interpretar esses resultados obtidos.

i) Para D_2 = 1,63 litros, significa, em nosso exemplo, que 20 % das usinas atingiram uma produção de óleo de 1,63 litros ou menos; e também que 20% dos valores de produção de óleo estão abaixo de 1,63 litros.

ii) Para D_5 = 4,70 litros, significa que 50% das usinas produziram 4,70 litros de óleo ou menos; e também que 50% dos valores de produção de óleo estão abaixo de 4,70 litros.

iii) Para D_7 =6,00 litros, significa que 70 % das usinas obtiveram produção de 6,00 litros ou menos; e também que 70% dos valores de produção de óleo estão abaixo de 6,00 litros.

G.4 CENTIL OU PERCENTIL (C_i): São medidas separatrizes que dividem a distribuição de valores de uma variável em cem partes iguais em um conjunto ordenado de valores. Sendo assim poderemos ter C_1, C_2, C_3,..., C_{99}.

Façamos o seguinte.

$$E_{c_i} = \frac{i(n)}{100},$$

em que i = {1, 2, 3,..., 99}, assim temos:

$$C_i = L_i + \frac{\left(E_{c_i} - f_{ac\downarrow_{ANT}}\right)}{f_{i_{CLASSE}}} \times C$$

i.1 Exemplo: Dado o conjunto X de valores referentes a produção diária de BioDiesel (óleo de Pinhão Bravo) em litros em 110 usinas produtoras instaladas no nordeste do Brasil. Com base nessa distribuição calcular o vigésimo quinto centil (C_{25}), o quinquagésimo centil (C_{50}) e o septuagésimo centil (C_{75}), com n = 110.

Tabela 42: Distribuição de frequências referentes a produção diária de BioDiesel (óleo de Pinhão Bravo) em litros em 110 usinas produtoras instaladas no nordeste do Brasil.

CLASSES (produção de óleo em litros)	f_i	$f_{ac}\downarrow$
0 |--------2	27	27
2 |--------4	16	43
4 |--------6	34	77
6 |------- 8	17	94
8 |-------10	16	110
SOMA	110	-------

Fonte: Dados fictícios.

As posições dos elementos desejados são:

$$E_{c_{25}} = \frac{25.n}{100} = \frac{25.110}{100} = 27,50^{a} \text{ Posição}$$

$$E_{c_{50}} = \frac{50.n}{100} = \frac{n}{2} = \frac{110}{2} = 55,00^{a} \left(\text{Posição do elemento mediano}\right)$$

$$E_{c_{75}} = \frac{75.n}{100} = \frac{75.110}{100} = 82,50^{a} \text{ Posição}$$

Logo, seguindo a expressão anterior (G.4):

$$C_{25} = 2 + \left[\frac{27,50-27}{16}\right] \times 2 = 2,06 \text{ litros}$$

$$C_{50} = 4 + \left[\frac{55-43}{34}\right] \times 2 = 4,70 \text{ litros}$$

$$C_{75} = 6 + \left[\frac{82,50-77}{17}\right] \times 2 = 6,65 \text{ litros}$$

Vamos agora interpretar esses resultados obtidos.

i) Para C_{25} = 2,06 litros, significa, em nosso exemplo, que 25 % das usinas atingiram uma produção diária de óleo de 2,06 litros ou menos; e também que 25% dos valores de produção de óleo estão abaixo de 2,06 litros.

ii) Para C_{50} = 4,70 litros, significa que 50% das usinas produziram diariamente 4,70 litros de óleo ou menos; e também que 50% dos valores de produção de óleo estão abaixo de 4,70 litros.

iii) Para C_{75} = 6,65 litros, significa que 75 % das usinas obtiveram produção diária de 6,65 litros de óleo ou menos. e também que 75% dos valores de produção de óleo estão abaixo de 6,65 litros.

G.5 DETERMINAÇÃO GRÁFICA DAS SEPARATRIZES

Pelo diagrama abaixo é possível visualizar graficamente a disposição da configuração das medidas chamadas de separatrizes, onde se destaca o ponto sob o qual a distribuição se divide em duas partes iguais deixando 50 % das observações abaixo dele e 50 % acima dele, essa medida é denominada de mediana.

Tabela 43: Diagrama representativo da determinação gráfica das separatrizes.

					50%						
					M_d						M_d
		Q_1			Q_2			Q_3			Q_i
D_1	D_2		D_3	D_4	D_5	D_6	D_7		D_8	D_9	D_i
		C_{25}			C_{50}			C_{75}			C_i

Fonte: Dados fictícios.

G.6.1. Exemplo: Considere a distribuição referente as alturas em centímetros de árvores de Eucalipto em uma reserva florestal artificial. Portanto temos:

M_d = 98,13 cm; Q_3 = 121,50 cm; P_{84} = 133,20 cm e D_7 = 116,43 cm.

As ordens percentílicas destas separatrizes são: 50; 75; 84 e 70 respectivamente. Sendo assim podemos afirmar que:

i) 50 % das árvores medem menos do que 98,13 cm;

ii) 75 % das árvores medem até 121,50 cm (ou 25 % delas medem mais do que este valor);

iii) 84 % das árvores medem até 133,20 cm (ou apenas 16 % delas medem mais do que este valor);

iv) 70 % das árvores medem até 116,43 cm (ou 30% delas medem mais que 116,43 cm).

H MÉDIA QUADRÁTICA [$\overline{X}_q$]

H.1 INTRODUÇÃO

A média quadrática de um conjunto de "n" valores de uma variável "X_i" é definida como sendo a raiz quadrada da média aritmética dos quadrados dos valores. Podemos dizer, então, que a média quadrática $\overline{X}_q$ é a média quadrática de um conjunto de valores "X_i" se a operação que igualar os dois conjuntos for a adição dos quadrados, isto é:

$$\left(\overline{X}_q\right)^2 + \left(\overline{X}_q\right)^2 + \cdots + \left(\overline{X}_q\right)^2 = X_1^2 + X_2^2 + \cdots + X_n^2$$

$$\sum_{i=1}^{n} \left(\overline{X}_q\right)^2 = \sum_{i=1}^{n} X_i^2$$

$$n\left(\overline{X}_q\right)^2 = \sum_{i=1}^{n} X_i^2$$

$$\text{ou} \quad \left(\overline{X}_q\right)^2 = \frac{\sum_{i=1}^{n} X_i^2}{n}$$

A média quadrática é largamente utilizada em Estatística, principalmente quando se pretende calcular a média de desvios em vez da média dos valores originais. Neste caso, a média quadrática é denominada desvio padrão, que é uma importante medida de dispersão ou variação, objeto de estudo do próximo capítulo. A média quadrática é também utilizada em geral em experimentos físicos. Em sistemas de distribuição de energia, por exemplo, as tensões e correntes são em geral dados em termos de sua média quadrática.

H.2 PROPRIEDADES DA MÉDIA QUADRÁTRICA

i) A média quadrática de uma constante é igual à própria constante;

ii) Multiplicando-se ou dividindo-se cada elemento "X_i" de um conjunto de números por um valor constante e arbitrário "K", a média quadrática fica multiplicada ou dividida por essa mesma constante "K";

iii) Sempre que os valores de X_i forem positivos é válida a relação:

$\overline{X}_q \geq \overline{X} \geq \overline{X}_g \geq \overline{X}_h$, ou seja, a igualdade se verifica quando os valores da variável forem iguais (constantes) e ocorrerá a desigualdade para valores de variável em que nem todos são iguais. Isto é a média quadrática é superior ou igual às médias aritmética, geométrica e harmônica.

iv) Embora possa ser calculada para quaisquer valores (positivos, nulos ou negativos), esta média só tem sentido como índice de localização se todos os valores X_i forem positivos ou nulos.

H.3 PARA DADOS NÃO AGRUPADOS [MÉDIA QUADRÁTICA SIMPLES]

Para um conjunto de "n" valores $\{ X_1, X_2, \cdots, X_n \}$, a média quadrática simples será calculada por meio da seguinte expressão, obtida a partir da última equação mostrada anteriormente, mediante a extração da raiz quadrada, ou seja:

$$\overline{X}_q = \sqrt{\frac{\sum_{i=1}^{n} X_i^2}{n}}$$

H.3.1 Exemplo: Sejam os dados de uma amostra referentes ao diâmetro do caule em centímetros de mudas de maracujá, X : {2, 3, 4, 5}. Calcular a média quadrática desse conjunto de valores:

n = 4, portanto temos que:

$$\overline{x}_q = \sqrt{\frac{\sum_{i=1}^{n} x_i^2}{n}} = \sqrt{\frac{2^2 + 3^2 + 4^2 + 5^2}{4}} = \sqrt{\frac{54}{4}} = \sqrt{13,50} = 3,67 \text{ cm}^2$$

H.4 PARA DADOS AGRUPADOS SEM INTERVALOS DE CLASSES [MÉDIA QUADRÁTICA PONDERADA]

$$\overline{X}_q = \sqrt{\frac{\sum_{i=1}^{k} X_i^2 f_i}{\sum_{i=1}^{k} f_i}} = \sqrt{\frac{\sum_{i=1}^{k} X_i^2 f_i}{n}},$$

em que X_i é o ponto médio da respectiva classe e k é o número de classes

H.4.1 Exemplo: Os dados a seguir constituem uma amostra de valores do consumo de energia elétrica em KW/h em 63 comunidades rurais no município de Mossoró, RN. Calcular a média quadrática dos valores constituintes da tabela abaixo.

Tabela 44: Distribuição de frequências referentes a uma amostra de valores do consumo de energia elétrica em kwh em 63 comunidades rurais no município de Mossoró, RN.

x_i	f_i	x_i^2	$x_i^2 f_i$
2	8	4	32
4	15	16	240
6	20	36	720
8	16	64	1024
10	4	100	400
Soma	63	------	2416

Fonte: Dados fictícios.

n = 63, portanto temos que:

$$\bar{x}_q = \sqrt{\frac{\sum_{i=1}^{n} x_i^2 f_i}{\sum_{i=1}^{n} f_i}} = \sqrt{\frac{\sum_{i=1}^{n} x_i^2 f_i}{n}} = \sqrt{\frac{2416}{63}} = \sqrt{38,35} = 6,19 \text{ kw/h}$$

H.5 PARA DADOS AGRUPADOS COM INTERVALOS DE CLASSES [MÉDIA QUADRÁTICA PONDERADA]

$$\bar{X}_q = \sqrt{\frac{\sum_{i=1}^{k} X_i^2 f_i}{\sum_{i=1}^{k} f_i}} = \sqrt{\frac{\sum_{i=1}^{k} X_i^2 f_i}{n}},$$

em que X_i é o ponto médio de uma classe e k é o número de classes.

H.5.1 Exemplo: A distribuição de frequências abaixo representa os dados do consumo de calcário dolomítico em toneladas por hectare (t/ha) em 42 Propriedades Rurais produtoras da cultura do MELÃO, na Região Oeste do Estado do Rio Grande do Norte. Calcular a média quadrática dos valores presentes nessa tabela apresentada a seguir.

Tabela 45: A distribuição de frequências referentes aos dados do consumo de calcário dolomítico em toneladas por hectare (t/ha) em 42 Propriedades Rurais produtoras da cultura do melão, na Região Oeste do Estado do Rio Grande do Norte.

CLASSES (Consumo de Calcário em t/ha)	f_i	x_i	$x_i f_i$	x_i^2	$x_i^2 f_i$
2 |------4	5	3	15	9	45
4 |------6	10	5	50	25	250
6 |------8	12	7	84	49	588
8 |-----10	10	9	90	81	810
10 |-----12	5	11	55	121	605
SOMA	42	-------	294	--------	2298

Fonte: Dados fictícios.

Em que n = 42 e k = 5. Portanto, temos que:

$$\overline{X}_q = \sqrt{\frac{\sum_{i=1}^{k} X_i^2 f_i}{\sum_{i=1}^{k} f_i}} = \sqrt{\frac{\sum_{i=1}^{k} X_i^2 f_i}{n}} = \sqrt{\frac{2298}{42}} = \sqrt{54,7143} = 7,40 \quad \text{t/ha}$$

I MÉDIA CÚBICA [$\overline{X}_C$]

I.1 PARA DADOS NÃO AGRUPADOS [MÉDIA CÚBICA SIMPLES]

$$\overline{X}_C = \sqrt[3]{\frac{\sum_{i=1}^{n} X_i^3}{n}}$$

I.1.1 EXEMPLO: Os dados da amostra a seguir, são os registros diários da umidade relativa do ar em porcentagem (%) coletados na cidade de Mossoró, RN, na primeira semana (7 dias) do mês de agosto de 2007. Determine a média cúbica para essa distribuição de valores.

$$x_i = \{60, 67, 69, 70, 70, 73, 80\}$$

Tabela 46: Distribuição de frequências referentes aos registros diários da umidade relativa do ar em porcentagem (%) coletados na cidade de Mossoró, RN, na primeira semana (7 dias) do mês de agosto de 2007.

x_i	x_i^3
60	216000
67	300763
69	328509
70	343000
70	343000
73	389017
80	512000
Soma	2432289

Fonte: Dados fictícios.

Temos que: n = 7,

$$\overline{x}_C = \sqrt[3]{\frac{\sum_{i=1}^{n} x_i^3}{n}} = \sqrt[3]{\frac{2432289}{7}} = \sqrt[3]{347469,86} = 70,30\ \%$$

I.2 PARA DADOS AGRUPADOS SEM INTERVALOS DE CLASSES [MÉDIA CÚBICA PONDERADA]

$$\overline{X}_C = \sqrt[3]{\frac{\sum_{i=1}^{n} X_i^3 f_i}{\sum_{i=1}^{n} f_i}} = \sqrt[3]{\frac{\sum_{i=1}^{n} X_i^3 f_i}{n}}$$

I.2.1 Exemplo: A distribuição de frequências apresentada a seguir representa os dados referentes ao comprimento de 20 peixes curimatã em centímetros, capturados no Rio Mossoró, em março de 2006. Calcule a média cúbica para esses dados.

Tabela 47: Distribuição de frequências referentes aos dados de comprimento de 20 peixes curimatã em centímetros, capturados no Rio Mossoró, em março de 2006.

x_i	f_i	x_i^3	$x_i^3 f_i$
10	2	1000	2000
12	3	1728	5184
14	8	2744	21952
17	6	4913	29478
20	1	8000	8000
Soma	20	-----	66614

Fonte: Dados fictícios.

Observe que n = 20.

$$\overline{x}_C = \sqrt[3]{\frac{\sum_{i=1}^{n} x_i^3 f_i}{\sum_{i=1}^{n} f_i}} = \sqrt[3]{\frac{\sum_{i=1}^{n} x_i^3 f_i}{n}} = \sqrt[3]{\frac{66614}{20}} = \sqrt[3]{3330,70} = 14,93 \text{ cm}$$

I.3 PARA DADOS AGRUPADOS COM INTERVALOS DE CLASSES [MÉDIA CÚBICA PONDERADA]

$$\bar{X}_q = \sqrt{\frac{\sum_{i=1}^{k} X_i^3 f_i}{\sum_{i=1}^{k} f_i}} = \sqrt{\frac{\sum_{i=1}^{k} X_i^3 f_i}{n}}$$

em que X_i é o ponto médio de uma classe e k é o número de classes.

I.3.1 Exemplo: A distribuição de frequências a seguir contém os dados da variável (X) do consumo diário de ração de mandioca em quilos, em 30 ninhadas de 5 filhotes cada uma de suínos da raça PIAU, coletados no registro de uma granja em Cuiabá, Estado de Mato Grosso, Brasil, em 2004. Calcule a média cúbica para esses dados.

Tabela 48: Distribuição de frequências relativo ao consumo diário de ração de mandioca em quilos, em 30 ninhadas de 5 filhotes cada uma de suínos da raça PIAU, coletados no registro de uma granja em Cuiabá, Estado de Mato Grosso, Brasil, em 2004.

CLASSES (Consumo de ração em kg)	f_i	X_i	X_i^3	$X_i^3 . f_i$
1 |------2	3	1,5	3,375	10,125
2 |------3	5	2,5	15,625	78,125
3 |------4	15	3,5	42,875	643,125
4 |------5	7	4,5	91,125	637,875
SOMA	30	-----	-----	1369,25

Fonte: Dados fictícios.

Veja que o n = 30 e k = 4. Assim,

$$\sqrt[3]{\frac{\sum_{i=1}^{k} x_i^3 f_i}{\sum_{i=1}^{k} f_i}} = \sqrt[3]{\frac{\sum_{i=1}^{k} x_i^3 f_i}{n}} = \sqrt[3]{\frac{1369,27}{30}} = \sqrt[3]{45,64} = 3,57 \text{ kg}$$

J MÉDIA BIQUADRÁTICA [$\overline{X}_{bq}$]

J.1 PARA DADOS NÃO AGRUPADOS [MÉDIA BIQUADRÁTICA SIMPLES]

$$\overline{X}_{bq} = \sqrt[4]{\frac{\sum_{i=1}^{n} X_i^4}{n}}$$

J.1.1 Exemplo: Os dados da amostra a seguir, são os registros diários da umidade relativa do ar em porcentagem (%) coletados na cidade de Mossoró, RN, na primeira semana (7 dias) do mês de agosto de 2007. Determine a média biquadrática para essa distribuição de valores.

$$x_i = \{60, 67, 69, 70, 70, 73, 80\}$$

Tabela 49: Distribuição de frequências referente aos registros diários da umidade relativa do ar em porcentagem (%) coletados na cidade de Mossoró, RN, na primeira semana (7 dias) do mês de agosto de 2007.

x_i	x_i^4
60	12960000
67	20151121
69	22667121
70	24010000
70	24010000
73	28398241
80	40960000
Soma	173156483

Fonte: Dados fictícios.

Observe que n = 7

$$\overline{x}_{bq} = \sqrt[4]{\frac{\sum_{i=1}^{n} x_i^4}{n}} = \sqrt[4]{\frac{173156483}{7}} = \sqrt[4]{24736640,43} = 70,52\ \%$$

J.2 PARA DADOS AGRUPADOS SEM INTERVALOS DE CLASSES [MÉDIA BIQUADRÁTICA PONDERADA]

$$\overline{X}_{bq} = \sqrt[4]{\frac{\sum_{i=1}^{k} X_i^4 f_i}{\sum_{i=1}^{k} f_i}} = \sqrt[4]{\frac{\sum_{i=1}^{k} X_i^4 f_i}{n}}$$

J.2.1 Exemplo: A distribuição de frequências apresentada a seguir representa os dados referentes ao comprimento de 20 peixes curimatã em centímetros, capturados no Rio Mossoró, em março de 2006. Calcule a média biquadrática para esses dados.

Tabela 50: distribuição de frequências dos dados referentes ao comprimento de 20 peixes curimatã em centímetros, capturados no Rio Mossoró, em março de 2006.

x_i	f_i	x_i^4	$x_i^4 f_i$
10	2	10000	20000
12	3	20736	62208
14	8	38416	307328
17	6	83521	501126
20	1	160000	160000
Soma	20	-----	1050662

Fonte: Dados fictícios.

Verifique que n = 20, logo:

$$\overline{x}_{bq} = \sqrt[4]{\frac{\sum_{i=1}^{k} X_i^4 f_i}{\sum_{i=1}^{k} f_i}} = \sqrt[4]{\frac{\sum_{i=1}^{k} X_i^4 f_i}{n}} = \sqrt[4]{\frac{1050662}{20}} = \sqrt[4]{52533,10} = 15,14$$

cm^4

J.3 PARA DADOS AGRUPADOS COM INTERVALOS DE CLASSES [MÉDIA BIQUADRÁTICA PONDERADA]

$$\overline{X}_{bq} = \sqrt[4]{\frac{\sum_{i=1}^{k} X_i^4 f_i}{\sum_{i=1}^{k} f_i}} = \sqrt[4]{\frac{\sum_{i=1}^{k} X_i^4 f_i}{n}},$$

em que X_i é o ponto médio de uma classe e k é o número de classes.

J.3.1 Exemplo: A distribuição de frequências a seguir contém os dados X_i do consumo diário de ração de mandioca em quilos, em 30 ninhadas de 5 filhotes cada uma de suínos da raça PIAU, coletados no registro de uma granja em Cuiabá, Estado de Mato Grosso, Brasil, em 2004. Calcule a média biquadrática para essa distribuição de frequências.

Tabela 51: Distribuição de frequências relativas ao consumo diário de ração de mandioca em quilos, em 30 ninhadas de 5 filhotes cada uma de suínos da raça Piau, coletados no registro de uma granja em Cuiabá, Estado de Mato Grosso, Brasil, em 2004.

CLASSES (consumo de ração em kg)	f_i	x_i	x_i^4	$x_i^4 f_i$
1 |------2	3	1,5	5,06	15,19
2 |------3	5	2,5	39,06	195,31
3 |------4	15	3,5	150,06	2250,94
4 |------5	7	4,5	410,06	2870,44
SOMA	30	-----	-----	5331,88

Fonte: Dados fictícios.

Verifique que n = 30, logo:

$$\overline{x}_{bq} = \sqrt[4]{\frac{\sum_{i=1}^{k} X_i^4 f_i}{\sum_{i=1}^{k} f_i}} = \sqrt[4]{\frac{\sum_{i=1}^{k} X_i^4 f_i}{n}} = \sqrt[4]{\frac{5331,88}{30}} = \sqrt[4]{177,73} = 3,65 \text{ kg}$$

13.3 MEDIDAS DE DISPERSÃO OU VARIAÇÃO

13.3.1 INTRODUÇÃO

As diferenças entre os valores de um conjunto de dados podem ser observadas para a maioria desse conjunto. Essas diferenças individuais em uma amostra ou população definem o que os estatísticos chamam de variabilidade ou dispersão do conjunto de valores. É conveniente enfatizar que a variabilidade entre os elementos é vista pela perspectiva da dispersão em torno do centro da distribuição. As medidas dessa variabilidade são denominadas de medidas de dispersão ou de variação.

As medidas de posição são importantes para caracterizar um conjunto de dados, mas não são suficientes para caracterizar completamente a distribuição dos valores. São necessárias outras medidas para isso. Ou seja, as medidas de tendência central nada informam sobre o grau de variação dos dados. Por exemplo, dois grupos de mesma média podem diferir muito na magnitude da variação do conjunto de valores.

Por exemplo, suponhamos que se deseja comparar as temperaturas médias mensal em graus Celsius entre as cidades de Natal e de Mossoró, ambas no Estado do Rio Grande do Norte.

Considere que X_i: Temperatura média mensal (ºC)

-Natal:

$$\{25, 27, 29, 30, 30, 31, 31, 32, 32, 33\},$$

$$n_1 = 10, \overline{X}_1 = 30^o\,C, \quad A_t = 33 - 25 = 8^o\,C$$

-Mossoró:

$$\{25, 26, 27, 29, 29, 30, 31, 33, 34, 36\},$$

$$n_2 = 10, \overline{X}_2 = 30^o C, A_t = 36 - 25 = 11^o C$$

Apesar de ambas as amostras terem a mesma média, verifica-se, no entanto que na cidade de MOSSORÓ a temperatura média mensal tem uma maior dispersão (amostra mais heterogênea) que na cidade de NATAL, pois apresentou um maior valor para a amplitude total, quando comparado com o valor na cidade de NATAL.

13.3.2 CONDIÇÕES PARA QUE UMA MEDIDA DE DISPERSÃO ATENDA AS EXIGÊNCIAS DESEJÁVEIS DE UMA BOA MEDIDA

i) Ser facilmente compreensível e calculável;

ii) Estar exposta o menos possível às flutuações das amostras;

iii) Basear-se em todas as observações;

iv) Adaptar-se bem ao tratamento algébrico.

13.3.3 MEDIDAS DE VARIAÇÃO ABSOLUTA

A AMPLITUTE TOTAL [At]

A.1 CARACTERÍSTICAS DA AMPLITUTE TOTAL

i) É a mais simples medida de variação;

ii) Utiliza apenas duas observações extremas não sendo avaliada a variação dos valores intermediários;

iii) Seu valor tende a crescer com o aumento do número de

observações do conjunto ou amostra, devido à insensibilidade aos valores entre os extremos e pela importância, no cálculo da medida, de um possível valor extremo anormal.

iv) Não se adapta ao tratamento algébrico;

v) Apresenta muita variação de uma amostra a outra, mesmo que ambas sejam extraídas da mesma população; e

vi) Devido a facilidade de cálculo e por ser razoavelmente estável para conjuntos pequenos de observações, a amplitude é usada com frequência em operações industriais por meio do controle estatístico de qualidade, dados de temperatura diária ou anual, dados raros ou demasiadamente esparsos, em taxonomia, em engenharia industrial, entre outros.

A.2 PARA DADOS NÃO AGRUPADOS

At = maior valor do rol – menor valor do rol

A.1.1 Exemplo: Seja X_i o número de discos defeituosos de Arado Agrícola produzidos durante uma semana por uma indústria produtora de máquinas agrícolas. Determine a amplitude total do número de discos que apresentaram defeitos após a produção.

$X_i = \{4, 5, 8, 9, 12, 15, 16\}$

At = 16 – 4 = 12 Discos defeituosos

A.3 PARA DADOS AGRUPADOS SEM INTERVALOS DE CLASSES

At = maior valor do rol – menor valor do rol

E.2.1 Exemplo: Seja X_i (Tabela 52) o número de frutos de melão abaixo do peso de comercialização, produzidos na fazenda Sertaneja, em Mossoró, RN, em um período de observação de 11 dias. Calcule a amplitude total.

Tabela 52: Distribuição de frequências referente ao número de frutos de melão abaixo do peso de comercialização, produzidos na fazenda Sertaneja, em Mossoró, RN, em um período de observação de 11 dias.

x_i	f_i
1	1
2	3
3	5
4	2
Soma	11

Fonte: Dados fictícios.

At = 4 – 1 = 3 frutos de melão defeituosos é a variação total.

A.4 PARA DADOS AGRUPADOS COM INTERVALOS DE CLASSES

A.4.1 PRIMEIRO CRITÉRIO

At = Limite Superior da Última Classe – Limite Inferior da Primeira Classe

A.4.2 SEGUNDO CRITÉRIO

At = Ponto Médio da Última Classe – Ponto Médio da Primeira Classe

A.4.3 Exemplo: Seja X_i o consumo mensal de leite "in natura" em litros de 80 famílias de uma comunidade rural do município de Mossoró, RN (Tabela 53). Determine a Amplitude Total.

Tabela 53: Distribuição de frequências referente ao consumo mensal de leite "in natura" em litros de 80 famílias de uma comunidade rural do município de Mossoró, RN.

CLASSES (consumo de leite em litros)	f_i	X_i
0 |------2	10	1
2 |------4	18	3
4 |------6	50	5
6 |-----10	2	8
Soma	80	------

0

-1º Critério: At = 10 – 0 = 10 litros/mês é a variação total.

-2º Critério: At = 8 – 1 = 7 litros/mês é a variação total.

B VARIÂNCIA [S^2] OU QUADRADO MÉDIO [QM]

É a medida que serve para comparar variabilidade entre grupos expressos numa mesma medida e com médias aproximadamente iguais. Sendo assim quanto menor é o valor obtido para a variância, maior é o grau de homogeneidade do conjunto de dados analisado. A simbologia usada para a variância é: Para a população: σ^2 e para a amostra: S^2.

Existe uma interessante interpretação física para a variância. Suponha que, em cada ponto X_i do eixo dos X's, seja colocada uma quantidade de massa [$f(X_i)$]. Então, a variância é o momento de inércia do sistema.

B.1 PARA DADOS NÃO AGRUPADOS

B.1.1 PARA A POPULAÇÃO

Sejam $\{X_1, X_2,..., X_{N,}\}$ dados de uma população:

$$\sigma^2 = \frac{\sum_{i=1}^{N}(X_i - \mu)^2}{N} = \frac{\sum_{i=1}^{N}X_i^2 - N\mu^2}{N} = \frac{\sum_{i=1}^{N}X_i^2 - \frac{\left(\sum_{i=1}^{N}X_i\right)^2}{N}}{N}$$

B.1.2 PARA A AMOSTRA

Sejam $\{x_1, x_2, ..., x_n\}$ dados de uma amostra. Temos que:

$$\frac{SQD}{G.L.} = \frac{\sum_{i=1}^{n}(x_i - \overline{x})^2}{n-1} = \frac{\sum_{i=1}^{n}x_i^2 - n\overline{x}^2}{n-1} = \frac{n\sum_{i=1}^{n}x_i^2 - \left(\sum_{i=1}^{n}x_i\right)^2}{n(n-1)} = \frac{\sum_{i=1}^{n}x_i^2 - \frac{\left(\sum_{i=1}^{n}x\right)^2}{n}}{n-1},$$

Em que SQD é a soma de quadrados dos desvios e G.L. é o número de graus de liberdade ou correção de Bessel, dado por n-1 (TOLEDO; OVALLE, 1987).

Esses (n - 1) elementos são os chamados graus de liberdade de uma soma de n termos, pois se o valor de todas as observações é conhecido, exceto o de uma, a observação desconhecida é determinada automaticamente pela diferença entre o total e a soma das (n - 1) observações fornecidas.

Embora esse valor venha da teoria, ou seja, pelo fato de que o denominador da expressão que determina a estimativa da variância tenha que ser (n-1) para que o estimador S^2 de σ^2 seja imparcial, alguns argumentos podem ser usados, dispensando-se o uso da dedução teórica. Um deles é que, sendo a amostra um conjunto finito, se inicialmente tivermos uma amostra de tamanho 10 e se retirarmos os elementos dessa amostra um a um e sem reposição, inicialmente temos 10 elementos para escolher um, portanto, temos 10 graus de liberdade de escolha. Retirado o primeiro elemento, o nosso grau de liberdade de escolha passa para 9, e assim por diante e no instante em que temos apenas um elemento, o nosso grau de liberdade de escolha é zero, ou seja, na realidade, dos dez elementos dessa amostra temos apenas 9 em liberdade de escolha e no caso geral de termos uma amostra de tamanho "n", temos (n-1) em liberdade de escolha (SANTANA; RANAL, 2004).

Também, outro argumento usado para justificar a redução de "n" para (n-1) no denominador da expressão da variância S^2 é que, sendo a expressão dividida por "n" e não se trabalhando com grandes amostras em que $n \rightarrow \infty$ (o tamanho da amostra aumenta cada vez mais), o estimador S^2 de σ^2 ficaria subestimado. Assim, a expressão (n-1) corrigiria essa distorção.

A explicação para o conceito de graus de liberdade também pode ter os seguintes argumentos. Na linguagem física, um ponto que pode movimentar-se livremente em três dimensões, tem três graus de liberdades. Três coordenadas variáveis x, y e z, podem assumir diferentes valores independentes. Se nós restringirmos o ponto para se mover no plano, ele terá dois graus de liberdade, este fato pode ser mostrado por meio da dependência entre x, y e z: ax + by + cz = d. Um conceito similar é usado na linguagem estatística. A soma de n desvios ao quadrado com relação à média (MEMÓRIA, 1973):

$$\sum_{i=1}^{n}(X_i - \bar{X})^2 = (X_1 - \bar{X})^2 + (X_2 - \bar{X})^2 + \cdots + (X_n - \bar{X})^2$$

É denominado que tem n - 1 graus de liberdade, para $\bar{X}$ fixado, somente n - 1 valores de x podem ser escolhidos independentemente e o n-ésimo está, portanto determinado.Outra forma é assumir um grau de liberdade a toda estimativa realizada. No caso, para estimar a variância, há necessidade primeiro de estimar a média e portanto, um grau de liberdade é utilizado, restando n - 1.

As distribuições teóricas de probabilidade de algumas estatísticas dependem do número de graus de liberdade. As mais comuns são t ou t de Student, qui-quadrado (χ^2) e F de Fisher-Snedecor.

B.1.2.1 Exemplo: Seja uma amostra da altura de 5 plantas de milho em centímetros, medidas em uma pesquisa. Determine para esses dados o valor da variância.

X: Altura de plantas de milho em cm

X: {10, 15, 20, 25, 30}

Tabela 54: Dados referentes a uma amostra da altura de 5 plantas de milho em centímetros, medidas em uma pesquisa.

x_i	x_i^2
10	100
15	225
20	400
25	625
30	900
SOMA 100	2250

Fonte: Dados fictícios.

$$\text{Temos: } n = 5,\ \sum_{i=1}^{5} x_i = 100,\quad \sum_{i=1}^{5} x_i^2 = 2250$$

$$S^2 = \frac{2250 - \frac{(100)^2}{5}}{5-1} = \frac{2250 - 2000}{4} = 62,50 \quad cm^2$$

B.2 PARA DADOS AGRUPADOS SEM INTERVALOS DE CLASSES

$$S^2 = \frac{SQD}{G.L.} = \frac{\sum_{i=1}^{k}(X_i - \overline{X})^2 f_i}{n-1} = \frac{\sum_{i=1}^{k} f_i X_i^2 - n\overline{X}^2}{n-1} = \frac{n\sum_{i=1}^{k} f_i X_i^2 - \left(\sum_{i=1}^{k} f_i X_i\right)^2}{n-1}$$

$$= \frac{\sum_{i=1}^{k} f_i X_i^2 - \frac{\left(\sum_{i=1}^{k} f_i X_i\right)^2}{n}}{n-1}$$

em que $n = \sum_{i=1}^{k} f_i$

B.2.1 Exemplo: Seja X_i o número de filhotes de bezerros fêmeas, contados em um levantamento de 50 partos de um rebanho bovino em vacas da raça holandesa preto e branco. Calcule a variância do número de bezerros fêmea.

Tabela 55: Distribuição de frequências relativas ao número de bezerras, contadas em um levantamento de 50 partos de vacas da raça holandesa preto e branco.

x_i	f_i	$x_i f_i$	x_i^2	$x_i^2 f_i$
0	15	0	0	0
1	10	10	1	10
2	13	26	4	52
3	6	18	9	54
4	3	12	16	48
5	3	15	25	75
Soma	50	81	-----	239

Fonte: Dados fictícios.

Seja: n = 50, $\sum_{i=1}^{6} x_i f_i = 81$, $\sum_{i=1}^{6} x_i^2 f_i = 239$,

$$S^2 = \frac{239 - \frac{(81)^2}{50}}{50-1} = \frac{239 - 131,22}{49} = \frac{107,78}{49} = 2,20 \quad (\text{bezerras})^2$$

B.3 PARA DADOS AGRUPADOS COM INTERVALOS DE CLASSES

$$S^2 = \frac{SQD}{G.L.} = \frac{\sum_{i=1}^{k}(X_i - \bar{X})^2 f_i}{n-1} = \frac{\sum_{i=1}^{k} f_i X_i^2 - \frac{\left(\sum_{i=1}^{k} f_i X_i\right)^2}{n}}{n-1}$$

em que $n = \sum_{i=1}^{k} f_i$ e X_i é ponto médio da i-ésima classe.

B.2.2 Exemplo: Seja X_i o consumo mensal de leite "in natura" em litros de 80 famílias de uma comunidade rural do município de Mossoró, RN. Determine a Variância do consumo de leite.

Tabela 56: Distribuição de frequências referentes ao consumo mensal de leite "in natura" em litros de 80 famílias de uma comunidade rural do município de Mossoró, RN.

CLASSES (consumo de leite em litros)	f_i	x_i	$x_i f_i$	x_i^2	$x_i^2 f_i$
0 |------2	10	1	10	1	10
2 |------4	18	3	54	9	162
4 |------6	50	5	250	25	1250
6 |-----10	2	8	16	64	128
SOMA	80	-------	330	--------	1550

Fonte: Dados fictícios.

Temos: n = 80, $\sum_{i=1}^{4} x_i f_i = 330, \quad \sum_{i=1}^{4} x_i^2 f_i = 1550$,

$$S^2 = \frac{1550 - \frac{(330)^2}{80}}{80-1} = \frac{1550 - 1361,25}{79} = \frac{188,75}{79} = 2,39 \text{ litros}^2$$

C DESVIO PADRÃO [S]

É a raiz quadrada positiva da variância, o qual vem expresso na mesma unidade de medida em que se tomou os dados.

A simbologia usada para o desvio padrão é a seguinte: Para a população: σ, e Para a amostra: S.

C.1 PARA DADOS NÃO AGRUPADOS

$$S = \sqrt{S^2} = \sqrt{\frac{\sum_{i=1}^{n} X_i^2 - \frac{\left(\sum_{i=1}^{n} X_i\right)^2}{n}}{n-1}}$$

C.1.1 Exemplo: Seja uma amostra da altura de 5 plantas de milho em centímetros, medidas em uma pesquisa. Determine para esses dados o valor do desvio padrão.

X: Altura de plantas de milho em cm; X: {10, 15, 20, 25, 30},

Tabela 57: Distribuição referente ao consumo mensal de leite "in natura" em litros de 80 famílias de uma comunidade rural do município de Mossoró, RN.

x_i	x_i^2
10	100
15	225
20	400
25	625
30	900
Soma 100	2250

Fonte: Dados fictícios.

Temos: n = 5, $\sum_{i=1}^{5} x_i = 100, \quad \sum_{i=1}^{5} x_i^2 = 2250$,

$$S = \sqrt{\frac{2250 - \frac{(100)^2}{5}}{5-1}} = \sqrt{\frac{2250-2000}{4}} = \sqrt{62,50 \quad cm^2} = 7,91 \ \text{cm}$$

Note que o desvio padrão tem a mesma unidade da variável medida. Essa é outra vantagem do desvio padrão em relação a variância.

C.2 PARA DADOS AGRUPADOS SEM INTERVALOS DE CLASSES

$$S = \sqrt{S^2} = \sqrt{\frac{\sum_{i=1}^{k} f_i X_i^2 - \frac{\left(\sum_{i=1}^{k} f_i X_i\right)^2}{n}}{n-1}}$$

em que $n = \sum_{i=1}^{k} f_i$.

C.2.1 Exemplo: Seja X_i o número de filhotes de bezerros fêmeas, contados em um levantamento de 50 partos de um rebanho bovino em vacas da raça holandesa preto e branco. Calcule a desvio padrão do número de bezerras.

Tabela 58: Distribuição de frequências referente ao número de filhotes de bezerros fêmeas, contados em um levantamento de 50 partos de um rebanho bovino em vacas da raça holandesa preto e branco.

X_i	f_i	$x_i f_i$	x_i^2	$x_i^2 f_i$
0	15	0	0	0
1	10	10	1	10
2	13	26	4	52
3	6	18	9	54
4	3	12	16	48
5	3	15	25	75
Soma	50	81	------	239

Fonte: Dados fictícios.

Temos: n = 50, $\sum_{i=1}^{5} x_i f_i = 81, \quad \sum_{i=1}^{5} x_i^2 f_i = 239$,

$$S = \sqrt{\frac{239 - \frac{(81)^2}{50}}{50-1}} = \sqrt{\frac{239-131,22}{49}} = \sqrt{\frac{107,78}{49}} = \sqrt{2,20} = 1,48 \quad \text{bezerros fêmeas}$$

C.3 PARA DADOS AGRUPADOS COM INTERVALOS DE CLASSES

$$S = \sqrt{S^2} = \sqrt{\frac{\sum_{i=1}^{k} f_i X_i^2 - \frac{\left(\sum_{i=1}^{k} f_i X_i\right)^2}{n}}{n-1}}$$

em que $n = \sum_{i=1}^{k} f_i$ e X_i é ponto médio de uma classe.

C.3.1 Exemplo: Seja X_i o consumo mensal de leite "in natura" em litros de 80 famílias de uma comunidade rural do município de Mossoró, RN. Determine o desvio padrão do consumo de leite.

Tabela 59: Distribuição de frequências referente ao consumo mensal de leite "in natura" em litros de 80 famílias de uma comunidade rural do município de Mossoró, RN.

CLASSES (consumo de leite em litros)	f_i	x_i	$x_i f_i$	x_i^2	$x_i^2 f_i$
0 |------2	10	1	10	1	10
2 |------4	18	3	54	9	162
4 |------6	50	5	250	25	1250
6 |-----10	2	8	16	64	128
SOMA	80	-------	330	--------	1550

Fonte: Dados fictícios.

-Seja: n = 80, $\sum_{i=1}^{4} x_i f_i = 330$, $\sum_{i=1}^{4} x_i^2 f_i = 1550$, então:

$$S = \sqrt{\frac{1550 - \frac{(330)^2}{80}}{80-1}} = \sqrt{\frac{1550-1361,25}{79}} = \sqrt{\frac{188,75}{79}} = \sqrt{2,39} = 1,55 \text{ litros}$$

C.4 PROPRIEDADES DA VARIÂNCIA E DO DESVIO PADRÃO

i) A variância e o desvio padrão são valores sempre positivos ou nulos, sendo que a variância tem o inconveniente de que vem expressa com a unidade dos dados ao quadrado, enquanto o desvio padrão vem expresso na mesma unidade em que os dados foram tomados;

ii) Somando-se (ou subtraindo-se) cada observação de um conjunto de números pela mesma constante positiva e arbitrária "K", o desvio padrão e a variância não se alteram;

iii) Multiplicando-se (ou dividindo-se) cada observação de um conjunto de números pela mesmo valor constante e positivo "K", o desvio padrão fica multiplicado ou dividido pela mesma constante, e a variância ficará multiplicada ou dividida pelo quadrado da constante.

iv) Se dois conjuntos de valores de tamanho n_1 e n_2 têm variâncias S_1^2 e S_2^2 respectivamente, e médias $\overline{X}_1$ e $\overline{X}_2$, e uma média geral $\overline{X}$ de ambos os conjuntos, então a variância combinada das duas distribuições será dada por:

$$S^2 = \frac{(n_1 - 1)\left[S_1^2 + \left(\overline{X} - \overline{X}_1\right)^2\right] + (n_2 - 1)\left[S_2^2 + \left(\overline{X} - \overline{X}_2\right)^2\right]}{n_1 + n_2 - 2}$$

C.5 CARACTERÍSTICAS DA VARIÂNCIA E DO DESVIO PADRÃO

i) O desvio padrão de uma série de valores é mínimo quando os desvios são tomados em relação à média do conjunto;

ii) O desvio padrão é maior que o desvio médio

$$\left[DM = \frac{\sum_{i=1}^{n} \left| X_i - \overline{X} \right|}{n} \right].$$

iii) O desvio padrão é influenciado por todos os valores da amostra ou da população;

iv) No desvio padrão os valores extremos exercem maior influência do que os valores centrais situados próximos da média;

v) A variância e o desvio padrão são valores sempre positivos ou nulos, sendo que o desvio padrão vem expresso na mesma unidade em que se tomou os dados, enquanto a variância vem expressa com essa unidade elevada ao quadrado;

vi) O desvio padrão é em geral a medida menos afetada pelas flutuações das amostras;

vii) A principal importância analítica do desvio padrão está no papel que ele desempenha nas distribuições normais teóricas de probabilidades (distribuições simétricas de forma campanular), e nas inferências estatísticas, ou seja, isso significa que:

vii.1. O intervalo $\overline{X} \pm S$ compreende cerca de 68,27% das observações;

vii.2. O intervalo $\overline{X} \pm 2.S$ compreende cera de 95,45% das observações;

vii.3. O intervalo $\overline{X} \pm 3.S$ compreende cera de 99,74% das observações.

Na prática isso é válido de modo aproximado para amostras grandes e para distribuições moderadamente ou poucas assimétricas.

D DESVIO MÉDIO [DM]

D.1 INTRODUÇÃO

Outra medida de dispersão absoluta algumas vezes empregada é o desvio médio ou média dos desvios, o qual é igual à média aritmética dos valores absolutos dos desvios tomados em relação a uma das duas medidas de posição ou tendência central média $\left[\overline{X}\right]$ ou mediana $[\mathrm{Md}]$.

D.2 DETERMINAÇÃO

D.2.1 PARA DADOS NÃO AGRUPADOS

D.2.1.1 DESVIO MÉDIO EM RELAÇÃO À MÉDIA

$$Dm = \frac{\sum_{i=1}^{n} \left| X_i - \overline{X} \right|}{n}$$

D.2.1.1.1 Exemplo. Determine o desvio médio em relação à média aritmética da distribuição dos valores do número de folhas de algodoeiro atacadas pela praga do inseto Bicudo, contadas após 30 dias do plantio.

Tabela 60: Dados referentes ao número de folhas de algodoeiro atacadas pela praga do inseto Bicudo, contadas após 30 dias do plantio.

x_i	$x_i - \overline{x}$	$\left| x_i - \overline{x} \right|$
2	-8	8
5	-5	5
8	-2	2
15	5	5
20	10	10
Soma 50	0	30

Fonte: Dados fictícios.

Observe que n = 5, $\overline{x} = 10$, então:

$$Dm = \frac{30}{5} = 6,0 \text{ Folhas}$$

D.2.1.2 DESVIO MÉDIO EM RELAÇÃO À MEDIANA

$$Dm = \frac{\sum_{i=1}^{n} |X_i - Md|}{n}$$

D.2.1.1.2 Exemplo. Determine o desvio médio em relação à mediana da distribuição dos valores do número de folhas de algodoeiro atacadas pela praga do inseto Bicudo, contadas após 30 dias do plantio.

Tabela 61: Dados referentes ao número de folhas de algodoeiro atacadas pela praga do inseto Bicudo, contadas após 30 dias do plantio.

x_i	$x_i - M_d$	$\lvert x_i - Md \rvert$
2	-6	6
5	-3	3
8	0	0
15	7	7
20	12	12
Soma 50	------	28

Fonte: Dados fictícios.

Temos que: n=5, n é ímpar, $Md = \frac{n+1}{2} = \frac{5+1}{2} = 3^o$, portanto a M_d = 8 folhas, e $Dm = \frac{28}{5} = 5,6$ folhas.

D.2.2 PARA DADOS AGRUPADOS EM SÉRIE SEM INTERVALOS DE CLASSES

D.2.2.1 DESVIO MÉDIO EM RELAÇÃO À MÉDIA

$$Dm = \frac{\sum_{i=1}^{k} |X_i - \bar{X}| \times f_i}{n},$$

em que $n = \sum_{i=1}^{k} f_i$.

D.2.2.1.1 Exemplo. Calcule o desvio médio em relação à média aritmética da distribuição de frequências do número de ácaros contados em 200 folhas atacadas na cultura do mamoeiro, por ocasião da colheita dos frutos.

Tabela 62: Distribuição de frequências referente ao número de ácaros contados em 200 folhas atacadas na cultura do mamoeiro, por ocasião da colheita dos frutos.

x_i	f_i	$x_i f_i$	$x_i - \bar{x}$	$\lvert x_i - \bar{x}\rvert$	$\lvert x_i - \bar{x}\rvert f_i$
0	16	0	-1,83	1,83	29,28
1	51	51	-0,83	0,83	42,33
2	84	168	0,17	0,17	14,28
3	49	147	1,17	1,17	57,33
Soma	200	366	----	----	143,22

Fonte: Dados fictícios.

Observe que n = 200, então:

$$\bar{x} = \frac{366}{200} = 1{,}83 \text{ ácaros, e } Dm = \frac{\sum_{i=1}^{4} \lvert x_i - \bar{x}\rvert f_i}{n} = \frac{143{,}22}{200} = 0{,}72 \text{ ácaros}$$

D.2.2.2 DESVIO MÉDIO EM RELAÇÃO À MEDIANA

$$Dm = \frac{\sum_{i=1}^{n} \lvert X_i - Md\rvert f_i}{n},$$

em que $n = \sum_{i=1}^{n} f_i$.

D.2.2.2.1 Exemplo. Calcule o desvio médio em relação à mediana da distribuição de frequências do número de ácaros contados em 200 folhas atacadas na cultura do mamoeiro, por ocasião da colheita dos frutos.

Tabela 63: Distribuição de frequências referente ao número de ácaros contados em 200 folhas atacadas na cultura do mamoeiro, por ocasião da colheita dos frutos.

x_i	f_i	$f_{i_{ac}}$	x_i - Md	$\lvert x_i - Md \rvert$	$\lvert x_i \quad Md \rvert f_i$
0	16	16	-2	2	32
1	51	67	-1	1	51
2	84	151	0	0	0
3	49	200	1	1	49
Soma	200	----	----	----	132,00

Fonte: Dados fictícios.

Observe que n = 200, portanto n é par, $Md = \frac{2+2}{2} = 2$ ácaros e

$$Dm = \frac{\sum_{i=1}^{4} \lvert x_i - Md \rvert f_i}{n} = \frac{132,00}{200} = 0,66 \text{ ácaros}$$

D.2.3 PARA DADOS AGRUPADOS EM SÉRIE COM INTERVALOS DE CLASSES

D.2.3.1 DESVIO MÉDIO EM RELAÇÃO À MÉDIA

$$Dm = \frac{\sum_{i=1}^{k} \lvert X_i - \bar{X} \rvert \times f_i}{n},$$

em que $n = \sum_{i=1}^{k} f_i$, X_i é o ponto médio da i-ésima classe e k é o número de classes.

D.2.3.1.1 Exemplo. Determine o desvio médio em relação à média aritmética da distribuição de frequências dos dados referentes ao volume em metro cúbico (m^3) de inseticidas orgânicos, aplicados por hectare, nas 80 propriedades produtoras de feijão de corda, no Estado da Bahia, em 2000.

Tabela 64: Distribuição de frequências dos dados referentes ao volume em metro cúbico (m^3) de inseticidas orgânicos, aplicados por hectare, nas 80 propriedades produtoras de feijão de corda, no Estado da Bahia, em 2000.

CLASSES (m^3 de inseticida)	f_i	x_i	$x_i f_i$	$x_i - \bar{x}$	$\lvert x_i - \bar{x}\rvert$	$\lvert x_i - \bar{x}\rvert f_i$
0 |------2	10	1	10	-3,125	3,125	31,25
2 |------4	18	3	54	-1,125	1,125	20,25
4 |------6	50	5	250	0,875	0,875	43,75
6 |-----10	2	8	16	3,875	3,875	7,75
SOMA	80	-----	330	0	-----	103,00

Fonte: Dados fictícios.

Observe que n = 80, a média é $\bar{x} = \frac{330}{80} = 4,13$ m^3 e

$$Dm = \frac{103,00}{80} = 1,29\ m^3$$

D.2.3.2 DESVIO MÉDIO EM RELAÇÃO À MEDIANA

$$Dm = \frac{\sum_{i=1}^{k} \lvert X_i - Md \rvert \times f_i}{n},$$

em que $n = \sum_{i=1}^{k} f_i$, X_i é o ponto médio da i-ésima classe e k é o número de classes.

D.2.3.2.1 Exemplo. Determine o desvio médio em relação à mediana da distribuição de frequências dos dados referentes ao volume em metro cúbico (m³) de inseticidas orgânicos, aplicados por hectare, nas 80 propriedades produtoras de feijão de corda, no Estado da Bahia, em 2000.

Tabela 65: Distribuição de frequências dos dados referentes ao volume em metro cúbico (m³) de inseticidas orgânicos, aplicados por hectare, nas 80 propriedades produtoras de feijão de corda, no Estado da Bahia, em 2000.

CLASSES (m³ de inseticida)	f_i	x_i	$f_{i_{ac}}$	$x_i - M_d$	$\lvert x_i - Md \rvert$	$\lvert x_i - Md \rvert f_i$
0 |------2	10	1	10	-3,48	3,48	34,80
2 |------4	18	3	28	-1,48	1,48	26,64
4 |------6	50	5	78	0,52	0,52	26,00
6 |-----10	2	8	80	3,52	3,52	7,04
SOMA	80	-----	-----	-----	-----	94,48

Fonte: Dados fictícios.

Observe que n = 80, então $Md = 4 + \dfrac{\left[\dfrac{80}{2} - 28\right]}{50} \times 2 = 4,48$ m³ e

$$Dm = \frac{\sum_{i=1}^{4} \lvert x_i - Md \rvert f_i}{n} = \frac{94,48}{80} = 1,18 \text{ m}^3.$$

D.3 CARACTERÍSTICAS DO DESVIO MÉDIO

i) O desvio médio é em muitas situações mais vantajoso que outras medidas de dispersão como a amplitude total, por exemplo, principalmente pelo fato de no seu cálculo, levar-se em consideração todos os valores da distribuição de frequências;

ii) O desvio médio, quando calculado levando-se em consideração os desvios em torno da mediana, é mínimo, ou seja, é menor do que qualquer desvio médio calculado com base em qualquer outra medida de tendência central;

iii) Apesar do desvio médio expressar de modo satisfatório a dispersão de uma amostra ou série de valores, ele não é tão frequentemente empregado como o desvio padrão, pois o desvio padrão se adapta melhor a uma ampla gama de aplicações, como na distribuição normal. Além disso, o desvio médio despreza o fato de alguns desvios serem negativos e outros positivos, pois essa medida os trata como se fossem todos positivos. Todavia será preferido o uso do desvio médio em lugar do desvio padrão, quando o desvio padrão for indevidamente influenciado pelos desvios extremos.

E ERRO PADRÃO DA MÉDIA [$S_{(\overline{X})}$]

E.1 INTRODUÇÃO

Para medir a precisão de uma medida como a média é necessário retirar várias amostras de tamanho "n" da população e para cada uma determinar sua média amostral $\overline{X}$, e assim calcular o seu desvio padrão que é mais conhecido como erro padrão da média. No entanto os estatísticos criaram uma maneira em que esse processo de tomada de amostras é dispensado, sendo necessário apenas selecionar uma única amostra e determinar o erro padrão da média, como mostraremos a seguir.

Essa medida é usada para verificar a precisão com que a média da população μ está sendo estimada (calculada) pela média $\overline{X}$ da amostra, ou melhor, o erro padrão da média é uma medida da dispersão das médias amostrais em torno da média da população. Sendo assim, quanto menor é o valor dessa medida maior a precisão com que a média da população está sendo estimada, ou seja, é mais provável a chance de se obter a média da amostra nas proximidades da média da população e quanto maior for, menos provável se torna esse evento.

Se existe interesse em calcular a precisão da estimação, basta empregar a seguinte fórmula:

$$\text{PRECISÃO} = \frac{S_{(\overline{X})}}{\left[\overline{X}\right]},$$

que dá ideia de proximidade da média aritmética ($\overline{x}$) em relação a verdadeira média (μ).

E.2 DETERMINAÇÃO

A variância de uma média é dada por, $S^2_{(\overline{x})} = \frac{S^2}{n}$, sendo assim o desvio (ou erro) padrão dessa média é: $S_{(\overline{X})} = \frac{S}{\sqrt{n}}$

Geralmente a estimativa para a média vem acompanhada do seu erro padrão da média, assim: [$\overline{X} \pm S_{(\overline{x})}$].

E.2.1 Exemplo: Considere X_i a produção média em toneladas por hectare de 10 talhões em duas usinas produtoras de cana-de-açúcar. Verifique em qual das duas amostras a produtividade média de cana – de - açúcar da população está sendo estimada com maior precisão.

Amostra 1: n = 10,

$$\overline{x} = 1,52 \text{ t/ha}, S = 0,14 \text{ t/ha},$$

$$S_{(\overline{X})} = \frac{0,14}{\sqrt{10}} = \frac{0,14}{3,16} = 0,044 \quad \text{t/ha}$$

Amostra 2: n = 10,

$$\overline{x} = 1,52 \text{ t/ha}, S = 0,18 \text{ t/ha},$$

$$S_{(\overline{X})} = \frac{0,18}{\sqrt{10}} = \frac{0,18}{3,16} = 0,057 \quad \text{t/ha}$$

Na primeira amostra existe uma maior precisão do que na segunda amostra, pois o erro padrão da média daquela é menor.

F AMPLITUDE INTERPERCENTÍLICA

F.1 INTRODUÇÃO

Segundo Ferreira (2005), em razão do fato da amplitude total ser uma medida viesada e ineficiente da amplitude populacional, sendo influenciada pelas mensurações extremamente grandes e pequenas, medidas alternativas da dispersão podem ser desejáveis. Muitos textos científicos apresentam as distâncias entre os percentis simétricos da distribuição como medida da dispersão denominada de amplitude interpercentílica dos dados de observação. A justificativa do uso dessa medida de dispersão é a de que ela tem uma forma similar alternativa à amplitude, e que é menos influenciada pelos extremos, mais eficiente e apresenta pequeno viés.

F.2 DETERMINAÇÃO

O estimador geral da amplitude interpercentílica está representado na equação abaixo.

$$A_P = X_{1-P} - X_P, \quad P < \frac{1}{2}$$

Os casos mais comuns dessas medidas na literatura são:

i) Distância entre o terceiro quartil (Q_3) e o primeiro quartil (Q_1) (ou entre o 75º percentil e o 25º percentil), denominado de amplitude interquartílica;

$$AIQ = Q_3 - Q_1 = P_{75^o} - P_{25^o}$$

i.1 Exemplo 1: Dado o conjunto X de dados referentes a produção diária de BioDiesel (óleo de Pinhão Bravo) em litros em 110 usinas produtoras instaladas no nordeste do Brasil, em 2007. Com base nessa distribuição calcular o vigésimo quinto centil

(C_{25}), e o septuagésimo centil (C_{75}), com n = 110.

Tabela 66: Distribuição de frequências referentes aos dados de produção diária de BioDiesel (óleo de Pinhão Bravo) em litros em 110 usinas produtoras instaladas no nordeste do Brasil, em 2007.

CLASSES (produção de óleo em litros)	f_i	$f_{ac} \downarrow$
0 |--------2	27	27
2 |--------4	16	43
4 |--------6	34	77
6 |------- 8	17	94
8 |-------10	16	110
SOMA	110	-------

Fonte: Dados fictícios.

As posições dos elementos desejados são:

$$E_{c_{25}} = \frac{25n}{100} = \frac{25 \times 110}{100} = 27,50^{a} \text{ Posição}$$

$$E_{c_{75}} = \frac{75n}{100} = \frac{75 \times 110}{100} = 82,50^{a} \text{ Posição}$$

Logo,

$$C_{25} = 2 + \left[\frac{27,50 - 27}{16}\right] \times 2 = 2,06 \text{ litros}$$

$$C_{75} = 6 + \left[\frac{82,50 - 77}{17}\right] \times 2 = 6,65 \text{ litros}$$

$A_P = A_{IQ} = Q_3 - Q_1 = P_{75^o} - P_{25^o} = 6,65 - 2,06 = 4,59$ litros

ii) Distância entre o décimo (10º) e o nonagésimo (90º) percentis.

De acordo com Ferreira (2005), temos que:

$$A_P = A_{IQ} = P_{90^o} - P_{10^o}$$

ii.1Exemplo 2.

$$E_{c_{10}} = \frac{10n}{100} = \frac{10 \times 110}{100} = 11,00^a \text{ Posição}$$

$$E_{c_{90}} = \frac{90n}{100} = \frac{90 \times 110}{100} = 99,00^a \text{ Posição}$$

Logo,

$$C_{10} = 0 + \left[\frac{11,00 - 0}{27}\right] \times 2 = 0,81 \text{ litros}$$

$$C_{90} = 6 + \left[\frac{99,00 - 94}{17}\right] \times 2 = 6,59 \text{ litros}$$

$$A_P = A_{IQ} = P_{90^o} - P_{10^o} = 6,59 - 0,81 = 5,78 \text{ litros}$$

iii) Amplitude semi-interquartílica ou desvio quartílico (DQ)

Uma forma alternativa proposta por Lambert Adophe Jacques Quetelet[14] (1796 – 1874) é o de se tomar a média da amplitude interquartílica, sendo, nesse caso, denominada de amplitude semi-interquartílica ou desvio quartílico (DQ).

A expressão do estimador do desvio quartílico está apresentada na próxima equação. Em distribuições simétricas, é esperado que 50 % das

14 Adophe Quetelet, é um matemático, astrônomo e estatístico belga, nasceu no dia 22 de fevereiro de 1796, na cidade de Ghaent, em Flandres, na Bélgica. Frequentou a Universidade de Ghaent, recebendo o seu primeiro grau de doutor em 1819. Posteriormente, em 1823, ele foi para Paris estudar astronomia e também probabilidade, sob a orientação de Joseph Fourier e Pierre Laplace. Quetelet fez contribuições importantes ao desenvolvimento da estatística aplicada, pois influenciado pelo seus orientadores ele foi o primeiro a utilizar a curva normal não apenas como a lei dos erros, mas ele generalizou o uso da distribuição normal na aplicação em estudos das características humanas, tais como altura e peso. Quetelet melhorou os métodos para a coleta de dados e trabalhou na análise estatística de dados que envolvem crime, mortalidade, geofísica e astronomia. Quetelet organizou a primeira conferência de estatística em 1853 e escreveu a obra *sur l'homme et le developemnent de ses facultés, essai d'une physique sociale*, publicado em 1853. Foi eleito companheiro da *Real Society* em 1839. Faleceu no dia 17 de fevereiro de 1874 em Bruxelas, na Bélgica.

observações estejam na região delimitada pela mediana acrescida de um desvio quartílico e da mediana decrescida de um desvio quartílico.

$$DQ = \frac{X_{0,75} - X_{0,25}}{2}$$

Os estimadores obtidos por meio das equações descritas anteriormente são obviamente dependentes dos estimadores dos percentis. Sendo assim, tanto a amplitude interpercentílica, quanto o desvio quartílico podem fornecer diferentes estimativas de acordo com a alternância das expressões usadas para a estimação dos percentis.

ii.2 Exemplo 3. Usando os dados do exemplo do problema anterior (ii.1. Exemplo 2), temos que:

$$C_{25} = 2 + \left[\frac{27,50 - 27}{16}\right] \times 2 = 2,06 \text{ litros}$$

$$C_{75} = 6 + \left[\frac{82,50 - 77}{17}\right] \times 2 = 6,65 \text{ litros}$$

$$DQ = \frac{X_{0,75} - X_{0,25}}{2} = \frac{6,65 - 2,06}{2} = 2,30 \text{ litros}$$

13.3.4 MEDIDAS DE VARIAÇÃO RELATIVA

13.3.4.1 INTRODUÇÃO

As medidas de variação relativa geralmente consistem na comparação de uma medida de dispersão absoluta em relação a uma medida de posição ou tendência central (média, mediana e outros).

O desvio padrão e a variância são medidas de variabilidade absoluta dos dados. Essas medidas são dependentes da grandeza, escala ou unidade de medida empregada para mensurar ou contar os dados. Conjuntos de dados com diferentes unidades de medida não podem ter suas dispersões comparadas pela variância ou pelo desvio padrão. Mesmo para uma única unidade, se dois conjuntos de dados possuem médias de diferentes magnitudes, suas variabilidades não podem ser comparadas por essas medidas de dispersão apresentadas. Sendo assim fica evidente que um estimador que não dependa desses fatores se faz necessário. Essa avaliação da variabilidade é conhecida como medida de variabilidade relativa de uma amostra ou de uma população. As medidas de dispersão relativa resultam em geral, na comparação entre uma medida de dispersão absoluta e uma medida de posição ou tendência central ou promédio, sendo o resultado expresso em termos percentuais.

13.3.4.2 TIPOS DE MEDIDAS DE VARIAÇÃO RELATIVA

13.3.4.2.1 COEFICIENTES DE VARIAÇÃO

A COEFICIENTE DE VARIAÇÃO DE PEARSON [C.V. OU CV_P]

A.1 INTRODUÇÃO

É uma medida relativa de variabilidade expressa em porcentagem, cujo cálculo resulta da comparação entre o desvio padrão e a média.

É usado quando se pretende comparar a variação entre dois ou mais conjuntos de dados de observação que diferem na média ou são medidos em diferentes unidades de medição, como metros, toneladas, entre outros.

O coeficiente de variação é definido como o desvio padrão expresso como uma fração ou porcentagem da média. Isto é, indica a magnitude relativa do desvio padrão quando comparado com a média da distribuição dos valores.

Como o coeficiente de variação é o quociente entre duas medidas expressas na mesma unidade, ele é independente da unidade empregada, ou seja, é adimensional, ou seja, não possui unidade de medida. Não deve ser calculado para dados de temperatura, exceto se for utilizada a escala Kelvin. Esse tipo de dado, temperatura, pertence a uma classificação dos dados, denominados de dados intervalares. Dados intervalares possuem um intervalo definido, mas não uma escala com um zero verdadeiro, ou de referência real. Outros exemplos de dados intervalares na Biologia, que nesse caso são denominados de circulares, são os dados de tempo em dias ou de tempo em anos. Algumas técnicas estatísticas especiais para análise desses dados são requeridas.

Apesar de poder assumir valores no intervalo $(-\infty, \infty)$, o coeficiente de variação tem interpretação prática para valores que variam de 0% (se não houver variação nas observações) a 100%, quando o desvio padrão for tão alto quanto a média.

Para pesquisadores que trabalham com a mesma variável, o coeficiente de variação pode se tornar uma maneira de avaliar a precisão de cada um de seus experimentos. Isto ocorre porque a relação $\frac{S}{\overline{X}}$ depende mais fortemente do numerador "S" do que do denominador $\overline{X}$. Existirá um limite restrito de variação de $\overline{X}$ que dependerá exclusivamente do tratamento empregado. Já o valor de "S" é uma característica da variável estudada, que independe do tratamento utilizado pelo pesquisador. Neste caso, qualquer aumento na estimativa de "S" pode comprometer a precisão do experimento, fato este causado pela ação de efeitos não controlados (erros experimentais) que aumentam a variação da resposta e consequentemente o coeficiente de variação.

O coeficiente de variação não tem boas propriedades estatísticas. Se a escala nas avaliações não for racional ou, mesmo sendo racional, se existirem valores negativos, essa estimativa sofre restrições em seu uso. A distribuição dos valores do CV possibilita estabelecer uma faixa que orienta o pesquisador sobre a validade de seu experimento.

O CV é uma medida estatística que permite a comparação de resultados de diferentes experimentos envolvendo uma mesma característica ou espécie, permitindo ao pesquisador quantificar a precisão dos resultados de suas pesquisas. Para saber se um determinado valor do CV é grande ou pequeno, requer-se conhecimento e experiência do pesquisador, envolvendo a natureza dos dados.

O pesquisador deve ter cuidado em sua análise, pois o coeficiente de variação é uma medida sem valor prático no caso em que as observações experimentais envolvam valores negativos e positivos, pois, para dados relativos, isto é, positivos e negativos, o C.V. não tem sentido, pois a média poderá se aproximar de zero e com isso o C.V. tenderá ao ∞ (infinito), $\lim_{\bar{X}\to 0} \text{C.V.} = \infty$, ou seja, C.V. será $+\infty$ (mais infinito) se $\bar{X}$ tender a zero pela direita e $-\infty$ se tender pela esquerda. Pode-se nesses casos, somar-se uma constante positiva a todos os dados, tornando-os positivos. Dessa forma, a média é acrescida da constante, mas o desvio padrão não se altera.

Uma das utilidades do coeficiente de variação é a comparação da variabilidade, quando se trabalha com populações de espécies de tamanhos diferentes, como, por exemplo, ratos e elefantes, em que, mesmo usando a mesma unidade de medida, a amplitude de variação é muito grande entre populações.

O pesquisador deve estar atento aos valores razoáveis dos coeficientes de variação em sua área de pesquisa. Em ciências Biológicas, coeficientes de variação menores que 1% são raros, o que talvez não seja nas Ciências Físicas. Muitas variáveis biológicas, apresentam coeficientes de variação na faixa de 5 e 50%.

Finalmente é importante destacar que, há variação na classificação do coeficiente de variação em função da variável estudada, do material experimental com que se está trabalhando e até mesmo das condições ambientais em que o experimento foi conduzido, sendo que um determinado valor do coeficiente de variação pode ser considerado alto para uma variável ou ambiente e baixo para outras situações.

Sendo assim, é de se esperar que um trabalho em laboratório, em casa de vegetação ou com animais confinados, tenham uma precisão maior que os desenvolvidos com plantas, em experimentos de campo, ou em ensaios de pastejo com animais. Por outro lado, é também de se esperar precisões menores quando se conduz experimentos com materiais experimentais de grande variabilidade como estirpes da bactéria Rhizobium ou frutos de mamoeiros, mangueiras, cajueiro, entre outros, sem o devido controle nas medidas experimentais. Se considerarmos um conjunto de valores Y formado pela razão ente os valores de X e a sua média, $\overline{X}$, ou seja, $Y_i = \frac{X_i}{\overline{X}} \times 100$, iremos verificar que o desvio padrão de Y, S_Y, será igual ao coeficiente de variação de Pearson, o CVp. (TOLEDO e OVALLE, 1987; SAMPAIO, 2002).

E mais ainda, quando comparamos dispersões entre conjuntos de dados, podem ocorrer três tipos de situações, como mostrado a seguir (TOLEDO e OVALLE, 1987).

i) As séries vêm expressa na mesma unidade de medida como, por exemplo, kg/ha e suas médias são iguais ou muito próximas. Neste caso, é válido comparar os valores do desvio padrão “S”, não se obtendo informação adicional significativa com o uso do coeficiente de variação de Pearson;

ii) As séries podem apresentar-se expressas nas mesmas unidades de medidas, metro, por exemplo, mas as médias aritméticas são significativamente diferentes. As comparações podem ser feitas por meio da dispersão absoluta (desvio padrão). Entretanto, nestas circunstâncias, poder-se-á obter uma comparação mais reveladora, utilizando medidas de dispersão relativa, como o coeficiente de variação de Pearson; e

iii) As séries podem vir expressas em unidades de medidas diferentes, como por exemplo, metro e quilograma. Neste caso, é totalmente inviável estabelecer comparação a partir do desvio padrão (dispersão absoluta), sendo plenamente justificável o emprego do coeficiente de variação de Pearson.

A.2 DETERMINAÇÃO

O valor do coeficiente de variação de Pearson é determinado conforme a fórmula dada abaixo, obtido a partir de uma regra de três simples e direta (MEMÓRIA, 1973).

$$\begin{cases} \bar{X} ------ S \\ 100 ----- C.V. \end{cases} \therefore \bar{X} \times C.V. = 100 \times S \Rightarrow C.V. = CVp = \frac{S}{\bar{X}} \times 100(\%)$$

A.2.1 Exemplo 1: Para ilustrar o emprego dessa medida, vamos considerar três exemplos numéricos, onde temos duas amostras n_1 e n_2. Dados referentes a duas amostras do número de frutos de manga coletados em 10 árvores de dois pomares diferentes, na cidade de Assu, RN, em 2007.

Tabela 67: Dados referentes a duas amostras do número de frutos de manga coletados em 10 árvores de dois pomares diferentes, na cidade de Assu, RN, em 2007.

AMOSTRA 1	2	4	6	8	10
AMOSTRA 2	20	22	24	26	28

Fonte: Dados fictícios.

em que obteve-se os seguintes dados:

$$n_1 = 5, \quad \sum_{i=1}^{5} x_i = 30; \quad \sum_{i=1}^{5} x_i^2 = 220; \quad \bar{x}_1 = \frac{30}{5} = 6,00$$

$$S_1^2 = \frac{220 - \frac{(30)^2}{5}}{5-1} = 10,00; \quad S_1 = 3,16$$

$$n_2 = 5, \quad \sum_{i=1}^{5} x_i = 120; \quad \sum_{i=1}^{5} x_i^2 = 2920; \quad \bar{x}_2 = \frac{120}{5} = 24,00$$

$$S_2^2 = \frac{2920 - \frac{(120)^2}{5}}{5-1} = 10,00; \quad S_2 = 3,16$$

O exemplo apresentado mostra que embora os valores numéricos das duas amostras forem diferentes, o que originou médias amostrais diferentes, as dispersões absolutas, no caso medida pela variância e pelo desvio padrão, são exatamente iguais. Isso se dá pelo fato das duas amostras serem do mesmo tamanho e terem ambas as amplitudes entre os elementos das amostras, o valor constante de duas unidades. Diante do que foi exposto, parece não ser apropriado comparar variabilidade de amostras retiradas de populações diferentes por meio de medidas de dispersão absolutas, já que essas levam em conta apenas a variabilidade dos dados, sem se preocupar com suas magnitudes. Nesse caso, o mais correto, o mais apropriado, é comparar essas variabilidades por meio de uma medida de dispersão relativa, ou seja, uma medida que leva em conta, além da variabilidade, as suas magnitudes. O coeficiente de variação de Pearson é uma dessas medidas de variação relativa, que levam em conta a variabilidade dos dados, relativamente à sua média, o qual é expresso em porcentagem. Para o caso das duas amostras dadas nesse exemplo, embora ambas tenham a mesma dispersão absoluta, as dispersões relativas são bastante diferentes, como mostramos a seguir, sendo a segunda amostra mais homogênea que a primeira.

$$C.V._1 = CV_{P_1} = \frac{S_1}{\overline{x}_1} \times 100(\%) = \frac{3,16}{6,00} \times 100 = 52,67\%$$

$$C.V._2 = CV_{P_2} = \frac{S_2}{\overline{x}_2} \times 100(\%) = \frac{3,16}{24,00} \times 100 = 13,71\%$$

A.2.2 Exemplo 2: Um agrônomo mediu a altura de pés de sorgo em cm em dois plantios com 50 plantas cada uma. Qual das duas amostras apresenta menor variabilidade?

-Amostra 1: $n_1 = 50, \quad \overline{x}_1 = 220,80 \text{ cm} \quad \text{e} \quad S_1 = 22,50 \text{ cm},$

$$C.V. = \frac{22,50}{220,80} \times 100(\%) = 10,20\%$$

-Amostra 2: $n_2 = 50, \quad \overline{x}_2 = 270,50 \text{ cm} \quad \text{e} \quad S_2 = 23,50 \quad \text{cm},$

$$C.V. = \frac{23,50}{270,50} \times 100(\%) = 8,70\%$$

Se as alturas médias fossem as mesmas, é claro que a segunda amostra teria maior dispersão. Para resolver esta situação usamos o coeficiente de variação.

Sendo assim, pelo C.V. vê-se que a dispersão é menor na 2ª amostra, isto é, nessa amostra os dados são mais homogêneos, pois o C.V. foi menor.

A.2.3 Exemplo 3: Um Agrônomo conduziu uma pesquisa no Rio Grande do Norte para comparar a dispersão entre a produtividade de cana-de-açúcar em t/ha e a temperatura média diária em graus Celsius. Verifique em qual dos dois conjuntos de dados ocorreu menor variabilidade relativa.

Amostra 1: $\overline{x}_1 = 80,80 \text{ t/ha}$ e $S_1 = 10,00 \text{ t/ha}$,

$$C.V. = \frac{10,00}{80,80} \times 100(\%) = 12,40\%$$

Amostra 2: $\overline{x}_2 = 30,00 \text{ °C}$ e $S_2 = 2,60 \text{ °C}$,

$$C.V. = \frac{2,60}{30,00} \times 100(\%) = 8,70\%$$

Verifica-se, portanto que o conjunto de dados da temperatura média diária no RN é mais homogêneo ou possui uma menor dispersão relativa que a amostra da produtividade de cana-de-açúcar em t/ha, pois apresentou um menor valor para o coeficiente de variação.

B COEFICIENTE DE VARIAÇÃO DE THORNDIKE [CV_T]

Esse coeficiente de variação é igual ao quociente entre o desvio padrão e a mediana.

$$CV_T = \frac{S}{M_d} \times 100(\%)$$ (TOLEDO e OVALLE, 1987).

B.1 Exemplo. Calcular o coeficiente de variação de Thorndike para a distribuição relativa ao consumo de água potável em litros de 80 famílias de uma comunidade rural do município de Mossoró, RN, durante o mês de 2007. Os dados são os seguintes: S = 31,98 litros /dia; Md = 77,31 litros/dia.

$$CV_T = \frac{31,98}{77,31} \times 100(\%) = 41,37\%$$

C COEFICIENTE DE VARIAÇÃO QUARTÍLICO [CV_Q]

Esse coeficiente é definido pela seguinte expressão.

$$CV_Q = \frac{Q_3 - Q_1}{Q_3 + Q_1} \times 100(\%)$$

C.1 Exemplo. Calcular o coeficiente quartílico de variação para o consumo de água potável de 80 famílias de uma comunidade rural.

No exemplo, inicialmente foram calculados o primeiro e o terceiro quartis, cujos valores são. Q_3 = 99,29 litros/dia; Q_1 = 59,29 litros/dia.

$$CV_Q = \frac{99,29 - 59,29}{99,29 + 59,29} = \frac{40}{158,58} = 0,252 = 25,20\%$$

D DESVIO QUARTIL REDUZIDO [D_{q_r}]

O desvio quartil é uma medida de dispersão relativa resultante do quociente entre o desvio quartil reduzido e a mediana, ou seja.

$$D_{q_r} = \frac{D_q}{M_d} = \frac{\frac{Q_3 - Q_1}{2}}{M_d} = \frac{Q_3 - Q_1}{2M_d} \times 100(\%)$$

D.1 Exemplo. Calcular o desvio quartil reduzido da distribuição referente ao consumo diário de água potável de 80 famílias de uma comunidade rural.

$$D_q = \frac{99,29 - 59,29}{2} = 20 \text{ litros/dia; } M_d = 77,31 \text{ litros/dia}$$

$$D_{q_r} = \frac{D_q}{M_d} \times 100 = \frac{20}{77,31} \times 100 = 25,87\%$$

E ESQUEMA DOS CINCO PONTOS

O esquema dos cinco pontos de um conjunto de dados consiste na menor observação, no primeiro quartil, na mediana (segundo quartil), no terceiro quartil e na maior observação, inscritos do menor para o maior. Em símbolos, o esquema dos cinco pontos é dado por:

Tabela 68: Tabela mostrando o esquema dos cinco pontos.

MÍNIMO	Q_1	M_d	Q_3	MÁXIMO

Fonte: Dados fictícios.

Ou ainda podemos representar assim:

Tabela 69: Tabela mostrando o esquema dos cinco pontos.

		n	
Md		q_2	
q	q_1		q_3
E	$X_{(1)}$		$X_{(n)}$

Esses cinco pontos oferecem uma descrição razoavelmente completa do centro e da dispersão.

F DIAGRAMAS EM CAIXAS, "BOX PLOT", DESENHO ESQUEMÁTICO OU "BOX-AND-WISKERS"

F.1. INTRODUÇÃO

O esquema dos cinco números de uma distribuição conduz a um novo tipo de gráfico, ou seja, pode ser traduzido graficamente num diagrama denominado de diagrama em caixas ("box plot").

Os diagramas em caixas podem ser traçados horizontalmente ou verticalmente. E não deixe de incluir uma escala numérica no gráfico. No "box plot" podem-se extrair as seguintes características de um conjunto de dados: localização, dispersão, (as)simetria e pontos discrepantes (outliers), isto é valores anômalos ou aberrantes ou discrepantes dos demais valores, o qual em um gráfico é uma ou mais observações individuais que se situam fora do padrão global desse gráfico.

Para construir este diagrama, consideraremos um retângulo onde estão representados a mediana e os quartis. A partir do retângulo, para cima, segue uma linha até o ponto mais remoto que não exceda LS = q_3 + (1,5) d_q, chamado de limite superior, em que q_3 é o terceiro quartil e d_q é o desvio quartílico. De forma semelhante, da parte inferior do retângulo, para baixo, segue uma linha até o ponto mais remoto que não seja menor do que LI = q_1 – (1,5)$d_{q,}$ chamado de limite inferior. Os valores compreendidos entre esses dois limites são chamados valores adjacentes. As observações que estiverem acima do limite superior ou abaixo o limite inferior estabelecidos serão denominadas pontos exteriores e representadas por meio de asteriscos. Essas são observações destoantes das demais e podem ou não ser o que chamamos de outliers ou valores atípicos ou valores aberrantes.

O diagrama em caixa, como já comentado dá uma ideia de medida de posição e de medidas de dispersão, de assimetria, de caudas e dados discrepantes. A posição central é dada pela mediana e a dispersão pelo desvio quartil (d_q). As posições relativas de q_1, q_2 e q_3 (primeiro, segundo e terceiro quartis) dão uma noção da assimetria da distribuição. Os comprimentos das caudas são dados pelas linhas que vão do retângulo aos valores remotos e pelos valores aberrantes ou "outliers".

Ao estudar o “box plot”, localize primeiro a média e a mediana, que assinala o centro da distribuição. Analise em seguida a dispersão. Os quartis mostram a dispersão da metade central dos dados e os extremos (a menor e a maior observação) mostram a dispersão de todo o conjunto de dados. O espaçamento dos quartis e dos extremos em relação à mediana dá uma indicação da simetria ou da assimetria da distribuição. Em uma distribuição simétrica, o primeiro e o terceiro quartis estão a mesma distância da mediana e da média. Por outro lado, na maioria das distribuições assimétricas à direita, o terceiro quartil está mais afastado da mediana (para à direita) do que o primeiro quartil (para à esquerda). Os extremos se comportam da mesma maneira, mas não devemos esquecer que eles são apenas observações isoladas, pouco podendo dizer-nos sobre a distribuição como um todo.

Como os diagramas em caixa apresentam menos detalhes do que os histogramas os gráficos ramos e folhas são mais utilizados para comparar distribuições lado a lado.

Um “box plot” é mostrado na Figura 16, onde pode-se observar a localização dos valores extremos ou atípicos.

Todos os valores da amostra que não pertencem ao intervalo delimitado pelos limites do menor valor não “outlier” e do maior valor não “outlier”, são denominados de “outliers”, e classificam-se de acordo com Murteira et. al., 2001.

“Outliers” severos inferiores: são valores inferiores a $Q_1 - 3(Q_3 - Q_1)$;

“Outliers” severos superiores: são valores superiores a $Q_3+3(Q_3 -Q_1)$;

“Outliers” moderados inferiores: são valores inferiores a $Q_1 - 1,5(Q_3 - Q_1)$ e, moderados superiores a $Q_1 + 1,5(Q_3 - Q_1)$.

Figura 16: "Box plot", gráfico ou diagrama em caixa.

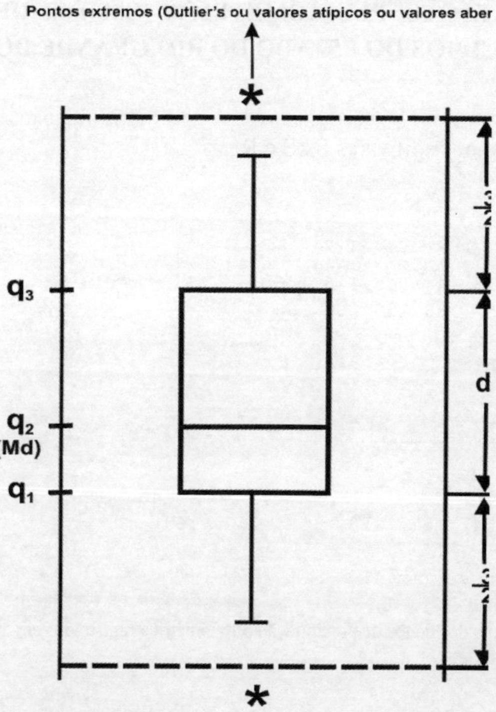

Fonte: Dados fictícios.

Na figura 17 abaixo é exibido alguns box plot genéricos, juntamente com as formas usuais de distribuições de frequências.

Figura 17: Diagramas em caixas correspondentes às distribuições de frequências em forma de sino, uniforme e assimétrica.

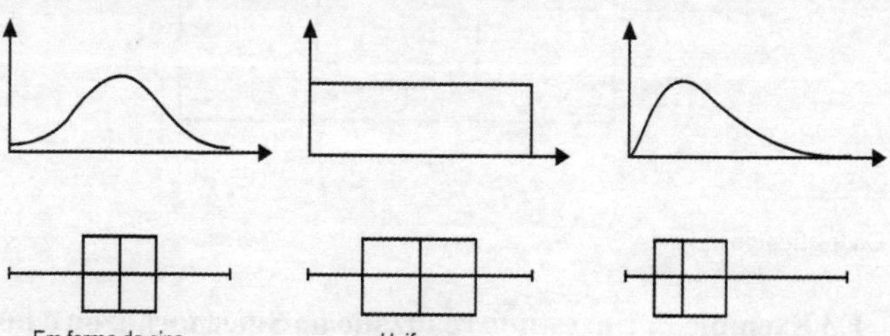

Fonte: Dados fictícios.

F.2 Exemplo 1: VARIÁVEL X_i = DADOS REFERENTES AO ÍNDICE DE PRECIPITAÇÃO PLUVIOMÉTRICA (EM mm DE CHUVA) EM 20 MUNICÍPIOS DO ESTADO DO RIO GRANDE DO NORTE (RN).

Exercício resolvido nos softwares SAS e R.

```
data HISTOGRAMA;
input DADOS @@;
cards;
141 141 141 142 142 143 144 145 146 146
150 150 151 152 154 157 158 159 160 160
;
proc univariate data=HISTOGRAMA plot;
histogram;
run;
ods html classe; ods html; run;
```

```
GC <- c(141, 141, 141, 142, 142, 143, 144, 145, 146, 146,
150, 150, 151, 152, 154, 157, 158, 159, 160, 160)

boxplot(GC, ylab = "Chuva (mm)")
```

Figura 18: Box plot representativo dos dados de precipitação pluviométrica registrados em 20 municípios no Rio Grande do Norte.

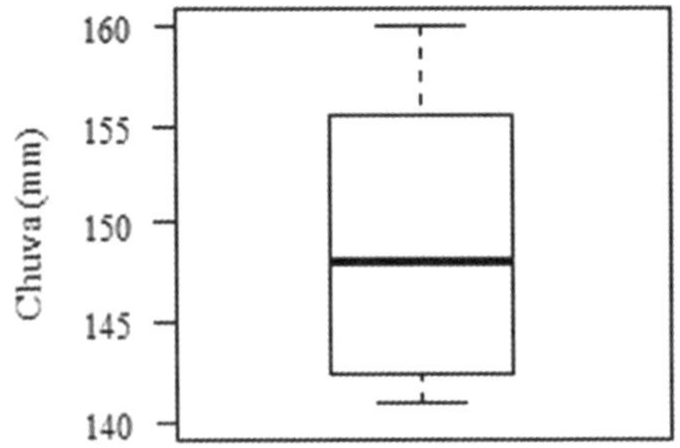

Fonte: Dados fictícios.

F.3 Exemplo 2: Um estudo realizado na Suíça focalizou o número de Histerectomias (remoção do útero) realizadas por 15 médicos (homens) e por 10 Médicas (mulheres) em um ano. Os dados em ordem

crescente são os mostrados abaixo para uma amostra de 15 médicos e 10 médicas. Determine dois diagramas em caixa ou box plot para essas duas amostras e disponha os dois gráficos lado a lado em uma mesma figura. (MOORE, 2005).

n_1 = 15 médicos: {20, 25, 25, 27, 28, 31, 33, 34, 36,37, 44, 50, 59, 85, 86}
n_2 = 10 médicas: {5, 7, 10, 14, 18, 19, 25, 29, 31, 33}

Figura 19: Diagramas em caixa, lado a lado, comparando o número de histerectomias realizadas por médicos suíços em um ano.

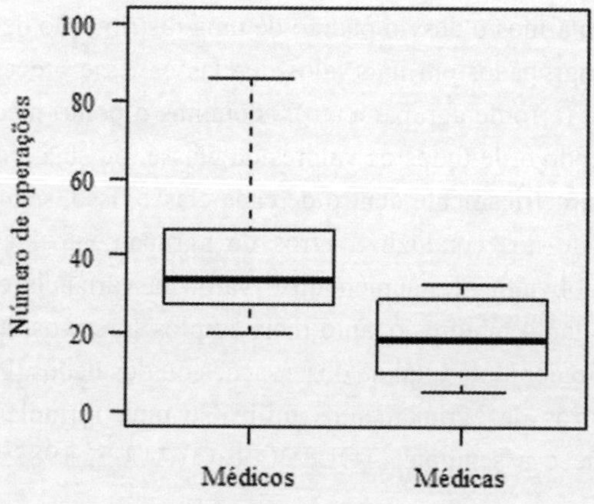

Fonte: Dados fictícios.

13.3.5 CONTROLE DE CHARLIER

O controle de Charlier tem por finalidade verificar a exatidão do cálculo efetuado da média e da variância ou do desvio padrão principalmente quando esses cálculos são realizados por meio dos processos breves ou abreviados (desvio em classes) de cálculo de determinação dessas medidas em uma tabela de frequência. O controle de Charlier, para o cálculo dos momentos pelo processo abreviado (desvios em classe) consiste ou utilizam-se as seguintes identidades (TOLEDO; OVALLE, 1987; SPIEGEL, 2000).

$$\sum f(d_i + 1) = \sum fd_i + \sum f = \sum fd_i + n$$

$$\sum f(d_i + 1)^2 = \sum f(d_i^2 + 2d_i + 1) = \sum fd_i^2 + 2\sum fd_i^2 + \sum f = \sum fd_i^2 + 2\sum fd_i^2 + n.$$

$$\sum f(d_i + 1)^3 = \sum fd_i^3 + 3\sum fd_i^2 + 3\sum fd_i + n$$

$$\sum f(d_i + 1)^4 = \sum fd_i^4 + 4\sum fd_i^3 + 6\sum fd_i^2 + 4\sum fd_i + n$$

13.3.6 CORREÇÃO DE SHEPPARD

Ao calcularmos o desvio padrão de uma distribuição de freqüência com os dados agrupados em intervalos de classes, esse processo conduz a um certo erro (erro de agrupamento), adotamos o ponto médio de cada classe como sendo o de todos os valores da classe, ou seja, que os dados se distribuem simetricamente dentro de cada classe. Isso, segundo alguns estatísticos, pode nos conduzir a erros de agrupamentos. Os erros de agrupamentos, obviamente, aumentam o valor da variância e do desvio padrão e serão tanto maiores quanto mais amplos forem os intervalos de classe e menor o conjunto total de observações ou dos dados. Para corrigir os possíveis erros de agrupamentos utiliza-se uma fórmula criada por Sheppard e que é a seguinte (TOLEDO e OVALLE, 1987; SPIEGEL, 2000).

$$\sigma_c = \sqrt{\sigma^2 - \frac{c^2}{12}}$$

em que σ_c: desvio padrão corrigido; σ : desvio padrão; c: amplitude do intervalo de classe.

O termo corretivo $\frac{c^2}{12}$, que é subtrativo, é denominado correção de Sheppard e é usado para distribuições de variáveis contínuas, cujas extremidades tendem gradualmente para zero em ambas as direções.

Não há unanimidade entre os estatísticos sobre a conveniência ou não da aplicação da correção de Sheppard. Os pesquisadores da linha matemática recomendam aplicá-la somente quando conhecemos os dados primitivos, ou seja, um exame completo da situação, o que nos permitirá um exame profundo da situação da distribuição de valores. No entanto é preferível não aplicá-la, pois raramente se tem acesso aos dados primitivos, e a aplicação da correção de Sheppard pode, não somente, supercorrigir o valor da variância, como também substituir erros existentes por novos erros. As correções de Sheppard para os momentos são as seguintes:

$$m_2 \text{ corrigido} = m_2 - \frac{1}{12}c^2;$$

$$m_4 \text{ corrigido} = m_4 - \frac{1}{2}c^2 m_2 + \frac{7}{240}c^4.$$

Os momentos de primeira e terceira ordens, m_1 e m_3 respectivamente, não necessitam de correção.

14

MEDIDAS DE ASSOCIAÇÃO ENTRE VARIÁVEIS

No contexto de pesquisa, geralmente não se mede apenas uma variável do objeto em estudo. Na maioria das vezes, os pesquisadores medem duas ou mais variáveis e estão interessados em verificar se existe alguma relação entre elas (COOK et al., 2004). Técnicas estatísticas baseadas em apenas uma variável são chamadas univariadas. Nesta seção serão discutidas técnicas bivariadas (que envolvem duas variáveis), como covariância e correlação para variáveis quantitativas.

14.1 COVARIÂNCIA

A covariância é uma medida de associação linear entre as variáveis. Por definição, é a média dos produtos dos desvios (valor menos a média) de cada variável em relação a sua média. Assim, se para duas variáveis para as quais se deseja calcular a covariância, ocorrer maior número de desvios com sinal positivo, a covariância entre elas será positiva, caso contrário será negativa, como mostrado na Figura 20.

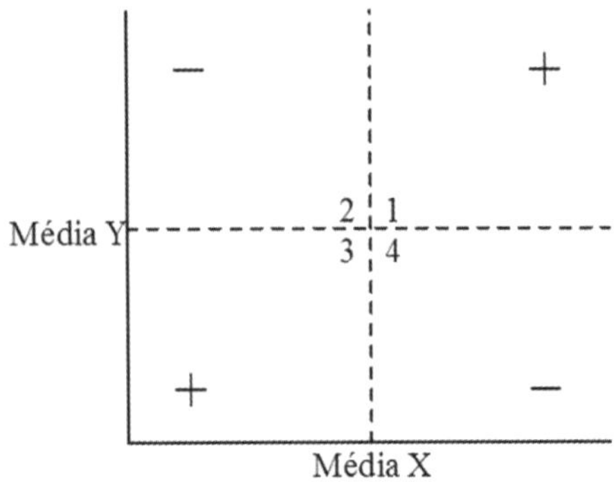

Figura 20. Estrutura de um diagrama de dispersão entre X e Y dividida em quadrantes pelas médias.

Observe que se fizermos o produto entre um desvio positivo de X e um desvio positivo de Y, obteremos um resultado também positivo. O mesmo ocorre se fizermos o produto entre dois desvios negativos. Sendo assim, se para X e Y um diagrama de dispersão for feito e observarmos que a maioria dos valores encontram-se nos quadrantes 1 e 3, significa dizer que a covariância entre estas variáveis é positiva. Por outro lado, se a maior parte dos pontos se situarem nos quadrantes 2 e 4, a covariância será negativa. Mas se não for possível observar uma das distribuições de pontos descritas, ou seja, se os pontos são distribuídos de modo aleatório nos quatro quadrantes, provavelmente a covariância é próxima de zero, isto é, há pouca ou nenhuma associação linear entre X e Y.

Como o leitor deve ter percebido, a variância é um caso particular da covariância (digamos variância conjunta). Isso porque a variância de uma variável é simplesmente a covariância desta variável com ela mesma.

Podemos perceber também que covariância, depende da escala de medição das variáveis. Por exemplo, se X for medida em metros e Y em quilos, a covariância de X e Y é dada em metros × quilos. Sendo assim, a covariância é uma medida definida em todo o conjunto dos reais, o que não é uma boa propriedade para uma medida de associação, uma vez que a interpretação dos valores dessa estatística é bastante restrita e pouco clara sobre esse relacionamento. Suponha, por exemplo, que tenhamos calculado uma covariância no valor de 1250 para X e Y. De posse apenas dessa informação, não podemos dizer se as variáveis estão ou não relacionadas, isto é, sabe-se que se houver alguma relação ela será positiva, mas não se tem ideia da intensidade dessa relação. Agora considere uma terceira variável Z, cuja covariância com X assume o valor 1100. Então, poderemos dizer que a associação de Y com X é mais forte que a de Z com X, mas ainda não saberemos se 1250 significa forte associação linear.

A simbologia usada para a covariância é semelhante a da variância: Para a população: σ_{XY} e para a amostra: S_{XY}, entre duas variáveis X e Y.

A.1 PARA A POPULAÇÃO

Sejam $\{X_1, X_2,..., X_N\}$ dados de uma população X e $\{Y_1, Y_2,..., Y_N\}$ de uma população Y.

$$\sigma_{XY} = \frac{\sum_{i=1}^{N}(X_i - \mu_X)(Y_i - \mu_Y)}{N} = \frac{\sum_{i=1}^{N} X_i Y_i - N\mu_X\mu_Y}{N} = \frac{\sum_{i=1}^{N} X_i Y_i - \frac{\left(\sum_{i=1}^{N} X_i \sum_{i=1}^{N} Y_i\right)}{N}}{N}$$

A.2 PARA A AMOSTRA

Sejam $\{x_1, x_2,..., x_n\}$ dados de uma amostra da população X e $\{y_1, y_2,..., y_n\}$ de uma população Y.

$$S_{XY} = \frac{SPD_{XY}}{G.L.} = \frac{\sum_{i=1}^{n}(x_i - \overline{x})(y_i - \overline{y})}{n-1} = \frac{\sum_{i=1}^{n} x_i y_i - n\overline{xy}}{n-1} = \frac{\sum_{i=1}^{n} x_i y_i - \frac{\left(\sum_{i=1}^{n} x_i\right)\left(\sum_{i=1}^{n} y_i\right)}{n}}{n-1}$$

Em que SPD_{XY} é a soma de produtos cruzados dos desvios de X e Y em relação as suas respectivas médias; G.L. é o número de graus de liberdade ou correção de Bessel, dado por n-1, visto anteriormente na seção sobre variância.

Exemplo: Seja uma amostra do diâmetro (cm) e do peso do colmo (cm) de 6 plantas de cana-de-açúcar, medidas em uma pesquisa. Determine para esses dados o valor da covariância entre peso e diâmetro do colmo.

Definamos: X : diâmetro do colmo em cm, Y : peso do colmo em kgf.

Tabela 70: Dados referentes ao diâmetro (cm) e ao peso do colmo (kgt) de 6 plantas de cana-de-açúcar, medidas em uma pesquisa.

Índice	Diâmetro (X)	Peso (Y)	XY
1	3,04	14,60	44,38
2	2,85	14,02	39,96
3	2,90	14,23	41,27
4	3,03	14,45	43,78
5	2,91	14,34	41,73
6	2,95	14,35	42,33
Soma	17,68	85,99	253,4534

Fonte: Dados fictícios.

Temos que:

$$S_{XY} = \frac{253,4534 - \frac{(17,68)(85,99)}{6}}{6-1} \approx 0,0139 \text{ cm} \times \text{kgf}$$

Que é próximo de zero, mas isso não indica baixa associação linear entre as variáveis, pois lembre-se que a covariância depende da escala das variáveis. Aliás, esse valor (0,0139) poderia até mesmo indicar forte associação entre X e Y, entretanto a covariância não nos permite afirmar nem uma coisa nem outra. Veremos mais adiante que a correlação é uma medida mais eficiente para esse propósito.

Como pode ser observado no diagrama de dispersão a seguir, a maioria dos pontos situam-se nos quadrantes 1 e 3 antes comentados, indicando que a relação é positiva, isto é, quanto maior o diâmetro do colmo, maior o seu peso.

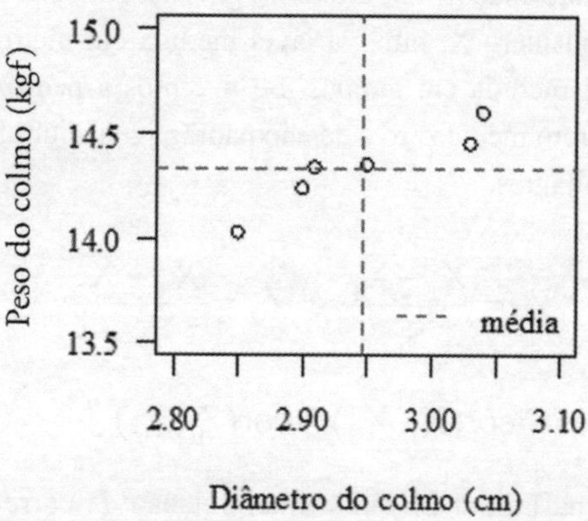

14.2 CORRELAÇÃO DE PEARSON

Assim como a covariância, o coeficiente de correlação linear de Pearson é uma medida de associação linear entre duas variáveis contínuas, mas, diferentemente da covariância, a correlação elimina o efeito das diferentes unidades de medida das variáveis, sendo assim adimensional, variando no intervalo fechado [-1, 1], no qual o valor -1 indica relação negativa perfeita entre as variáveis, 1 indica relação positiva perfeita e o valor zero indica nenhuma relação linear entre as variáveis.

Perceba então que é bem mais fácil e imediato verificar se duas variáveis estão linearmente relacionadas e ainda saber a força dessa associação, se temos em mãos um índice de intervalo conhecido e fechado que com uma medida que varia nos reais (como a covariância). Por exemplo, se tivermos unicamente a informação de que duas variáveis apresentam correlação de -0,85, imediatamente saberemos que essas variáveis são linearmente, fortemente e negativamente correlacionadas, não sendo necessário comparar este valor com nenhum outro para tomar tal conclusão.

É importante salientar que, como a correlação não é afetada pelas unidades de medida, a mesma fica sendo invariante à transformações de dados, isto é, transformações não alteram o grau nem o sentido da correlação. Por exemplo, considere X_1 uma variável medida em metros quadrados e X_2 uma variável medida em gramas. Se fizermos a padronização dessas variáveis para terem média zero e desvio padrão igual a unidade, formando as variáveis resultantes.

$$Z_1 = \frac{X_1 - \bar{X}_1}{S_1} \text{ e } Z_2 = \frac{X_2 - \bar{X}_2}{S_2},$$

veremos que: $\text{cor}(X_1, X_2) = \text{cor}(Z_1, Z_2)$.

Observe na Figura 21 que a interpretação da correlação pode ser feita rapidamente, mas com a devida cautela. Se considerarmos duas variáveis X e Y em cada gráfico da figura, temos que:

- Em (A) a correlação é positiva perfeita, indicando que a medida que X aumenta, Y também aumenta e que, em termos de variabilidade, uma variável "explica" a outra.
- Em (B) a correlação assume um valor de 0,75, indicando associação linear moderada a forte.
- Em (C) a correlação é quase nula, isto é, X e Y tem pouca ou nenhuma relação.
- (D) merece atenção especial, pois representa uma situação na qual é comum cometerem-se erros de interpretação. Perceba que as variáveis tem, claramente, uma associação entre elas, mas que não é **linear**. Logo, utilizar o coeficiente de correlação de Pearson para medir a associação entre essas variáveis seria um equívoco, pois o mesmo assumiria um valor próximo de zero, indicando, erroneamente, que não existe relação entre as variáveis. O coeficiente de correlação de Pearson somente detecta relação linear.
- (E) e (F) são casos semelhantes a (A) e (B), respectivamente, só que agora o sentido da correlação é diferente, isto é, X e Y são negativamente correlacionadas; quando uma aumenta, a outra diminui.

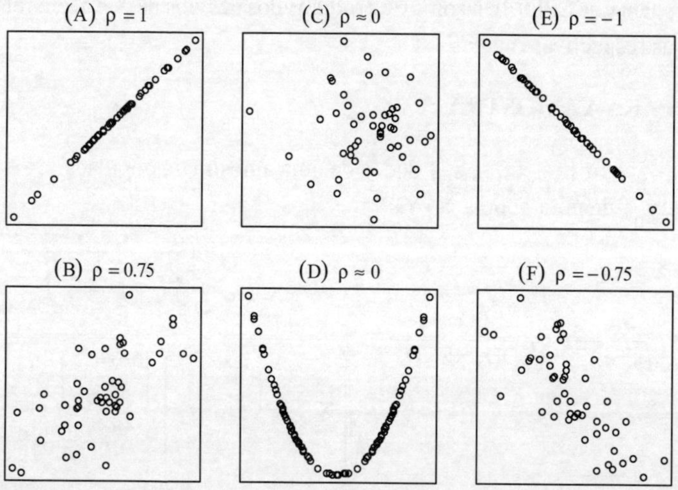

Figura 21. Representação gráfica da correlação para seis típicos diagramas de dispersão.

O leitor deve ter percebido que os diagramas de dispersão são muito úteis nesse contexto da pesquisa. De fato, o primeiro passo no estudo da relação entre variáveis, principalmente contínuas, deve ser o exame gráfico da variabilidade conjunta delas. Veja os apêndices SOFTWARE R e SAS para saber quais funções são úteis nesses casos.

A simbologia usada para a correlação é: Para a população: ρ_{XY} e para a amostra: r_{XY}, entre duas variáveis X e Y.

B.1. PARA A POPULAÇÃO

Sejam $\{X_1, X_2,..., X_N\}$ dados da população X e $\{Y_1, Y_2,..., Y_N\}$ da população Y.

$$\rho_{XY} = \frac{\sigma_{XY}}{\sqrt{\sigma_X^2 \times \sigma_Y^2}} = \frac{SPD_{XY}}{\sqrt{SQD_X \times SQD_Y}} = \frac{\sum_{i=1}^{N} X_i Y_i - \frac{\left(\sum_{i=1}^{N} X_i\right)\left(\sum_{i=1}^{N} Y_i\right)}{N}}{\sqrt{\left(\sum_{i=1}^{N} X_i^2 - \frac{\left(\sum_{i=1}^{N} X_i\right)^2}{N}\right) \times \left(\sum_{i=1}^{N} Y_i^2 - \frac{\left(\sum_{i=1}^{N} Y_i\right)^2}{N}\right)}}$$

em que SPD_{XY} é a soma de produtos dos desvios de X e Y em relação as suas respectivas médias.

B.2. PARA A AMOSTRA

Sejam $\{x_1, x_2, \ldots, x_n\}$ dados de uma amostra da população X e $\{y_1, y_2, \ldots, y_n\}$ de uma população Y.

$$r_{XY} = \frac{S_{XY}}{\sqrt{S_X^2 \times S_Y^2}} = \frac{SPD_{XY}}{\sqrt{SQD_X \times SQD_Y}} = \frac{\sum_{i=1}^{n} x_i y_i - \frac{\left(\sum_{i=1}^{n} x_i\right)\left(\sum_{i=1}^{n} y_i\right)}{n}}{\sqrt{\left(\sum_{i=1}^{n} x_i^2 - \frac{\left(\sum_{i=1}^{n} x_i\right)^2}{n}\right) \times \left(\sum_{i=1}^{n} y_i^2 - \frac{\left(\sum_{i=1}^{n} y_i\right)^2}{n}\right)}}$$

Exemplo: considere os mesmos dados de cana-de-açúcar do exemplo anterior (seção sobre covariância, Tabela 70).

Tem-se que:

$$S_{XY} = \frac{253,4534 - \frac{(17,68)(85,99)}{6}}{6-1} \approx 0,0139 \text{ cm} \times \text{kg}$$

$$S_X^2 = \frac{52,1256 - \frac{(17,68)^2}{6}}{6-1} \approx 0,0057 \text{ cm}^2$$

$$S_Y^2 = \frac{1232,574 - \frac{(85,99)^2}{6}}{6-1} \approx 0,0387 \text{ kg}^2$$

Logo,

$$r_{XY} = \frac{S_{XY}}{\sqrt{S_X^2 \times S_Y^2}} = \frac{0,0139}{\sqrt{0,0057 \times 0,0387}} \approx 0,93$$

Que significa forte associação linear positiva entre X e Y, isto é, entre o diâmetro e o peso do colmo.

No software R, a correlação entre peso e altura pode ser obtida com os comandos:

```
diam <- c(3.04, 2.85, 2.90, 3.03, 2.91, 2.95)

peso <- c(14.6, 14.02, 14.23, 14.45, 14.34, 14.35)

cor(diam, peso)
```

NOTA: se há mais que duas variáveis à serem correlacionadas, a função `cor()` irá computar as correlações entre todos os pares. No SAS, o *proc corr* fará o mesmo.

No software SAS, a correlação entre peso e altura pode ser obtida com os comandos:

```
data A;
input X Y;
cards;
3.04 14.6
2.85 14.02
...
2.95 14.35
;
proc corr data=A;
   var X Y;
run;
```

14.3 CORRELAÇÕES NÃO PARAMÉTRICAS

O coeficiente de correlação de Pearson é indicado para o caso de variáveis normalmente distribuídas ou, pelo menos, contínuas. Entretanto, a correlação de Pearson é muito sensível à desvios da normalidade e assim como a média aritmética e a variância, também é sensível a valores extremos, principalmente quando o tamanho amostral é pequeno. Duas medidas de associação mais robustas para dados que fogem a essas especificações são os procedimentos não paramétricos: correlação de Spearman e correlação de Kendall.

14.3.1 CORRELAÇÃO DE SPEARMAN

A estatística ρ (rho) de Spearman baseia-se na correlação entre "ranks" ou postos das variáveis. Sendo assim, é indicado para variáveis que sejam, no mínimo, ordinais, de forma que seja possível atribuir ranks aos seus valores.

Para realizar o procedimento, primeiro é preciso por os dados de cada variável em rol, do menor para o maior, atribuído ranks de 1 a n de acordo com a magnitude do valor assumido pela variável. Para duas variáveis X e Y, seja R_i o i-ésimo rank atribuído a observação x_i e S_i o i-ésimo rank atribuído a observação y_i. Quando ocorrem empates entre dois valores originais, devemos utilizar um rank médio para esses valores. Por exemplo, se o quinto e sexto valores de X são iguais, ambos recebem o rank 5,5, que é a média entre 5 e 6. O próximo passo é simplesmente aplicar a conhecida fórmula da correlação de Pearson utilizando não mais os dados originais de X e Y, mas sim os ranks atribuídos a cada uma delas. Assim, tem-se:

$$\rho = \frac{SPD_{RS}}{\sqrt{SQD_R \times SQD_S}} = \frac{\sum_{i=1}^{n} R_i S_i - \frac{\left(\sum_{i=1}^{n} R_i\right)\left(\sum_{i=1}^{n} S_i\right)}{n}}{\sqrt{\left(\sum_{i=1}^{n} R_i^2 - \frac{\left(\sum_{i=1}^{n} R_i\right)^2}{n}\right) \times \left(\sum_{i=1}^{n} S_i^2 - \frac{\left(\sum_{i=1}^{n} S_i\right)^2}{n}\right)}}$$

Em que SPD_{RS} é a soma de produtos dos desvios dos ranks R e S em relação as suas respectivas médias. SQD_R e SQD_S são as somas de quadrados de desvios dos ranks R e S, respectivamente, em relação as suas médias.

Interpretação

Correlações ordinais tais como a de Spearman e a de Kendall (próxima seção) não devem ser interpretadas do mesmo modo que as correlações de Pearson. Bunchaft e Kellner (1999) afirmam que elas não apresentam necessariamente tendência linear, mas podem ser consideradas como índices de monotonicidade, isto é, quando a correlação assume valor positivo significa que aumentos no valor de uma variável estão relacionados com aumentos no valor da outra variável, mas não necessariamente aumentos lineares como na correlação de Pearson. Obviamente, quando assumem valores negativos, o oposto ocorre.

O intervalo de variação é o mesmo da correlação de Pearson, ou seja: $-1 \le \rho \le 1$.

Exemplo: considere uma amostra do peso do colmo (kg) e da altura (m) de 6 plantas de cana-de-açúcar, cuja correlação de Pearson é de aproximadamente 0,84. Calcule a correlação de Spearman entre essas duas variáveis.

Tabela 71: Dados referentes ao peso do colmo (kgt) e à altura (m) de 6 plantas de cana-de-açúcar, medidas em uma pesquisa.

Índice	Peso (X)	Rank X (R)	R^2	Altura (Y)	Rank Y (S)	S^2	R×S
1	14,60	6	36	2,15	6	36	36
2	14,02	1	1	1,45	1	1	1
3	14,23	2	4	1,60	2,5	6,25	5
4	14,45	5	25	1,60	2,5	6,25	12,5
5	14,34	3	9	1,73	4	16	12
6	14,35	4	16	1,76	5	25	20
Soma	--	21	91	--	21	90,5	86,5

Fonte: Dados fictícios.

Temos que:

$$\rho = \frac{86,5 - \frac{(21)(21)}{6}}{\sqrt{\left(91 - \frac{(21)^2}{6}\right) \times \left(90,5 - \frac{(21)^2}{6}\right)}} \approx 0,75$$

Esse valor é inferior ao obtido com o coeficiente de correlação de Pearson (0,84). De fato, pois se observarmos o diagrama de dispersão das variáveis peso do colmo e altura da planta, veremos que há um valor discrepante que, provavelmente, está fazendo com que a relação seja superestimada, o que não ocorre com o coeficiente de Spearman.

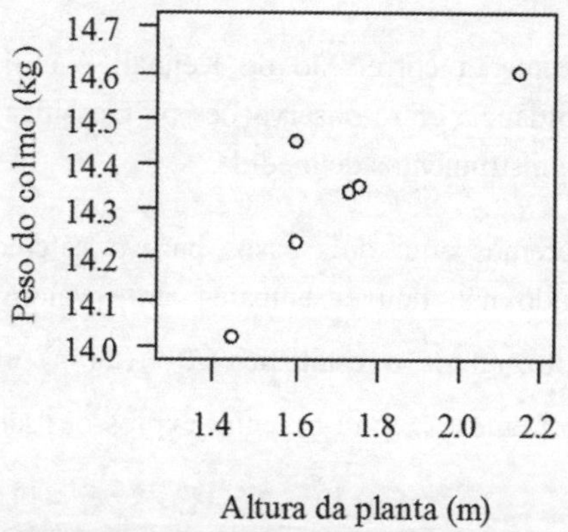

No software R, o exemplo pode ser resolvido com os seguintes comandos:

```
peso <- c(14,6; 14,02; 14,23; 14,45; 14,34; 14,35)
altu <- c(2,15; 1,45; 1,60; 1,60; 1,73; 1,76)
cor(pesp, altu, method = "spearman")
```

NOTA: Para atribuir ranks aos dados originais, utilize a função `rank()`.

Para resolver no SAS, utilize os mesmos comandos da seção 13.2, alterando apenas o método, da seguinte forma

```
proc corr data=A spearman;
  var X Y;
run;
```

14.3.2 CORRELAÇÃO DE KENDALL

Assim como para as duas medidas de correlação vistas, para aplicação da correlação não paramétrica de Kendall é necessário que as variáveis X e Y em consideração sejam quantitativas, isto é que sejam, no mínimo, medidas em uma escala ordinal. Entretanto, a correlação de Kendall é calculada e definida de modo bem diferente daquela de Spearman, apesar dessas duas correlações frequentemente produzirem resultados semelhantes.

Geralmente, a correlação de Kendall é utilizada para medir o grau de concordância entre observações ou classificações feitas por dois avaliadores ou instrumentos de medida.

Abordaremos aqui dois casos para o cálculo da correlação de Kendall: quando não houver empates entre valores de cada variável envolvida, utilizaremos a estatística τ_A (tau-a) e quando houverem empates, utilizaremos τ_B (tau-b), cujas expressões são dadas por:

$$\tau_A = \frac{C-D}{k} = \frac{C-D}{\binom{n}{2}} = \frac{C-D}{\frac{n(n-1)}{2}}$$

$$\tau_B = \frac{C-D}{\sqrt{(k-E_X)\times(k-E_Y)}}$$

Em que:

n: número de pares de valores;

$k = \binom{n}{2} = \frac{n!}{2!(n-2)!}$: total de combinações distintas de n valores tomados 2 a 2.

C: número de classificações concordantes: $X_i > X_j$ e $Y_i > Y_j$ ou $X_i < X_j$ e $Y_i < Y_j$;

D: número de classificações discordantes: $X_i > X_j$ e $Y_i < Y_j$ ou $X_i < X_j$ e $Y_i > Y_j$;

k : total de comparações possíveis entre n dados de cada variável;

E_X e E_Y : número de empates em X e em Y, respectivamente.

Perceba que, quando não há empates, $\tau_A = \tau_B$. Quando ocorrem empates, τ_B apresenta valores maiores que τ_A, como forma de compensação do número efetivo (k) de comparações possíveis da(s) variável(is) na(s) qual(is) ocorre(m) empate(s).

A interpretação da correlação de Kendall é semelhante a de Spearman, embora não sejam comparáveis numericamente.

O intervalo de variação é o mesmo da correlação de Pearson e Spearman, ou seja: $-1 \leq \tau \leq 1$.

Exemplo 1: considere uma amostra de n = 5 parcelas experimentais nas quais foi avaliado o percentual de infestação por plantas daninhas após aplicação de dois tipos diferentes de herbicida.

Parcela	1	2	3	4	5
Tipo 1 (X)	13,0	7,5	12,2	14,3	10,0
Tipo 2 (Y)	8,5	7,0	8,0	7,7	7,5

Como n = 5, o número total de comparações em cada variável é $k = \dfrac{5(5-1)}{2} = 10$, como listadas a seguir:

Comparação em X	Comparação em Y	Concordante	Discordante
13,0 > 7,5	8,5 > 7,0	1	0
13,0 > 12,2	8,5 > 8,0	1	0
13,0 < 14,3	8,5 > 7,7	0	1
13,0 > 10,0	8,5 > 7,5	1	0
7,5 < 12,2	7,0 < 8,0	1	0
7,5 < 14,3	7,0 < 7,7	1	0
7,5 < 10,0	7,0 < 7,5	1	0
12,2 < 14,3	8,0 > 7,7	0	1
12,2 > 10,0	8,0 > 7,5	1	0
14,3 > 10,0	7,7 > 7,5	1	0
		C = 8	D = 2

Logo,

$$\tau_A = \frac{8-2}{10} = 0,60$$

Um método equivalente de obter C e D que pode ser mais prático, consiste em:

1) Construir uma tabela com 4 linhas e n colunas;

2) Colocar em ordem crescente os dados de X na primeira linha e reorganizar os dados Y na segunda linha;

3) Para o i-ésimo valor de Y, contar:

   a. Quantos à direita são maiores. Inserir o valor na i-ésima coluna da terceira linha. A soma deles será o C.

   b. Quantos à direita são menores. Inserir o valor na i-ésima coluna da quarta linha. A soma deles será o D.

Utilizando o exemplo anterior, temos:

Tipo 1 (X)	7,5	10,0	12,2	13,0	14,3	Soma
Tipo 2 (Y)	7,0	7,5	8,0	8,5	7,7	
	4	3	1	0	0	C = 8
	0	0	1	1	0	D = 2

Exemplo 2: utilizando os dados de peso do colmo e altura de seis plantas de cana-de-açúcar, calcule o coeficiente de correlação de Kendall.

Como n = 6, então: $k = \frac{6(6-1)}{2} = 15$.

Obtendo C e D pelo segundo método:

Peso (X)	14,02	14,23	14,34	14,35	14,45	14,60	Soma
Altura (Y)	1,45	1,60	1,73	1,76	1,60	2,15	
	5	3	2	1	1	0	C = 12
	0	0	1	1	0	0	D = 2

Como há 1 empate em Y (1,60), vamos utilizar τ_B.

$$\tau_B = \frac{C - D}{\sqrt{(k - E_X) \times (k - E_Y)}} = \frac{12 - 2}{\sqrt{(15 - 0) \times (15 - 1)}} = 0,69$$

Esse valor é inferior, porém próximo ao obtido com o método de Spearman (0,75).

No software R, para calcular a correlação de Kendall do Exemplo 2, bastam os comandos:

```
peso <- c(14,6; 14,02; 14,23; 14,45; 14,34; 14,35)

altu <- c(2,15; 1,45; 1,60; 1,60; 1,73; 1,76)


cor(peso, altu, method = "kendall")
```

Para resolver no SAS, utilize os mesmos comandos da seção 13.2, alterando apenas o método, da seguinte forma

```
proc corr data=A kendall;
   var X Y;
run;
```

15

MEDIDAS DE ASSIMETRIA

15.1 INTRODUÇÃO

Essas medidas são utilizadas para caracterizar o formato da distribuição de frequências, mensurando o grau e a direção de enviesamento (ou afastamento da simetria) em relação a uma distribuição considerada padrão (distribuição simétrica) (TOLEDO; OVALLE, 1987; SPIEGEL, 2000).

Se a curva de frequência (polígono de frequência regularizado) de uma distribuição tem a "cauda" mais longa à direita da ordenada máxima do que à esquerda, diz-se que a distribuição é desviada para a direita, ou que ela tem assimetria positiva, se o inverso ocorre, diz-se que ela é desviada para a esquerda ou que tem assimetria negativa.

A Figura 22 abaixo ilustra os três tipos de curvas quanto ao grau de simetria

Figura 22: Gráficos representativos da assimetria de diferentes formas de curvas ou distribuições de frequências.

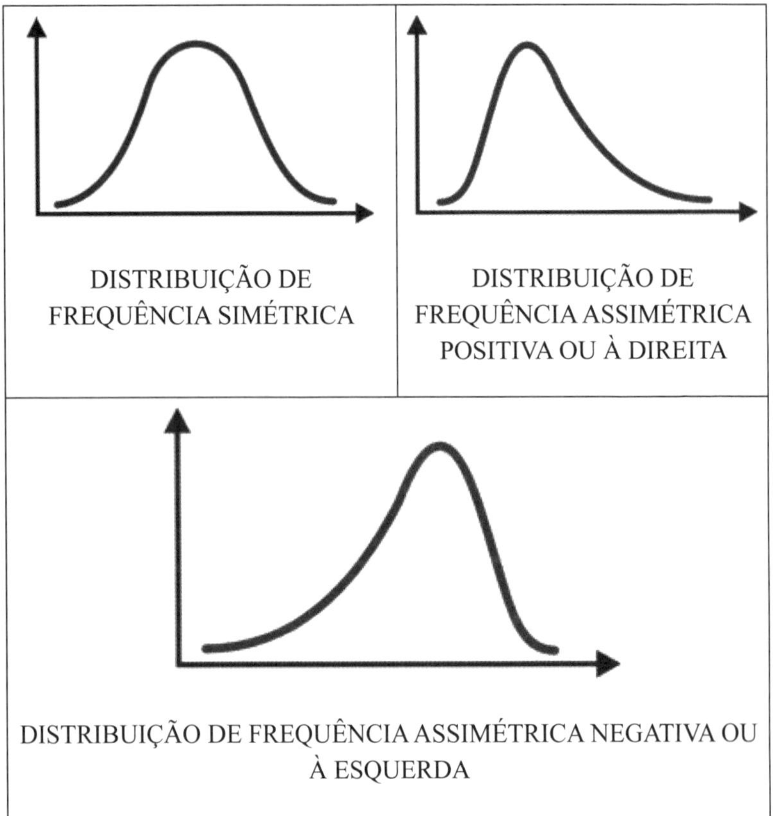

Fonte: Dados fictícios.

A MÉTODO DE COMPARAÇÃO ENTRE AS MEDIDAS DE POSIÇÃO OU TENDÊNCIA CENTRAL

A.1 **INTRODUÇÃO**

Esse é o método mais simples e rudimentar, o qual permite estabelecer até que ponto a curva analisada se desvia da condição de simetria. Sendo assim, a comparação é bem simples, isto é:

i) Se $\overline{X} > M_o$, então a distribuição possui assimetria positiva;

ii) Se $\overline{X} = M_o$, então a distribuição possui simetria;

iii) Se $\overline{X} < M_o$, então a distribuição possui assimetria negativa.

A.2 Exemplos: Considere três distribuições de frequências, referentes as áreas em hectares de propriedades rurais que exploram a cultura do meloeiro, no Rio Grande do Norte.

DISTRIBUIÇÃO 1: $\overline{x} = 37,82$ ha; Mo = 35,00 ha; A distribuição possui a assimetria positiva;

DISTRIBUIÇÃO 2: $\overline{x} = 34,04$ ha; Mo = 34,00 ha; A distribuição possui a simetria;

DISTRIBUIÇÃO 3: $\overline{x} = 25,00$ ha; Mo = 32,45 ha; A distribuição possui a assimetria negativa.

B COEFICIENTES OU ÍNDICES DE PEARSON

Esses índices são usados somente para séries unimodais, ou seja, para aquelas que só tem uma moda. Podemos classificar as distribuições conforme os valores obtidos dos coeficientes da seguinte maneira: Se $A_i = 0$ a distribuição é considerada simétrica, se $A_i > 0$ a distribuição é assimétrica positiva e se $A_i < 0$ a distribuição é assimétrica negativa. Ou ainda se $|A_i| < 0,15$, a distribuição é praticamente simétrica, se $0,15 < |A_i| < 1,00$ a distribuição é assimétrica moderada e se $|A_i| > 1,00$ a distribuição é de assimetria forte.

B.1 PRIMEIRO COEFICIENTE DE ASSIMETRIA DE PEARSON [A_1 ou e_1 ou g_P]

$$A_1 = g_P = e_1 = \frac{\overline{X} - M_o}{S}, \text{ para } S \neq 0$$

Para Nunes e Afonso (2005), esses coeficientes variam entre $-3 < A_1 < 3$ e seu valor pode ser interpretado da seguinte maneira: Para $g_P \cong 0$ a distribuição é simétrica; para $g_P \cong 3$ a distribuição é assimétrica positiva; para $g_P \cong -3$ a distribuição é assimétrica negativa. Todavia não é comum o aparecimento de curvas de frequências com deformação superior a ± 1.

B.1.1 Exemplo. Considere uma distribuição com as seguintes medidas dadas abaixo, calcule o primeiro coeficiente de assimetria de Pearson.

$\overline{X} = 36{,}82$; Mo = 42,50 e S = 11,24,

$A_1 = e_1 = \dfrac{36{,}82 - 42{,}50}{11{,}24} = -0{,}51$, sendo assim a distribuição é assimétrica negativa.

B.2 SEGUNDO COEFICIENTE DE ASSIMETRIA DE PEARSON [A_2 ou e_2]

$$A_2 = e_2 = \frac{3\left(\overline{X} - M_d\right)}{S}, \text{ para } S \neq 0$$

B.2.1 Exemplo. Considere uma distribuição de frequências referente aos pesos em kg aos 90 dias de reprodutores suínos da raça piau, com as seguintes medidas dadas abaixo, calcule o segundo coeficiente de assimetria de Pearson.

$\overline{X} = 95{,}00$ kg; Md = 90,00 kg e S = 33,33 kg,

$A_2 = e_2 = \dfrac{3(95 - 90)}{33{,}33} = +0{,}45 = 45\%$, sendo assim podemos classificar a distribuição como assimétrica positiva.

C COEFICIENTE MOMENTO DE ASSIMETRIA [e_M]

Outra medida utilizada para avaliar o grau de assimetria de uma distribuição de frequências é o coeficiente momento de assimetria, calculado com base nos momentos centrados da segunda, terceira e quarta ordens. Sendo calculados de duas formas, a saber (TOLEDO e OVALLE, 1987).

C.1 COEFICIENTE 1

$$e_{M_1} = \frac{\sqrt{b_1}\left(b_2+3\right)}{2\left(5b_2-6b_1-9\right)},$$

em que $b_1 = \dfrac{m_3^2}{m_2^3}$ e $b_2 = \dfrac{m_4}{m_2^2}$.

C.1.1 Exemplo. Seja a distribuição de frequências referente a produção de mel de abelhas africanas em litros, exploradas em apiários do Rio Grande do Norte durante os anos de 2005 à 2007. Calcular o coeficiente momento de assimetria dessa distribuição.

Sejam os dados já calculados previamente:

$$m_2 = 109,60\, l^2; \quad m_2^2 = 12012,16\,; \; m_2^3 = 1316532,74;$$
$$\sqrt{m_2^3} = 1147,40; \; m_3 = 202,82; \quad m_3^2 = 41135,95;$$
$$m_4 = 35627,29$$

Com esses dados, podemos calcular o coeficiente momento de assimetria. Antes, porém, é conveniente determinar os valores de b_1 e b_2.

$$b_1 = \frac{m_3^2}{m_2^3} = \frac{\left(202,82\right)^2}{\left(109,60\right)^3} = \frac{41135,95}{1316521,74} = 0,0312457$$

$$e_{M_1} = \frac{1,0548}{2\left(14,8295-0,1875-9\right)} = \frac{1,0548}{2.5,6420} = 0,093$$

$$e_{M_1} = 0,093$$

Portanto a distribuição de frequências possui uma pequena assimetria positiva.

C.2 COEFICIENTE 2, OU COEFICIENTE DE ASSIMETRIA DE FISHER(g_F) (NUNES e AFONSO, 2005)

Algumas vezes utiliza-se apenas a raiz quadrada de b_1 para representar o coeficiente de assimetria, ou seja.

$$e_{M_2} = \sqrt{b_1} = \frac{m_3}{\left(\sqrt{m_2}\right)^3} = \frac{m_3}{S^3},$$

em que $m^2 = S^2$ e $\sqrt{m_2} = S$.

Sendo assim, o coeficiente momento de assimetria é dado pela razão entre o momento centrado de ordem 3 e pelo produto do momento centrado de ordem 2 pela raiz quadrada do momento centrado de ordem 2 (desvio padrão).

$$a_3 = g_F = \frac{m_3}{m_2\sqrt{m_2}} = \frac{m_3}{S^3},$$

em que $m_2 = \frac{\sum_{i=1}^{n}\left(X_i - \overline{X}\right)^2}{n}$, $m_3 = \frac{\sum_{i=1}^{n}\left(X_i - \overline{X}\right)^3}{n}$.

O sinal do coeficiente m_3 é o próprio sinal da assimetria.

De acordo com os seguintes valores podemos classificar as distribuições da seguinte forma:

Se $a_3 = 0$ a distribuição é simétrica, se $a_3 > 0$ a distribuição é assimétrica à direita ou positiva e se $a_3 < 0$ a distribuição é assimétrica negativa.

C.1 Exemplo 1. Considere uma distribuição referente a áreas em hectares de propriedades agrícolas produtoras de cana-de-açúcar no estado de Pernambuco e Alagoas, com as seguintes medidas mostradas a seguir.

$m_2 = 109{,}60$ ha², $m_3 = 202{,}82$ ha³;

$$a_3 = \frac{202,82}{109,60\sqrt{109,60}} = 0,1767644 \cong 0,18$$, sendo assim a

distribuição é classificada como tendo uma pequena assimetria positiva.

C.2 Exemplo 2. Se for utilizado os dados do exemplo do item anterior onde se calculou o coeficiente 1 referente a produção de mel de abelhas africanas, temos o seguinte resultado para o coeficiente momento de assimetria do tipo 2.

$$e_{M_2} = \sqrt{b_1} = \frac{202,82}{1147,40} = 0,1768$$

Mostrando mais uma vez o grau de assimetria positiva da distribuição de frequências.

D COEFICIENTE QUARTIL DE ASSIMETRIA [e_Q]

D.1 DETERMINAÇÃO

Outra medida de assimetria bastante utilizada é o coeficiente quartil de assimetria, em que para o seu cálculo recorre-se aos três quartis da distribuição. Trata-se de uma medida muito útil quando não for possível empregar o desvio padrão como medida de dispersão, mas apenas alguma medida que dependa dos quartis.

Esse coeficiente de assimetria é definido pela equação abaixo, a qual revela que a assimetria é uma quantidade tomada como o quociente entre a diferença entre os afastamentos dos quartis e sua soma. O coeficiente quartil de assimetria assume valores entre os limites +1 e -1., ou seja: $-1 \leq e_Q \leq +1$.

$$e_Q = \frac{(Q_3 - M_d) - (M_d - Q_1)}{(Q_3 - M_d) + (M_d - Q_1)} = \frac{Q_3 - 2M_d + Q_1}{Q_3 - Q_1}$$

D.2 Exemplo: Calcule o coeficiente quartil de assimetria para a distribuição de frequências representativa do consumo mensal de ração em kg em uma granja onde se cria coelhos da raça Nolfork.

Sejam os dados já calculados preliminarmente:

$$M_d = 38{,}32 \text{ kg}$$

$$Q_1 = 28{,}15 \text{ kg}$$

$$Q_3 = 46{,}39 \text{ kg}$$

Determinemos assim o coeficiente quartil de assimetria dessa distribuição.

$$= \frac{Q_3 - 2M_d + Q_1}{Q_3 - Q_1} = \frac{46{,}39 - 2(38{,}32) + 28{,}15}{46{,}39 - 28{,}15} = \frac{-2{,}10}{18{,}24} = -0{,}1151$$

Portanto a distribuição possui uma assimetria negativa.

E COEFICIENTE DE ASSIMETRIA ENTRE OS PERCENTIS 10 E 90 [e_C]

E.1 DETERMINAÇÃO

No coeficiente de assimetria entre os percentis 10 e 90 adota-se o mesmo princípio usado no coeficiente quartil de assimetria, mas, neste caso, temos uma razão ou divisão entre a diferença entre os afastamentos dos percentis em relação à mediana (qüinquagésimo centil) e sua soma. Esse coeficiente é dado pela seguinte equação.

$$e_C = \frac{(C_{90} - M_d) - (M_d - C_{10})}{(C_{90} - M_d) + (M_d - C_{10})} = \frac{C_{90} - 2M_d + C_{10}}{C_{90} - C_{10}}$$

E.2 Exemplo: Calcular o coeficiente de assimetria entre os percentis 10 e 90 da distribuição de frequências representativa da produtividade em kg/10 m² da forrageira capim colonião, cultivado

no Estado de Goiás.

M_d = 38,33 kg/10 m²; C_{10} = 20,50 kg/10 m²; C_{90} = 49,75 kg/10 m²

$$e_C = \frac{49,75 - 2(38,33) + 20,50}{49,75 - 20,50} = \frac{-6,41}{29,25} = -0,22$$

Sendo assim essa distribuição de frequências é classificada como tendo uma assimetria negativa.

F GRAU DE ASSIMETRIA DE BOWLEY

Segundo Nunes e Afonso (2005), esse coeficiente é dado por:

$$g_B = \frac{(Q_3 - M_d) - (M_d - Q_1)}{(Q_3 - M_d) + (M_d - Q_1)}, -1 < g_B < 1$$

Para $g_B \cong 0$ a distribuição é simétrica; para $g_B \cong 1$ a distribuição é assimétrica positiva e para $g_B \cong -1$ a distribuição é assimétrica negativa.

O grau de assimetria de Bowley deve ser utilizado quando se desconhece a média e o desvio padrão da distribuição.

F.1 Exemplo: Calcule o coeficiente de assimetria de Bowley para a distribuição de frequências representativa do consumo mensal de ração em kg em uma granja onde se cria coelhos da raça Nolfork.

Sejam os dados já calculados preliminarmente: M_d = 38,32 kg; Q_1 = 28,15 kg e Q_3 = 46,39 kg

$$g_B = \frac{(46,39 - 38,32) - (38,32 - 28,15)}{(46,39 - 38,32) + (38,32 - 28,15)} = \frac{(8,07) - (10,17)}{(8,07) + (10,17)} = \frac{(-2,10)}{(18,24)} = -0,12$$

Portanto a distribuição é assimétrica negativa.

G COEFICIENTE DE ASSIMETRIA UTILIZADO PELOS PROGRAMAS R, SPSS, Excel e SAS: $g_{software}$

Segundo Nunes e Afonso (2005), esse coeficiente é dado por:

$$g_{software} = \frac{n^2 m_3}{(n-1)(n-2)S^3}$$

O sinal de $g_{software}$ é o sinal do grau de assimetria.

16

MEDIDAS DE CURTOSE OU DE ACHATAMENTO

16.1 INTRODUÇÃO

Essas medidas são utilizadas para caracterizar o formato da distribuição de frequências, mensurando o grau de achatamento em relação a uma distribuição considerada padrão (distribuição mesocúrtica). São mais utilizadas na área comercial em que é comum o interesse em estudar ou mensurar o pico das distribuições de frequências. Sendo assim, as distribuições podem ser classificadas quanto à curtose em: distribuição mesocúrtica (simétrica em forma de sino), distribuição platicúrtica (mais achatada que a mesocúrtica) e distribuição leptocúrtica (mais afilada que a distribuição mesocúrtica) (TOLEDO; OVALLE, 1987; SPIEGEL, 2000).

A Figura 21 a seguir ilustra os três tipos de curvas quanto ao grau de curtose, sendo que na primeira os dados apresentam-se com elevada concentração no centro da distribuição a qual vai diminuindo a medida que se afasta do centro da série, sendo portanto denominada de curva mesocúrtica e o achatamento é considerado normal já que não se obtém picos elevados ou achatados dos valores da variável, no segundo tipo cuja distribuição é conhecida como leptocúrtica tem-se um elevado pico na concentração dos dados fazendo com que a curva apresente-se mais afilada que a mesocúrtica a qual é considerada uma distribuição padrão de referência ou normal e finalmente no terceiro tipo surge aquelas distribuições denominadas de platicúrticas cujos valores predominantes apresentam-se com baixo achatamento ou curtose, fazendo com que a curva se torne mais achatada que a normal. Vale salientar que tais curvas são de grande importância em diversos estudos de comparação de distribuição de valores que ocorrem nas mais diferentes áreas do conhecimento humano, tais como na meteorologia e no comércio e indústria.

Figura 23: Gráficos representativos dos diferentes tipos de achatamento ou curtose das distribuições de frequências

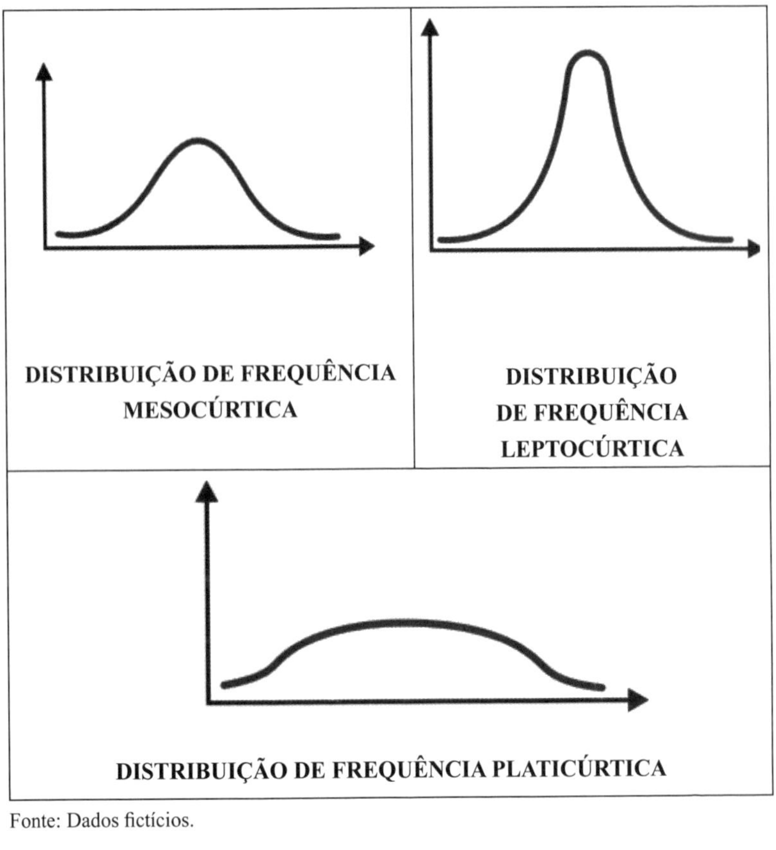

Fonte: Dados fictícios.

16.2 TIPOS

A COEFICIENTE PERCENTÍLICO DE CURTOSE [k]

A.1 DETERMINAÇÃO E INTERPRETAÇÃO

O coeficiente percentílico de curtose é a medida mais elementar usada para mensurar o grau de curtose de uma distribuição de curva de frequências. É determinado pela seguinte equação.

$$K = \frac{D_q}{C_{90} - C_{10}},$$

em que D_q é o Desvio Quartílico mostrado anteriormente, isto é $D_q = \frac{Q_3 - Q_1}{2}$; C_{90} é o Nonagésimo Centil e C_{10} é o Décimo Centil.

Conforme os valores obtidos para o coeficiente percentílico de curtose, podemos classificar as distribuições de frequências em:

i) Se K = 0,263, então a curva ou a distribuição é Mesocúrtica;

ii) Se K > 0,263, então a curva ou a distribuição é Leptocúrtica;

iii) Se K < 0,263, então a curva ou a distribuição é Platicúrtica.

A.2 Exemplo. Calcular o coeficiente percentílico de curtose da distribuição de frequências dos pesos em kgf de cachos de banana pacovan, colhidas em um pomar na região do vale do Açu no Estado do Rio Grande do Norte.

Os dados necessários para a determinação do coeficiente percentílico de curtose, encontram-se já calculados.

$Q_3 = 45,625$

$Q_1 = 28,75$

$(Q_3 - Q_1) = 45,625 - 28,75 = 16,875$

$$D_q = \frac{Q_3 - Q_1}{2} = \frac{16,875}{2} = 8,4375$$

$C_{90} = 49,75$

$C_{10} = 20,50$

$(C_{90} - C_{10}) = 49,75 - 20,50 = 29,25$

O cálculo do coeficiente agora é imediato, pois temos o seguinte:

$$K = \frac{D_8}{C_{90} - C_{10}} = \frac{8,4375}{29,25} = 0,2885$$

Sendo assim a distribuição de frequências desse exemplo pode ser classificada como uma distribuição Leptocúrtica.

B COEFICIENTE MOMENTO DE CURTOSE

É dado pelo quociente do momento centrado na média de quarta ordem pelo quadrado do momento centrado na média de segunda ordem (variância), o qual é adimensional.

B.1 DETERMINAÇÃO

B.1.1 COEFICIENTE b_2 ou a_4 K_k

$$b_2 = a_4 = K_K = \frac{m_4}{m_2^2} = \frac{m_4}{S^4}, \quad m_2 = \frac{\sum_{i=1}^{n}\left(X_i - \overline{X}\right)^2}{n},$$

$$m_4 = \frac{\sum_{i=1}^{n}\left(X_i - \overline{X}\right)^4}{n}$$

Se $a_4 = 3$, a curva da distribuição é mesocúrtica, se $a_4 > 3$ a curva da distribuição é leptocúrtica e se $a_4 < 3$ a curva da distribuição é platicúrtica.

Os achatamentos das curvas simétricas são tomados em relação ao da curva Normal para a qual K = 3

B.1.2 COEFICIENTE C_2

A curtose pode ser medida também de forma semelhante pelo coeficiente C_2, calculado assim.

$$C_2 = b_2 - 3$$

Nesse caso teríamos, então que:

i) Se $C_2 = 0$, então a distribuição possui uma curva Mesocúrtica;

ii) Se $C_2 > 0$, então a distribuição possui uma curva Leptocúrtica;

iii) Se $C_2 < 0$, então a distribuição possui uma curva Platicúrtica.

B.1.3 Exemplo. Considere o exemplo mostrado anteriormente da distribuição de frequências referente a produção de mel de abelhas africanas em litros, exploradas em apiários do Rio grande do Norte durante os anos de 2005 a 2007 com as seguintes medidas mostradas a seguir. Calcule o coeficiente momento de curtose da distribuição.

$m_4 = 35627{,}29$, $m^2 = 109{,}60$, $m_2^2 = 12012{,}16$,

$b_2 = a_4 = \dfrac{35627{,}29}{12012{,}16} = 2{,}97 \cong 3{,}00$, sendo assim a curva da distribuição é considerada mesocúrtica.

C COEFICIENTE DE CURTOSE UTILIZADO PELOS PROGRAMAS R, SPSS, Excel e SAS: $K_{software}$

Segundo NUNES e AFONSO (2005), esse coeficiente é dado por:

$$K_{software} = \frac{n(n+1)m_4 - 3(n-1)^3 S^4}{(n-1)(n-2)(n-3)S^4}$$

Para $K_{software} > 0$ a distribuição é leptocúrtica; para $K_{software} = 0$ a distribuição é mesocúrtica e para $K_{software} < 0$ a distribuição é platicúrtica.

17

EXERCÍCIOS DE APLICAÇÃO

17.1 1ª LISTA DE EXERCÍCIOS: TÉCNICAS DE SOMATÓRIO E PRODUTÓRIO

1. Índices ou notação por índices

O símbolo X_j (leia X índice j) representa um dos n valores, X_1, X_2,..., X_n, assumidos pela variável X, na amostra ou no conjunto de dados. A letra j, usada como índice, pode representar qualquer um dos valores: 1, 2,..., n. Evidentemente pode ser usada para qualquer outra letra além de j.

2. Notação de somatório.

O símbolo $\sum_{j=1}^{n} X_j$ é usado para representar a soma de todos os valores X_j desde j=1 até j=n, ou seja, por definição:

$$\sum_{j=1}^{n} X_j = X_1 + X_2 + ... + X_n$$

O símbolo Σ é a letra grega sigma, que indica soma.

3. Propriedades.

3.1. $$\sum_{j=1}^{n} aX_j = aX_1 + aX_2 + ... + aX_n = a\sum_{j=1}^{n} X_j$$

3.2. $$\sum_{j=1}^{n} Y_jX_j = Y_1X_1 + Y_2X_2 + ... + Y_nX_n$$

3.3. $$\sum_{j=1}^{n} \left(aX_j + bX_j\right) = a\sum_{j=1}^{n} X_j + b\sum_{j=1}^{n} Y_j$$

$$\sum_{j=1}^{n} k = nk$$

Observação: a, b e k são constantes e X e Y são variáveis.

4. Soma de variáveis arranjadas em tabelas de dupla entrada.

É comum os dados de um experimento ou de uma amostragem ser representado por uma tabela de dupla entrada. Por exemplo, um pesquisador interessado em verificar se as notas de matemática de alunos do primeiro grau diferem entre os estados Brasileiros, amostrou escolas anotando a nota de 500 alunos em cada um dos estados. Para identificar estes dados, o estatístico poderia identificar os estados por um índice e o aluno por outro. Desta forma tem-se a variável X com dois índices (X_{ij}). O índice i representa os estados brasileiros e o índice j os alunos de cada um deles. Um outro exemplo, apresentado na Tabela 72, refere-se à produção média por hectare de uma espécie vegetal leguminosa, após a utilização de adubos nitrogenados e fosfatados. Três quantidades de nitrogênio foram aplicadas e quatro doses de fósforo.

Tabela 72: Produtividade (t/ha) de uma forrageira sob o efeito de 3 doses de N em combinação com 4 doses de P observadas em um experimento zootécnico.

Teor de Fósforo (i)	Teor de Nitrogênio (j)		
	1	2	3
1	4,6	5,0	5,5
2	5,0	5,5	6,1
3	5,2	5,8	6,4
4	6,0	6,2	6,8

Fonte: Dados fictícios.

Em diversas análises estatísticas é necessário muitas vezes somar as linhas e/ou colunas, bem como toda a tabela. A notação de somatório pode ser utilizada com essa finalidade. Como dois fatores determinam a produtividade, dois índices serão utilizados para representá-los, como comentado anteriormente. Assim, dois símbolos de somatório podem ser utilizados em alguns casos. Sendo assim, serão definido os somatórios descritos abaixo:

4.1. Somar todas as produtividades da Tabela 72.

$$\sum_{i=1}^{4}\sum_{j=1}^{3} x_{ij} = x_{11} + x_{12} + \ldots + x_{43} = 4,6 + 5,0 + \ldots + 6,8 = 68,1$$

4.2. Somar cada uma das linhas

$$\sum_{j=1}^{3} x_{ij} = x_{i1} + x_{i2} + x_{i3}, \ \forall\ i = 1,2,3,4.$$

Assim por exemplo, para fósforo dose 2 (i = 2), o produtividade total é:

$$\sum_{j=1}^{3} x_{2j} = x_{21} + x_{22} + x_{23} = 5,0 + 5,5 + 6,1 = 16,6$$

4.3. Somar cada uma das colunas

$$\sum_{j=1}^{4} x_{ij} = x_{1j} + x_{2j} + x_{3j} + x_{4j},\ \forall\ j = 1, 2, 3.$$

Assim por exemplo, para nitrogênio dose 3 (j=3), a produtividade total é:

$$\sum_{j=1}^{4} x_{i3} = x_{13} + x_{23} + x_{33} + x_{43} = 5,5 + 6,1 + 6,4 + 6,8 = 24,8$$

5. Exercícios Propostos: Sejam os conjuntos de dados a seguir:

X = {2, 4, 4, 3, 2} e Y = {1, 2, 3, 6, 7}, para todo j = 1, 2, 3, 4

Obtenha:

5.1 $\sum_{j=1}^{4} X_j$ 5.2. $\sum_{j=1}^{5} Y_j$

5.3. $\sum_{j=1}^{5} 4X_j^2$ 5.4 $\sum_{j=1}^{5} X_j Y_j$

5.5 $\sum_{j=1}^{5} \left(3X_j + 2Y_j\right)$ 5.6. $\sum_{j=1}^{4} X_j Y_j + \sum_{j=1}^{4} Y_j^2$

6. Seja a média aritmética $\overline{X} = \frac{\sum_{j=1}^{n} X_j}{n}$ **e a variância**

$$S^2 = \frac{\sum_{j=1}^{n} X_j^2 - \frac{\left(\sum_{j=1}^{n} X_j\right)^2}{n}}{n-1}$$

Dado o conjunto de dados X={2, 4, 5, 6, 1, 8}, calcule a sua média e variância.

7. Demonstre numericamente e algebricamente que

7.1. $\sum_{j=1}^{n}\left(x_j - \overline{x}\right) = 0$

7.2. $\dfrac{\sum_{j=1}^{n}\left(x_j - a\right)^2}{n-1}$ é mínima para $a = \overline{x}$.

Use os dados do exemplo anterior para verificar numericamente.

8. Obtenha a partir da Tabela 72 (exercício 4), as seguintes somas:

8.1. $\sum_{i=1}^{4}\ \sum_{j=1}^{3} X_{i,j}^2$

8.2. $\sum_{i=1}^{4} X_{ij}^2$, j = 1, 2, 3.

8.3. $\sum_{j=1}^{3} X_{ij}^2$, i = 1, 2, 3, 4.

9. Definição de produtório

De maneira geral, dados os inteiros r e s, r ≤ s, usamos $\prod_{i=r}^{s} a_i$ para representar o produto $a_r . a_{r+1} \cdots a_s$, sendo i o índice do produtório e r e s os limites inferior e superior, respectivamente.

Usaremos o símbolo $\prod$, que é a letra "Pi" maiúscula do alfabeto grego. Esta letra corresponde ao "P" no alfabeto latino e naturalmente, nos faz lembrar a palavra produto.

10. Escreva em notação produtório os seguintes produtos

10.1. {1.2.3.....n=}

10.2. {x. x^2. x^3 ..... x^n=}

10.3. {1.3.5.....(2n – 1=)};

10.4. $\left\{\prod_{i=1}^{n} i =\right\}$

10.5. $\left\{\prod_{i=1}^{n} Y_i^2 =\right\}$

17.2 2ª LISTA DE EXERCÍCIOS: COLETA, ORGANIZAÇÃO E APRESENTAÇÃO DE DADOS

1. Os dados apresentados a seguir referem-se às variações de pesos corporais em ratos em g/animal. Os dados foram avaliados em raças endogâmicas pequenas de ratos, separadamente em machos e fêmeas, com o objetivo de fazer uma caracterização genética.

Tabela 73: Dados de pesos corporais de ratos em g/animal.

Pesos de Machos (gramas)	Pesos de Fêmeas (gramas)
19,51	18,77
22,45	17,76
23,92	17,44
22,62	17,19
21,66	18,47
22,04	19,17
22,17	17,90
20,00	17,51
21,92	18,62
23,12	16,99
22,29	18,47
20,28	21,65
21,63	21,75
22,28	17,93
23,23	19,14
21,34	18,40
22,92	19,38
23,02	17,37
23,81	19,37
21,82	18,30

Fonte: Ferreira, (2002).

a) Agrupe os dados dos pesos de fêmeas, determinando o número de classes pelo critério de Oliveira.

b) Faça o histograma e o polígono de frequência num mesmo gráfico.

c) Construir as distribuições de frequências acumuladas.

d) Trace as 2 ogivas no mesmo plano cartesiano.

e) Qual é a porcentagem de ratos com peso superior a 19g. Utilize as ogivas e a interpolação algébrica a partir da distribuição de frequência. Compare e discuta os resultados obtidos com a proporção amostral exata, obtida dos dados elaborados.

f) Discuta sobre a natureza da distribuição, baseando-se nos resultados do item b.

g) Acima de qual peso estão 50% das fêmeas (10 animais)?

h) Qual a porcentagem de fêmeas com peso corporal inferior a 17g?

Observação: Utilize em todos os casos (g, h, i) a distribuição de frequência.

17.3 3ª LISTA DE EXERCÍCIOS: MEDIDAS DE POSIÇÃO OU TENDÊNCIA CENTRAL

1. Foi realizado na região Oeste do Paraná, no município de Marechal Cândido Rondon, em 1992, um levantamento da produtividade leiteira diária de 30 produtos rurais, atendidos pelo plano "Panela Cheia" (ROESLER, 1997, Citado por FERREIRA, 2002). Os resultados da produtividade diária dos 30 produtores estão apresentados a seguir:

8,13	8,23	8,60	8,80	8,97	9,05	9,12	9,30	9,35	9,78
9,80	9,86	9,90	9,95	10,00	10,11	10,13	10,15	10,16	10,23
10,31	10,33	10,40	10,46	10,50	11,14	11,29	11,46	12,05	12,14

Obtenha as seguintes estimativas das medidas de posição:

a) Média aritmética

b) Mediana

c) Cheque que $\sum_{j=1}^{n}\left(X_j - \overline{X}\right) = 0$

d) Se for multiplicado a produtividade de cada produtor por 0,27, para se obter a renda média por produtor/animal/dia, qual, qual será o valor para amostra?

e) Obtenha a média harmônica.

2. Faça a distribuição de frequência destes dados e calcule:

a) Média aritmética

b) Mediana

c) Moda

d) Faça a comparação destes valores com os obtidos no exercício anterior e discuta sobre as razões das diferenças.

e) Trace o histograma e o polígono de frequência.

f) Baseado nestes gráficos determine qual é a natureza da distribuição, quanto a simetria. Baseado nesta resposta indique qual medida de posição é a mais adequada para representar os dados amostrais. Justifique.

g) Se você fosse solicitado pelo prefeito da cidade para estimar a produtividade de leite total diária da cidade, como você faria?

Informações adicionais: número de produtores de leite da cidade – 7309; Quantidade total de vacas (média da amostra) – 11,80 vacas/produtor; Número médio de vacas em lactação: 8,075 vacas/produtor.

2. Os dados apresentados a seguir referem-se às variações de pesos vivos corporais em 20 ratos em g/animal. Os dados foram avaliados em raças endogâmicas pequenas de ratos, separadamente em machos e fêmeas, com o objetivo de fazer uma caracterização genética.

Tabela 74: Dados de pesos corporais de 20 fêmeas de ratos em g/animal.

Peso de Fêmeas (gf)	
18,77	18,47
17,76	21,65
17,44	21,71
17,19	17,93
18,47	19,14
19,17	18,40
17,90	19,38
17,51	17,37
18,62	19,37
16,99	18,30

Fonte: Ferreira, (2002).

a) Calcule a partir dos dados originais e dos dados agrupados dos pesos de fêmeas e a média e compare os resultados.

b) Calcule a partir dos dados originais e dos dados agrupados dos pesos de fêmeas a mediana e compare os resultados.

c) Calcule a partir dos dados originais e dos dados agrupados dos pesos de fêmeas a moda e compare os resultados.

4. Com os conjuntos de dados abaixo, calcule a média aritmética, a média geométrica e a média harmônica e compare seus valores entre si.

a) {3, 5, 2, 1, 4, 7, 9}

b) {6, 12, 15, 7, 10}

c) {10, 5, 11, 8, 15, 4, 16, 5, 20, 5, 13, 6}

d) {3/5, 9/16, 7/8, 5/6, 7/10, 15/22, 3/7}

5. O salário médio dos funcionários de uma agroindústria é de R$ 1200,00, o desvio padrão é R$ 250,00.Todos os funcionários desse estabelecimento receberam um abono de R$ 300,00. Qual a nova média e o novo desvio padrão dos salários da empresa.

6. Em uma empresa agrícola trabalham 4 Engenheiros Agrônomos, 2 Médicos Veterinários, 1 Zootecnista, 1 Engenheiro Agrícola e 1 Engenheiro de Pesca, que ganham respectivamente R$ 5510,00, R$ 5600,00, R$ 5460,00, R$ 5530,00 e R$ 5632,00. Qual o valor do salário médio desses funcionários.

17.4 4ª LISTA DE EXERCÍCIOS: MEDIDAS DE DISPERSÃO

1. Foi realizada na região Oeste do Paraná, no município de Marechal Cândido Rondon, em 1992, um levantamento da produtividade leiteira diária de 20 produtores rurais, atendidos pelo plano "Panela Cheia" (ROESLER, 1997, Citado por FERREIRA, 2002). Os resultados dos intervalos de parto (em meses) dos 20 produtores estão apresentados a seguir.

11,80	11,90	12,00	12,30	12,80	12,99	13,10	13,50	13,80	14,10
14,55	14,65	14,70	15,00	15,10	15,20	15,50	15,80	15,90	15,96

Obtenha as seguintes estimativas das medidas de dispersão:

a) Amplitude total

b) Variância e desvio padrão

c) Coeficiente de variação

d) Erro padrão da média

e) Em cada casa anterior comentar, sobre o significado da estimativa obtida e sobre a forma que devem ser aplicadas.

f) Se cada dado for dividido por 12, para se obter o intervalo de partos em anos, quais serão os novos valores da amplitude, variância, desvio padrão, CV e erro padrão da média?

2. Faça a distribuição de frequência destes dados anteriores e calcule:

a) Amplitude, variância, desvio padrão, CV e erro padrão da média.

b) Faça a comparação destes valores com os obtidos no exercício anterior, e discuta sobre as razões das diferenças.

c) Se você fosse solicitado a representar os dados por duas medidas, quais você usaria e por quê?

d) Após o programa Panela Cheia o intervalo de partos apresentou média de 13,85 e desvio padrão de 2,00 meses. Qual é, em sua opinião, a situação que apresentou maior variabilidade, antes ou após o Programa?

3.Os dados apresentados a seguir referem-se às variações de pesos corporais em 20 ratos g/animal. Os dados foram avaliados em raças endogâmicas pequenas de ratos, separadamente em machos e fêmeos, com o objetivo de fazer caracterização genética.

Tabela 75: Dados de pesos corporais de 20 ratos fêmeas expressos em gramas.

Peso de Fêmeas (gf)	
18,77	18,47
17,76	21,65
17,44	21,71
17,19	17,93
18,47	19,14
19,17	18,40
17,90	19,38
17,51	17,37
18,62	19,37
16,99	18,30

Fonte: Ferreira, 2002.

a) Calcule a partir dos dados originais dos pesos de fêmeas a variância e o desvio padrão.

b) Calcule a partir dos dados originais o CV e o erro padrão da média.

c) Em qual exercício os dados tiveram maior variação e em qual caso a média foi calculada com maior exatidão?

(comparar os dados do exercício 1 da lista 2 com os do exercício 3 dessa lista 4)

4. Em uma região, a temperatura média em um certo período é 24^0 C e a pressão média é de 750 mm. O desvio padrão é usado para medir a variação da temperatura e das pressões. O desvio padrão das temperaturas é de $2{,}5^0$ C e o desvio padrão das pressões é de 28 mm. Em relação a que fenômeno a variabilidade é maior? Explique.

5. Para o conjunto de valores A= {-5, -3, -1, -1, 0, 0, 0, 0, 0, 1, 2, 1, 1, 3,5}, determine:

a) A média aritmética

b) A mediana

c) A moda

d) A amplitude total

e) A variância

f) O desvio padrão

g) O erro padrão da média

h) O coeficiente de variação de Pearson (C.V.)

6) Pesquisadores do IBRASAM desejam estudar o comportamento da variável número de ovos inviáveis de caramujos (*Biomphalaria taenagophila*) em ambiente poluído do Rio Mossoró, na cidade de Mossoró, RN, durante o ano de 2011. Para isso tomou-se uma amostra de n = 50 caramujos, obtendo-se os apresentados na Tabela 76. Determine:

a) O tipo ou natureza dessa variável sob estudo;

b) Organize os dados em rol;

c) Agrupe os dados em uma tabela ou distribuição de frequências mostrando as frequências absolutas e porcentuais simples e acumuladas abaixo "de" e acima "de"; interprete a série dos dados.

d) Faça uma representação gráfica para os dados das frequências absolutas e porcentuais simples (gráfico em hastes ou bastão), e outro para os dados das frequências absolutas e porcentuais acumuladas (gráfico em escada). faça a interpretação do gráfico;

e) Determine a média aritmética ponderada $\left[\overline{X}\right]$ (número médio de ovos inviáveis de caramujos) desses dados, utilizando os dados não agrupados e os dados agrupados, Cheque que $\sum_{i=1}^{n}\left(X_i - \overline{X}\right) = 0$; se for multiplicado cada valor por 2, para se obter a nova média, qual será o valor para essa amostra? Qual é o novo valor da moda, da mediana, da variância e do desvio padrão? Obtenha a média geométrica e a média harmônica. daqui em diante ponha a unidade de medida em todas as medidas estatísticas dimensionais, a qual é o número de ovos inviáveis de caramujo;

f) Calcule a mediana [ ] dessas distribuições, utilizando os dados não agrupados e os dados agrupados;

g) Determine a moda $\left[M_o\right]$ dessas séries de dados, utilizando os dados não agrupados e os dados agrupados;

h) Obtenha a amplitude total ou range $\left[A_t\right]$ desses dados, utilizando os dados não agrupados e os dados agrupados;

i) Determine a variância ou quadrado médio $\left[S^2\right]$ desses dados, utilizando os dados não agrupados e os dados agrupados;

j) Estime o desvio padrão $\left[S\right]$ desses dados, usando os dados não agrupados e e os dados agrupados;

k) Determine o erro padrão da média $\left[S_{(\bar{x})}\right]$ desses dados, utilizando os dados não agrupados e os dados agrupados;

l) Determine o coeficiente de variação de Pearson $\left[C.V. = C.V._P\right]$ desses dados, bem como todas as medidas de assimetria e curtose do seu conhecimento, utilizando os dados não agrupados e os dados agrupados;

m) Compare os resultados das medidas estatísticas obtidas para os dados agrupados e para os dados não agrupados, existem diferenças? Existe erro de agrupamento? Discuta sob o ponto de vista estatístico e prático.

Tabela 76: Dados brutos referentes ao número de ovos inviáveis de caramujos (*Biomphalaria taenagophila*) em ambiente poluído do Rio Mossoró, coletados na cidade de Mossoró, RN, 2011.

9	3	3	0	4	4	4	2	4	1
3	2	7	4	7	1	7	10	3	7
3	2	2	4	7	7	7	9	7	3
3	1	1	1	0	0	0	0	9	9
9	10	10	10	4	4	2	2	3	3

Fonte: Dados fictícios.

-Dados em rol:

-Tabela ou distribuição de frequências ou seriação.

Número de ovos inviáveis de cara-mujos (X_i)	Contagem	Frequência do número de ovos f_i	F_{ac}↓	F_{ac}↑	F_r	F_{rac}↓	F_{rac}↑	$F_{\%}=F_p$	F_{pac}↓	F_{pac}↑
Soma	-		-	-		-	-		-	-

-Tabela ou distribuição de frequências ou seriação.

Número de ovos inviáveis de caramujos (X_i)	Contagem	Frequência do número de ovos f_i	$f_{ac.}$ ↓	$x_i f_i$	x_i^2	$x_i^2 f_i$
Total			---		---	

7) Pesquisadores da EMBRAZAM pretendem estudar o comportamento da variável referente as alturas de plantas de milho (Zea mays L.) em centímetros, coletados num experimento aleatório conduzido na localidade de alagoinhas na zona rural da cidade de Mossoró, RN, durante o ano de 2011. Para isso tomou-se uma amostra de n = 102 observações, obtendo-se os seguintes resultados. Determine:

a) O tipo ou natureza dessa variável sob estudo;

b) Organize os dados em rol;

c) Agrupe os dados em uma tabela ou distribuição de frequências mostrando as frequências absolutas e porcentuais simples e acumuladas abaixo "de" e acima "de", interprete a série dos dados;

d) Faça uma representação gráfica para os dados das frequências simples (histograma e polígono de frequências) e outro para as frequências acumuladas abaixo "de" (histograma e polígono de frequências acumuladas ou ogiva de galton crescente) e outro para as frequências acumuladas acima "de" (histograma e polígono de frequências acumuladas ou ogiva de galton decrescente). Faça a interpretação dos gráficos;

e) Determine a média aritmética ponderada $\left[\overline{X}\right]$ (altura média das plantas de milho em centímetros) desses dados, utilizando os dados não agrupados e os dados agrupados, ponha a unidade de medida em todas as medidas estatísticas dimensionais que é centímetros (cm);

f) Calcule a mediana $[Md]$ desses dados, utilizando os dados não agrupados e os dados agrupados;

g) Obtenha a moda $[Mo]$ dessas séries de dados, utilizando os dados não agrupados e os dados agrupados;

h) Determine a amplitude total ou range $[A_t]$ dessas observações, utilizando os dados não agrupados e os dados agrupados;

i) Determine a variância $\left[S^2\right]$ dessas distribuições de valores, utilizando os dados não agrupados e os dados agrupados;

j) Estime o desvio padrão $[S]$ desses dados, usando os dados não agrupados e os dados agrupados;

k) Determine o erro padrão da média $\left[S_{(\overline{X})}\right]$ desses dados, utilizando os dados não agrupados e os dados agrupados;

l) Determine o coeficiente de variação de Pearson $\left[C.V. = C.V._P\right]$ desses dados, bem como todas as medidas de assimetria e curtose. Utilizando os dados não agrupados e os dados agrupados; e

m) Compare os resultados das medidas estatísticas obtidas para os dados agrupados e para os dados não agrupados. Existem diferenças? Existem erros de agrupamento? Discuta sob o ponto de vista estatístico e prático;

Tabela 77: Dados Brutos referentes as alturas de 102 plantas de milho (Zea mays L.) em centímetros, coletados num experimento aleatório conduzido na localidade de Alagoinhas na zona rural da cidade de Mossoró, RN, 2011.

66	67	63	72	73	73
64	70	65	72	70	67
69	68	64	69	71	68
63	66	64	72	66	69
68	62	64	61	68	70
68	63	62	63	73	76
70	65	65	65	69	70
63	65	64	74	69	72
66	67	71	68	68	70
67	64	68	71	72	69
68	63	70	70	70	74
62	62	67	71	69	72
66	64	72	72	66	74
67	67	68	72	69	71
66	67	73	74	70	72
64	67	73	70	73	70
60	69	70	72	68	71

Fonte: Dados fictícios.

-Dados em rol.

-Tabela ou distribuição de frequências ou seriação.

Classes (Altura de plantas de milho em centímetros)	Contagem	f_i	X_i	$F_{ac}\downarrow$	$F_{ac}\uparrow$	F_r	$F_{rac}\downarrow$	$F_{rac}\uparrow$	$F_{\%}=F_p$	$F_{pac}\downarrow$	$F_{pac}\uparrow$
[-----------)											
[-----------)											
[-----------)											
[------------)											
[- ----------)											
[- ----------)											
[- ----------)											
[- ----------)											
[- ----------)											
Total	---------		---	-----	-----		-----	-----		-----	-----

-Tabela ou distribuição de frequências ou seriação.

Classes (Altura de Plantas de Milho em Centímetros)	Contagem	f_i	$f_{ac.}\downarrow$	X_i	$X_i f_i$	X_i^2	$X_i^2 f_i$
[-----------------)							
[-----------------)							
[-----------------)							
[-----------------)							
[-----------------)							
[-----------------)							
[-----------------)							
[-----------------)							
[-----------------)							
Total			--------	--------		--------	

8) Dados os conjuntos de dados abaixo, calcule a média aritmética, a média geométrica e a média harmônica, a mediana e a moda e compare seus valores entre si.

a) {3,5,2,1,4,7,9}

b){6,12,15,7,10}

c){10,5,11,8,15,4,16,5,20,5,13,6}

d){3/5,9/16,7/8,5/6,7/10,15/22,3/7}

9) Em uma empresa agrícola trabalham 4 Engenheiros Agrônomos, 2 Médicos Veterinários, 1 Zootecnista, 1 Engenheiro Agrícola e 1 Engenheiro de Pesca, que ganham respectivamente R$ 1510,00, R$ 1600,00, R$ 1460,00, R$1530,00 e R$ 1632,00. Qual o valor do salário médio desses funcionários.

11) Foi realizado na região Oeste do Rio Grande do Norte, no município de Mossoró, em 2002, um levantamento da produtividade leiteira diária de 20 produtores rurais, atendidos pelo plano governamental "Leite Para Todos". Os resultados dos intervalos de parto (em meses) dos 20 produtores estão apresentados a seguir.

11,80	11,90	12,00	12,30	12,80	12,99	13,10	13,50	13,80	14,10
14,55	14,65	14,70	15,00	15,10	15,20	15,50	15,80	15,90	15,96

Obtenha as seguintes estimativas das medidas de dispersão:

a) Amplitude total;

b) Variância e desvio padrão;

c) Coeficiente de variação;

d) Erro padrão da média;

e) Em cada caso anterior comentar, sobre o significado da estimativa obtida e sobre a forma que devem ser aplicadas;

f) Se cada dado for dividido por 12, para se obter o intervalo de partos em anos, qual será os novos valores da amplitude, variância, desvio padrão, CV e erro padrão da média?

12) Em uma região, a temperatura média em um certo período é 24^0 C e a pressão média é de 750 mm. O desvio padrão é usado para medir a variação da temperatura e das pressões. O desvio padrão das temperaturas é de $2{,}5^0$ C e o desvio padrão das pressões é de 28 mm. Em relação a que fenômeno a variabilidade é maior? Explique.

13) Para o conjunto de valores A={-5,-3,-1,-1,0,0,0,0,0,1,2,1,1,3,5}, determine as seguintes medidas com os dados não agrupados e com os dados Agrupados sem intervalos de Classes.

a) A média aritmética

b) A média geométrica

c) A média harmônica

d) A mediana

e) A moda

f) A amplitude total

g) A variância

h) O desvio padrão

i) O erro padrão da média

j) O coeficiente de variação de Pearson (C.V.)

k) Todas as Medidas de Assimetria e Curtose (achatamento)

14) Se o valor do CV de uma amostra com dez elementos (n = 10), cuja média aritmética é igual a 50, tem um valor de 20%, qual é o valor do seu desvio padrão?

15) Qual é a soma total dos elementos de uma amostra com 30 observações, cuja média aritmética é igual a 10.

16) Calcule quando possível a média aritmética, a média geométrica a média harmônica simples e ponderada, a mediana, a moda, a amplitude total, a variância, o desvio padrão, o erro padrão da média e o coeficiente de variação das cinco distribuições de dados abaixo e compare os resultados das medidas entre a séries A e B, A e C, B e C, além da D com a E, fazendo comentários sobre a localização, posição ou tendência central, a dispersão ou variabilidade absoluta e relativa, a assimetria e a curtose.

A: {0;2;3;3;5;5;5;5;6;7;9;10}

B: {-4;-3;0,;1;,2;2;2;2;2;2;2;8}

C:{5;6;8;9;9;9;9;12;14;18;18;20}

D:{1,23;1,86;2,56;3,87;3,91;4,01;4,59;5,12;6,46; 6,20}

E: {0,23;0,56;1,56;1,87;2,20;3,45;3,62;3,85;4,58;5,02}

17) Em uma distribuição de freqüências obtiveram-se os seguintes resultados:

n = 9; $\sum_{i=1}^{10} x_i = 300$; $\sum_{i=1}^{10} x_i^2 = 20000$, determine: a média aritmética, a variância, o desvio padrão, o erro padrão da média e o coeficiente de variação de PEARSON.

17.5 5ª LISTA DE EXERCÍCIOS: MEDIDAS DE ASSOCIAÇÃO

1) A tabela a seguir contém a informação nutricional acerca do teor calórico, da quantidade de carboidratos e de proteínas para dez tipos de sanduiches comercializados por uma determinada rede de *Fast Food*.

Sanduíche	a	b	c	d	e	f	g	h	i	j
Calorias (kcal)	978	464	551	270	555	980	660	819.8	790	936
Carboidratos (g)	52	31	31	30	31	53	54	31.3	66	57
Proteínas (g)	58	23	38	7	32	56	38	52	31	41

a) Construa diagramas de dispersão para mostrar, se houver, as associações entre a quantidade de calorias, carboidratos e proteínas dos sanduiches.

b) Calcule a covariância amostral para todos os pares de variáveis e identifique qual o par que apresenta maior associação. Você consegue dizer a intensidade dessa associação? Explique.

c) Calcule o coeficiente de correlação de Pearson para todos os pares de variáveis e responda a questão feita no item anterior.

2) Mostre que, se X e Y são duas variáveis aleatórias com média 0 e desvio padrão 1, então: $\operatorname{cov}(X, Y) = \operatorname{cor}(X, Y)$.

3) (LE, 2003) Os dados a seguir referem-se a altura (cm) e o peso (kgt) de 10 homens e 10 mulheres. Para os homens:

Altura	162	168	174	176	180	180	182	184	186	186
Peso	65	65	84	63	75	76	82	65	80	81

e para as mulheres:

Altura	152	156	158	160	162	162	164	164	166	166
Peso	52	50	47	48	52	55	55	56	60	60

Pede-se:

a) Construa um diagrama de pontos, para homens e mulheres separadamente, para mostrar a associação, se existe, entre altura e peso.

b) Calcule a o coeficiente de correlação de Pearson, o tau de Kendall e o coeficiente rho de Spearman para altura e peso de homens e mulheres, separadamente.

4) Utilize os dados de Calorias e Proteínas do exercício 1 para calcular a correlação de Spearman e a de Kendall. Compare as conclusões que podem ser tomadas com ambas.

5) Utilize os dados de Altura e Peso de mulheres do exercício 3 para calcular os coeficientes de correlação de Kendall: τ_A e τ_B. Compare os resultados.

18

BIBLIOGRAFIA

AMARAL, A. M.; MUNIZ, J. A.; SOUZA, M. Avaliação do coeficiente de variação como medida da precisão na experimentação com citros. **Pesquisa Agropecuária Brasileira**, Brasília, v. 32, n.12, p. 1221 – 1225, dez. 1997.

AMBROSANO, G. M. B.; SCHAMMAS, E. A. Avaliação dos coeficientes de variação em experimentos com forrageiras. **Boletim da Indústria Animal**, São Paulo, v. 51, n. 1, p. 13 – 20, jan./jun. 1994.

ANDRADE, D.F.; OGLIARI, P. J. **Estatística para as Ciências Agrárias e Biológicas: com noções de experimentação.** Florianópolis: Editora da UFSC, 2007. 432 p.

ARANGO, H. G. **Bioestatística: teórica e computacional.** Rio de Janeiro: Guanabara koogan, 2001. 248 p.

BEARZOTI, E.; OLIVEIRA, M. S. **Estatística básica**. Lavras: Editora da Universidade Federal de Lavras – UFLA, 2001. 191 p. (apostila).

BERQUÓ, E. S.; SOUZA, J. M. P.; GOTLIES, S. L. D. **Bioestatística.** *São Paulo: Editora Pedagógica Universitária – EPU. 1981. 362 p.*

BONINI, E. E.; BONINI, S. E. **Estatística teoria e exercícios.** *São Paulo: L P M, 1972. 443 p.*

BOTELHO, E. M.; D. ; MACIEL, A. J. **Estatística descritiva: um curso introdutório.** Viçosa, MG: Universidade Federal de Viçosa – UFV, 1983. 71 p.

BROWN, D.; ROTHERY, P. **Models in biology: Mathematics, statistics and computing.** Chichester, England: John Wiley & Sons Inc. Ltd., 1994. 708 p.

BUNCHAFT, G.; KELLNER, S. R. O. **Estatística sem mistérios**. 2.ed. Petrópolis: Vozes, 1999. 303p.

BURN, D. A. Designing Effective Statistical Graphs. ". In C. R. Rao, ed., Handbook of Statistics, vol. 9, Chapter 22.

BUSSAB, W. O. ; MORETTIN, P. A. **Estatística Básica.** 5. ed. São Paulo: Editora Saraiva, 2003, 526 p.

CALLEGARI – JACQUES, S. M. **Bioestatística: princípios e aplicações.** Porto Alegre, RS, Artmed, 2003. 256 p.

CARVALHO, C. G. P. ; ARIAS, C. A. A. ; TOLEDO, J. F. F.; ALMEIDA, L. A. ; KIIHL, R. A. S. ; OLIVEIRA, M. F. ;HIROMOTO, D. M. ; TAKEDA, C. proposta de classificação dos coeficientes de variação em relação à produtividade e altura da planta de soja. **Pesquisa Agropecuária Brasileira**, Brasília, v. 38, n. 2, p. 187 – 193, fev. 2003.

CECON, P. R.; SILVA, A. R.; NASCIMENTO, M.; FERREIRA, A. **Métodos Estatísticos**. Viçosa: Editora UFV, 2012. 229p.

CONAGIN, A. **Princípios de técnica experimental e análise estatística de experimentos.** Campinas, SP. Instituto Agronômico de Campinas (IAC), 1961, 138 p.

COOK, A.; NETUVELI, G.; SHEIKH, A. **Basic skills in statistics**: a guide for healthcare professionals. London: Class Publishing, 2004. 102p.

CORREA; J. C.; GONZÁLEZ, N. **Gráficos estadísticos com R**. Universidad Nacional –Sede Medellín, 2002.300 p.

COSTA, N. H. de A. D. ; SERAPHIN, J. C. ; ZIMMERMANN, F. J. P. Novo método de classificação de coeficientes de variação para a cultura do arroz de terras altas. **Pesquisa Agropecuária Brasileira**, Brasília, v. 37, n. 3, p. 243 – 249, mar. 2002.

COSTA NETO, P. L. de O. **Estatística**. 2ª edição, São Paulo. Editora Edgard Blucher, 2002. 280 p.

CROXTON, F. E.; COWDEN, D. J. **Applied general statistics**, 2ª ed. New Jersey: PRENTICE HALL, Inc., 1964. 1122 p.

DOANE, D. P. Aesthetic frequency classifications. **The American Statistician**, Alexandria, v. 30, n. 4. p. 181 – 183, Nov. 1976.

DROESBEKE, J. J.; TASSI, P. Histoire de la statistique. Paris: **Presses Universitaires de France**, 1990.

DUTARTE, P.; PIEDONOIR, J. L. Grande et petite histoire e de la statistique. In:___. Ensigner la statistique au lycée: Des enjeux aux methods. Villetaneuse: Université de Paris, 13/IREM, 2001.

ESTEFANEL, V.; PIGNATARO, I. A. B.; STORCK, L. Avaliação do

coeficiente de variação de experimentos com algumas culturas agrícolas. In: 5º SIMPÓSIO DE ESTATÍSTICA APLICADA À EXPERIMENTAÇÃO AGRONÔMICA, Londrina, 1987. **Anais**... Londrina: FUEL/RBRAS/ IAPAR, 1987. p. 115 – 131.

FERREIRA, D. F. **Estatística básica - medidas de dispersão. 4ª aula prática. - CEX 163.** Lavras, MG: Departamento de Ciências Exatas, Universidade Federal de Lavras. 2002. 6 p.(apostila).

___________. **Estatística básica.** Lavras: Editora da UFLA, 2005, 664 p.

FRANCISCO, W. de. **Estatística Básica: síntese da teoria, exercícios propostos e resolvidos.** 2ª Ed. Piracicaba, SP: Editora Unimep, 1995. 220 p.

FUNDAÇÃO IBGE. **Normas de apresentação tabular**. Rio de janeiro, RJ. 1971. 20 p.

FUNDAÇÃO IBGE. **Normas de apresentação tabular**. 3[Ed. Rio de janeiro, RJ. 1993. 62 p.

GARCIA, C. H. Tabelas para classificação do coeficiente de variação. Piracicaba: **IPEF**, 1989. 12 p (Circular Técnica, 171).

GILL, J. L. **Design and analysis of experiments in the animal and medical sciences**. Ames: The Iowa State University Press, v. 1, 1987. 411 p.

HARIKI, S. Média harmônica. **Revista do professor de matemática**, São Paulo: SBM n. 32. p. 17 – 24, 1996.

HOAGLIN, D. C.; MOSTELLER, F.; YUKEY, J. W. **Análise exploratória**

de dados: técnicas robustas um guia. Edições Salamandra Ltda. Novas tecnologias: estatística. Lisboa, Portugal. 1992. 4656 p.

IEMMA, A. F. **Estatística descritiva**. ϕσρ Publicações. Universidade de São Paulo – USP, Escola Superior de Agricultura "Luiz de Queiroz" – ESALQ. Piracicaba, SP. 1992. 182 p.

IEZZI, G.; DOLCE, O.; MACHADO, A. **Matemática e realidade**. 3ª ed. 5ª Série. São Paulo: Atual Editora Ltda. 1996. 280 p.

__________. **Matemática e realidade**. 3ª ed. 6ª Série. São Paulo: Atual Editora Ltda. 1996. 256 p.

__________. **Matemática e realidade**. 3ª ed. 7ª Série. São Paulo: Atual Editora Ltda. 1996. 312 p.

__________. **Matemática e realidade**. 3ª ed. 8ª Série. São Paulo: Atual Editora Ltda. 1996. 268 p.

IEZZI, G.; et al. **Matemática – 2º Grau - 1ª Série**. São Paulo, SP: Atual Editora. 1978. 325 p.

__________. **Matemática – 2º Grau - 2ª Série**. São Paulo, SP: Atual Editora. 1990. 354 p.

__________. **Matemática – 2º Grau - 3ª Série**. São Paulo, SP: Atual Editora. 1974. 294 p.

INSTITUTO PARANAENSE DE DESENVOLVIMENTO ECONÔMICO E SOCIAL – IPARDES. Normas para apresentação de documentos científicos – Tabelas. Universidade Federal do Paraná- **científicos** 9, editora da UFPR. Curitiba, PR. 2000. 54 p.

JOZEAU, M. F. "Historie des statistiques et des probalitités; Un survol". In: L'Institute de Recherches sur l'Enseignement des Mathematiques (IREM) (org.). Des *statistiques* à la pensée statistique. Montpellier. **IREM**, 2001.

JUDICE, M. G.; MUNIZ, J. A.; CARVALHEIRO R. Avaliação do coeficiente de variação na experimentação com suínos. **Ciênc. e Agrotec.**, v. 23, n. 1, p. 170 – 173, jan./mar., 1999.

LE, C. T. **Introductory biostatistics**. New Jersey: John Wiley & Sons, 2003. 536p.

LEITHOLD, L. **Cálculo com geometria analítica**, v. 1. **3ª ed. São Paulo: Editora Harbra. 1994. 684 p.**

___________. **Cálculo com geometria analítica**, v. 2. **3ª ed. São Paulo: Editora Harbra. 1994. 490 p.**

MARTINS, G.A.; DONAIRE, D. Princípios de estatística. São Paulo: Editora Atlas S.A. 4 ed. 1991. 256 p.

MEMÓRIA, J.M. **Curso de Estatística Aplicada à Pesquisa Científica**. Viçosa: Imprensa Universitária, 1960. 304p. (apostila).

MOORE, D. A. A **Estatística básica e sua prática**. 3ª ed. Rio de janeiro: LCT – Livros Técnicos e Científicos Editora S.A. 688 p. 2005.

MURTEIRA, B.; RIBEIRO, C. S.; SILVA, J.A.; PIMENTA, C. **Introdução à Estatística**. Lisboa, Portugal: Editora McGraw-Hill, 2001, 688 p.

NOMELINI. Q. S. S. **Estatística**. Universidade Federal de Uberlândia, campus do Pontal, 2009. 70 p.

NUNES, C.; AFONSO, A. **Apontamentos de introdução às probabilidades e à estatística:** Manuais da Universidade de Évora: v. 1. Área departamental de Ciências Exactas. Évora, Portugal, 2005. 286 p.

OLIVEIRA, M. S.; E. BEARZOTI, VILAS BOAS, F. L., NOGUEIRA, D. A. NICOLAU, LA. **Estatística básica**. Lavras: Editora da Universidade Federal de Lavras - UFLA, 2009. 329 p.

PAGANO, M.; GAUVREAU, K. **Princípios de bioestatística**. São Paulo: Editora Thomson learning. 2006. 524 p.

PETERNELLI, L. A.; MELLO, M. P. **Conhecendo o R**: uma visão estatística. Viçosa: Editora UFV, 2011. 185p.

PIMENTEL–GOMES, F. **Curso de estatística experimental**. 12ª ed. São Paulo: Nobel, 1990. 467 p.

__________. O índice de variação, como substituto vantajoso do coeficiente de variação. Piracicaba: **IPEF**, 1991, 4 p. (Circular Técnica, 178).

R CORE TEAM. **R**: A language and environment for statistical computing. Vienna: R Foundation for Statistical Computing, 2012. Disponível em: <http://www.R-project.org> Acesso em: 04 nov. 2012.

RAMALHO, M. A. P.; FERREIRA, D. F.; OLIVEIRA, C. O. **Experimentação em genética e melhoramento de plantas**. Lavras, MG: Editora da Universidade Federal de lavras (UFLA), 2000. 326 p.

RAO, C. R. Em **Handbook of Statistics**, Vol. 9, Pennsylvania State University, University Park, PA, EUA. Elsevier Science Publishers B. v.9 .1993.745-773 p.

SAMPAIO, I.B. M. **Estatística aplicada à experimentação animal**. 2ª Edição. Belo Horizonte, MG: Fundação de Ensino e Pesquisa em medicina Veterinária e Zootecnia, 2002. 265 p.

SANTANA, D. G. RANAL; M. A **Análise da germinação: um enfoque estatístico** Editora UNB - Fundação Universidade de Brasília.2004. 54 p.

SCAPIM, C. A.; CARVALHO, C. G. P. de; CRUZ, C. D. Uma proposta de classificação dos coeficientes de variação para a cultura do milho. **Pesquisa Agropecuária Brasileira**. Brasília, v. 30, n. 5, p. 683 – 686, maio 1995.

SCOTT, D. W. On optimal and data - based histograms. **Biometrika**, London, v. 66. n. 3, p. 605 – 610, Dec. 1979.

SILVEIRA JÚNIOR, P.; MACHADO, A.A.; ZONTA, E. P.; SILVA, J. B. **Curso de Estatística.** Volume 1. Editora Universitária, UFEPEL. Pelotas, RS, 1989. 136 p.

SPIEGEL, M. R. **Estatística**. São Paulo: McGraw – Hill do Brasil, 2ª ed. 1985. 463 p. (Coleção Shaum).

SPIEGEL, M. R. **Estatística**. São Paulo: McGraw – Hill do Brasil, 3ª ed. 2000. 493 p.

STURGES, H. A. The Choice of a Class Interval. **Journal of the American Statistical Association**. v. 21, p. 65-66. Mar. 1926.

TOLEDO, G. L., OVALLE, I. I. **Estatística Básica**. 2ª ed. São Paulo: Editora Atlas S.A., 1987. 460p.

TUFTE, E. The visual Display of Quantitative Information. **Graphics**

Press: Cheshire. CT. [Princeton University, NJ, and Yale University, New Haven, CT]. 1983.197 p.

WONNACOTT, R. J.; WONNACOTT, T. H. **Fundamentos de estatística**. Rio de janeiro: Livros Técnicos Editora S.A.-LTC. 1985. 369 p.

YULE, G. U.; KENDALL, M. G. **An introduction to the theory of statistics**, London: Charles Griffin & Company Limited, 14ª ed. 1958. 681 p.

APÊNDICE

ALFABETO GREGO

NOME DA LETRA	SÍMBOLOS	
	MAIÚSCULAS	MINÚSCULAS
Alfa	Α	α
Beta	Β	β
Gama	Γ	γ
Delta	Δ	δ
Epsilon	Ε	ε
Zeta	Ζ	ζ
Eta	Η	η
Téta	Θ	θ
Iota	Ι	ι
Capa	Κ	κ
Lambda	Λ	λ
Mu(mi)	Μ	μ
Nu(ni)	Ν	ν
Csi	Ξ	ξ
Omicron	Ο	ο
Pi	Π	π
Ró	Ρ	ρ
Sigma	Σ	σ
Tau	Τ	τ
Upsilon(ipsilon)	Υ	υ
Fi	Φ	φ
Chi(qui)	Χ	χ
Psi	Ψ	ψ
Omega	Ω	ω

SOFTWARE R

1- SOBRE O R

Como afirmam Peternelli e Mello (2011), o R é uma linguagem orientada a objetos que, aliada a um ambiente integrado, permite a manipulação de dados, realização de cálculos e confecção de gráficos. Além dos procedimentos estatísticos, o R permite criar funções em linguagem própria, fazer operações matemáticas simples, manipulação de vetores e matrizes

O software pode ser obtido gratuitamente em www.r-project.org, em três versões, de acordo com o sistema operacional: Linux, MacOS X ou Windows.

Os recursos do R, tais como funções, exemplos, estão todos armazenados em pacotes. Tais recursos ficam disponíveis para utilização apenas quando o pacote é carregado. Quando da instalação do R, alguns pacotes básicos já são automaticamente instalados e carregados, como o 'base' e o 'stats'. Para saber quais pacotes já estão instalados, digite no console do R: library(). Para carregar um pacote instalado, use o comando: library(nome do pacote). Para instalar um pacote, use o comando: install. packages("nome do pacote"). Para saber detalhes sobre um pacote ou uma função de um pacote já carregado, use: help(nome do pacote) ou help(nome da função).

Para uma introdução ao uso do R, consulte Peternelli e Mello (2011) ou utilize o manual em PDF *An Introduction to R*, disponível na ajuda do software.

Os exemplos resolvidos nesse apêndice são todos com dados fictícios.

Algumas funções propostas podem não servir para todos os casos. Não obstante, vale salientar que o objetivo principal desse apêndice é fornecer suporte básico em estatística descritiva ao usuário do R e também estimulá-lo a criar suas próprias funções, conforme sua necessidade.

2- OPERAÇÕES DE ARITMÉTICA

Operação	Sintaxe do R
Adição	+
Subtração	–
Multiplicação	*
Divisão	/
Potenciação	^

Exemplo 1:

x = 2; y = 3; w = 8

```
> (x + y - 10) ^ 2
[1] 25
```

Exemplo 2:

```
> (y * x / 2)
[1] 3
```

3- ALGUMAS FUNÇÕES MATEMÁTICAS

FUNÇÃO(ARGUMENTOS)	O QUE A FUNÇÃO FAZ?
length(x)	Retorna o comprimento de x.
log(x)	Calcula o logaritmo de x na base neperiana.
log(x, base =)	Calcula o logaritmo de x numa base especificada.
exp(x)	Base neperiana elevada a x.
sin(x)	Calcula o seno de x.
cos(x)	Calcula o coseno de x.
tan(x)	Calcula a tangente de x.
asin(x)	Calcula o arc-seno de x.
acos(x)	Calcula o arc-coseno de x.
atan(x)	Calcula o arc-tangente de x.
sqrt(x)	Calcula a raiz quadrada de x.
gamma(x)	Calcula gama de x.
factorial(x)	Calcula x fatorial (ou gamma(x + 1)).
choose(n, k)	Calcula o número total de combinações de n objetos tomados k a k.
sign(x)	Retorna o sinal de x, -1 se negativo ou 1 de positivo.
abs(x)	Retorna o valor absoluto de x.
round(x, digits =)	Arredonda x para um número especificado de casas decimais.
floor(x)	Arredonda x para o menor inteiro mais próximo.
ceiling(x)	Arredonda x para o maior inteiro mais próximo.
trunc(x)	Trunca x no seu valor inteiro.
fractions(x) [1]	Retorna a aproximação racional de x.

[1] função do pacote MASS

4- SOMATÓRIO

Como exemplo, considere os dados do exercício 8.2.6.2, em que X = {7, 3, 9, 5, 6} e Y = {3, 2, 8, 1, 1}.

No R, definamos os objetos:

```
x <- c(7, 3, 9, 5, 6)
y <- c(3, 2, 8, 1, 1)
```

Somatório	Comando no R	Resultado numérico
i) $\sum X$	sum(x)	30
ii) $\sum Y$	sum(y)	15
iii) $\sum X^2$	sum(x^2)	200
iv) $\sum Y^2$	sum(y^2)	79
v) $\sum XY$	sum(x * y)	110
vi) $\sum (X+2)$	sum(x + 2)	40
vii) $\sum (X+Y)$	sum(x + y)	45
viii) $\sum (X-2)$	sum(x – 2)	20
ix) $\sum (X+1)(Y-3)$	sum((x + 1) * (y - 3))	20
x) $\sum (X+2)^2$	sum((x + 2)^2)	340
xi) $\dfrac{\sum (X+4)}{\sum (Y+4)}$	sum(x + 4) / sum (y + 4)	10/7
xii) $\sum \left(\dfrac{X+4}{Y+4} \right)$	sum((x + 4) / (y + 4))	~ 381/50

xiii) $\sum(X-Y)$	sum(x - y)	15
xiv) $\sum\left(\frac{X}{Y}\right)$	sum(x / y)	~ 399/25
xv) $\sum\left(\frac{Y}{X}\right)$	sum(y / x)	~ 47/20

Todos os exemplos anteriores foram resolvidos considerando todas as observações. Considere, porém, que é necessário resolver: $\sum_{i\ 2}$. Para isso, basta o comando:

```
> sum(x[2:4])
[1] 17
```

5- PRODUTÓRIO

Como exemplo, considere o exercício 9.3.4, em que:

Produtório	Comando no R	Resultado numérico
i) $\prod_{i=2}^{5}(2i-1)$	prod(2 * 1:5 - 1)	945
ii) $\prod_{i=1}^{4}3i$	prod(3 * 1:4)	1944
iii) $\prod_{j=1}^{6}(2-\frac{1}{j})$	prod(2 - 1 / 1:6)	231/16
iv) $\prod_{i=3}^{6}\frac{3i}{i-2}$	prod((3 * 3:6) / (3:6 - 2))	1215
v) $\prod_{i=1}^{3}(3i-1)i^3$	prod((3 * 1:3 - 1) * (1:3)^3)	17280

Para o caso em que há não apenas um índice no produtório, mas uma(s) variável(is) propriamente dita(s), tal como na expressão $\prod_{i=1}^{n}(X_i+1)(Y_i-3)$, basta inserir o comando:

```
prod((x + 1) * (y - 3))
```

sendo x e y vetores ou objetos numéricos de tamanho n.

6- GRÁFICOS DE DISTRIBUIÇÕES DE FREQUÊNCIAS

6.1- GRÁFICO EM HASTES

A função a seguir foi desenvolvida para construir um gráfico em hastes.

```
rod <- function(x, y, xlab=NULL, ylab=NULL, y2lab=NULL,
xlim=NULL, ylim=NULL)
{
  n <- length(x)
  par(mar=c(5,5,3,5.5), las=1)
  plot(x, y, pch=16, xaxp=c(min(x), max(x), n-1),
          xaxs=”i”, xlim=xlim, ylim=ylim, ylab=ylab, xlab=xlab)
  abline(h = 0, col=”gray”)
  for(j in 1:n)
          {
          lines(x = c(x[j], x[j]), y = c(0, y[j]), col=”blue”)
          }
  ax4 <- seq(min(y), max(y), len = 5)
  axis(side=4, at=ax4, labels = round(100*ax4 / sum(y), 1))
  if(is.null(y2lab)) y2lab <- “Relative frequency (%)”
  mtext(y2lab, side=4, las=0, padj=4.5)

}
```

Para sua maior comodidade, você pode salvar a função acima em um arquivo separado, por exemplo, em formato .txt com o nome fhaste. txt, para utilizá-la sempre que precisar, sem ter que copiar e executar-lá por inteiro no seu script do R. Para isso, basta ter o arquivo da função no seu diretório atual do R e carregá-la no seu script de trabalho com o comando 'source' (este comando é necessário apenas uma vez).

Exemplo: considere os dados da Tabela 17, distribuição de frequência do número de coelhos machos extraídos do registro de uma granja. Construir um gráfico em hastes com as frequências absolutas (fi).

```
X <- 0:5

Y <- c(15, 10, 13, 6, 3, 3)


rod(x = X, y = Y, xlim = c(-1,6), ylim = c(0,15),
      xlab = "Nº de coelhos machos (X)",
      ylab = "fi", y2lab = "Frequência relativa (%)")
```

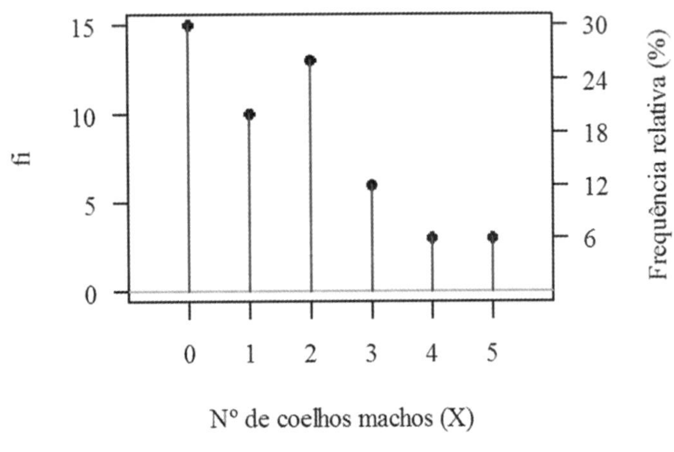

6.2- DIAGRAMA DE RAMOS E FOLHAS

Use a função stem().

Exemplo: para obter o diagrama de ramos e folhas de {2, 3, 7, 6, 10, 10, 10, 12, 15}, basta fazer:

```
exemplo <- c(2, 3, 7, 6, 10, 10, 10, 12, 15)

> stem(exemplo)

 The decimal point is 1 digit(s) to the right of the |

 0 | 23

 0 | 67

 1 | 0002

 1 | 5
```

6.3- HISTOGRAMA E OGIVA

Para construir um histograma, utilize a função hist().

Exemplo: para obter o histograma de {2, 3, 7, 6, 10, 10, 10, 12, 15}, definindo 3 classes, basta fazer:

```
exemplo <- c(2, 3, 7, 6, 10, 10, 10, 12, 15)

H <- hist(exemplo, breaks = 3)
```

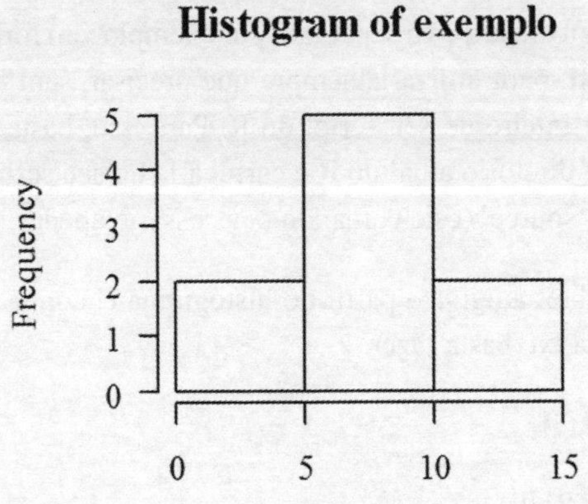

Função para obtenção da ogiva de Galton a partir de um histograma:

```
ogiva <- function(histogram, freq = FALSE, ...)
{
     if(class(histogram)!="histogram")
       stop("you must use a histogram!")
     nc <- length(histogram$mids)
     c <- NULL
     d <- NULL
     for(i in 1:nc)
          {
          c[i] <- sum(histogram$counts[1:i])
          d[i] <- sum(histogram$density[1:i])
          }
     histogram$counts <- c
     histogram$density <- d
     plot(histogram, prob = NULL, freq = freq,
       main = paste("Ogiva of", histogram$xname), ...)
     result <- list(breaks = histogram$breaks, counts = c,
     density = d, mids = histogram$mid)
}
```

Assim como feito com a função para o gráfico em hastes, você pode salvar a função acima em um arquivo separado, por exemplo, em formato .txt com o nome fogiva.txt, para utilizá-la sempre que precisar, sem ter que copiar e executar-lá por inteiro no seu script do R. Para isso, basta ter o arquivo da função no seu diretório atual do R e carregá-la no seu script de trabalho com o comando 'source' (este comando é necessário apenas uma vez).

Exemplo: para obter a ogiva a partir do histograma H com a função ogiva no arquivo fogiva.txt, basta fazer:

source("fogiva.txt")

ogiva(H, freq = TRUE)

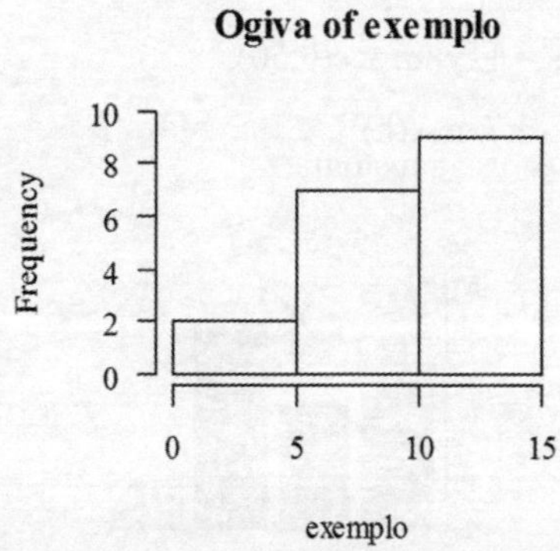

7- GRÁFICOS DE BARRAS, COLUNAS E SETORES

Para os exemplos que se seguem, considere o objeto:

```
h <- c(30, 25, 41.5, 10.2)

names(h) <- letters[1:4]

> h

   a    b    c    d

30.0 25.0 41.5 10.2
```

Carregue o pacote grDevices para reproduzir os exemplos a seguir.

Para gráficos de barras:

```
barplot(height = h, horiz = TRUE, las = 1, xlim = c(0,50),
          col = gray(1 - h / max(h)))
```

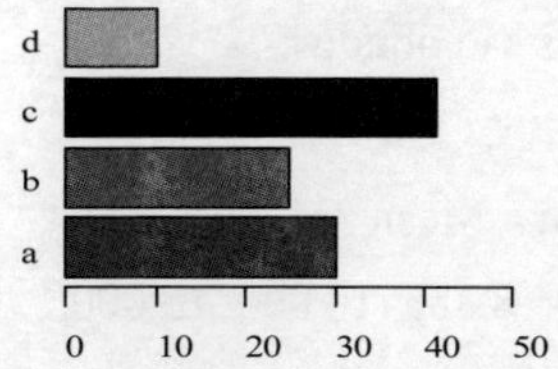

Para gráficos de colunas:

```
barplot(height = h, las = 1, ylim = c(0,50),
        col = gray(1 - h / max(h)))
```

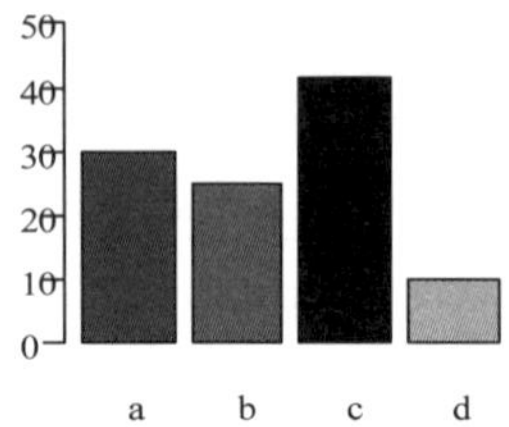

Para gráficos de setores (ou pizza):

```
pie(x = h, col = topo.colors(4))
```

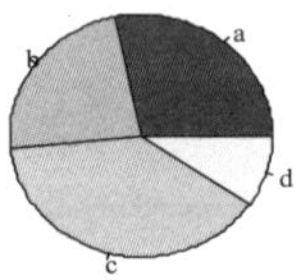

8- MEDIDAS RESUMO

A função summary() fornece algumas medidas resumo. Por exemplo, considerando o objeto:

```
exemplo <- c(2, 3, 7, 6, 10, 10, 10, 12, 15)
```

Os seguintes resultados são obtidos:

```
> summary(exemplo)
   Min. 1st Qu.  Median    Mean 3rd Qu.    Max.
  2.000   6.000  10.000   8.333  10.000  15.000
```

isto é, a função retorna as estatísticas: mínimo, 1º quartil, mediana (ou 2º quartil), média aritmética, 3º quartil e máximo.

A tabela a seguir resume o modo de utilização de mais algumas medidas resumo vistas neste livro.

ESTATÍSTICA	FUNÇÃO(ARGUMENTOS)	O QUE A FUNÇÃO FAZ?
Média	mean(x)	Calcula a média aritmética de x
Média winsorized	Ver função a seguir...	Calcula a média winsorized para uma dada fração p (um valor entre 0 e 0,5) de observações.
Média truncada	mean(x, trim = p)	Calcula a média truncada para uma dada fração p (um valor entre 0 e 0,5) de observações.
Média ponderada	weighted.mean(x, w)	Calcula a média aritmética de x, ponderada pelo vetor de pesos w
Média geométrica	geometricmean(x)† ou… prod(x)^(1 / length(x))	Calcula a média geométrica de x
Média harmônica	1 / mean(1 / x)	Calcula a média harmônica de x
Mediana	median(x)	Calcula a mediana de x
Moda	Ver função a seguir...	Calcula a moda de x
Variância	var(x)	Calcula a variância amostral de x
Desvio padrão	sd(x)	Calcula o desvio padrão amostral de x
Erro padrão da média	sd(x) / sqrt(length(x))	Calcula o erro padrão da média de x.
CV(%) Pearson	100 * sd(x) / mean(x)	Calcula o coeficiente de variação (%) de x.
Mínimo	min(x)	Retorna o mínimo valor de x
Máximo	max(x)	Retorna o máximo valor de x
Amplitude	range(x)	Retorna o mínimo e o máximo valor de x
Rol (crescente)	sort(x)	Retorna o vetor x em ordem crescente
Rol (decrescente)	sort(x, decreasing=TRUE)	Retorna o vetor x em ordem decrescente

Assimetria ($g_{software}$)	skewness(x)[††]	Calcula o coeficiente de assimetria de x
Curtose ($K_{software}$)	kurtosis(x)[††]	Calcula o coeficiente de curtose de x

[†]função do pacote compositions; [††]função do pacote agricolae

Função para o cálculo da média winsorized:

```
winmean <- function(x, p)
{
  if(length(p) != 1 || p < 0 || p > 0.5)
  stop('"p" deve ser um valor entre 0 e 0.5!')
  qx <- quantile(x, c(p, 1-p))
  x[x < qx[1]] <- qx[1]
  x[x > qx[2]] <- qx[2]
  return(mean(x))
}
```

Assim como feito com a função da ogiva de Galton, você pode salvar a função acima em um arquivo separado, por exemplo, em formato .txt com o nome fwinmean.txt, para utilizá-la sempre que precisar, sem ter que copiar e executar-lá por inteiro no seu script do R. Para isso, basta ter o arquivo da função no seu diretório atual do R e carregá-la no seu script de trabalho com o comando 'source' (este comando é necessário apenas uma vez).

Exemplo: para calcular a média winsorized de 90% da amostra {0, 220, 250, 232, 240, 260, 595} com a função winmean no arquivo fwinmean.txt, basta fazer:

source("fwinmean.txt")

> y <- c(0, 220, 250, 232, 240, 260, 595)

> winmean(y, 0.05)

[1] 251.7857

Função para o cálculo do valor modal de dados não agrupados:

```
moda <- function(x)
{
    x <- as.vector(x)
    t <- table(x)
    m <- names(t)[t == max(t)]
    c = NULL
    for(i in 1:length(t))
        {
        if(max(t[i])==max(t))
          c[i] <- 1
          else{c[i] <- 0}
        }
    if(length(t)==sum(c))
      m <- message("Amodal!")
      else{m <- m}
    return(m)
}
```

Exemplo 1: para calcular a moda de {2, 2, 3, 4} com a função moda no arquivo fmoda.txt, basta fazer:

source("fmoda.txt")

> moda(c(2,2,3,4))

[1] "2"

Exemplo 2: calcular a moda de {a, a, b, b, c, d}.

```
> moda(c("a", "a", "b", "b", "c", "d"))
[1] "a" "b"
```

USANDO O PACOTE **fBasics**

O pacote fBasics possui algumas funções bastante úteis para sumarização de dados, dentre elas a função basicStats(), que reúne várias estatísticas apresentadas na tabela anterior.

Primeiramente é preciso carregar o pacote, previamente instalado.

```
library(fBasics)
```

Com os dados 'exemplo' utilizados ainda nesta seção, podemos utilizar a função para obter o seguinte resultado:

```
> basicStats(x = exemplo)
            exemplo
nobs        9.000000
NAs         0.000000
Minimum     2.000000
Maximum    15.000000
1. Quartile 6.000000
3. Quartile 10.000000
Mean        8.333333
Median     10.000000
Sum        75.000000
SE Mean     1.404358
LCL Mean    5.094877
UCL Mean   11.571789
Variance   17.750000
Stdev       4.213075
Skewness   -0.091129
Kurtosis   -1.367167
```

9- MEDIDAS DE ASSOCIAÇÃO ENTRE VARIÁVEIS

Para os exemplos a seguir, considere os objetos:

x <- c(7, 3, 9, 5, 6)

y <- c(3, 2, 8, 1, 1)

9.1- COVARIÂNCIA AMOSTRAL

> cov(x, y)

[1] 5

9.2- CORRELAÇÃO DE PEARSON

> cor(x, y)

[1] 0.766965

9.3- CORRELAÇÃO DE SPEARMAN

> cor(x, y, method = "spearman")

[1] 0.6668859

9.4- CORRELAÇÃO DE KENDALL

> cor(x, y, method = "kendall")

[1] 0.5270463

10- QUARTIL, DECIL, PERCENTIL

Use a função quantile().

Para os exemplos a seguir, considere o conjunto de dados 'GC':

GC <- c(141, 160, 141, 142, 142, 143, 144, 145, 146, 146,

150, 150, 151, 152, 154, 157, 158, 159, 160, 141)

a) Para determinar os quartis:

```
> quantile(GC)
    0%    25%    50%    75%   100%
141.00 142.75 148.00 154.75 160.00
```

b) Para determinar os decis

```
> quantile(GC, p = seq(from = 0, to = 1, by = 0.1))
   0%   10%   20%   30%   40%   50%   60%   70%   80%   90%  100%
141.0 141.0 142.0 143.7 145.6 148.0 150.4 152.6 157.2 159.1 160.0
```

c) Para determinar, por exemplo, os percentis 5% e 95%

```
> quantile(GC, p = c(0.05, 0.95))
 5% 95%
141 160
```

11- BOX PLOT

Use a função boxplot().

Exemplo 1 – boxplot simples: Construir o boxplot de K = {2, 3, 8, 5, 6, 1}.

```
K <- c(2, 3, 8, 5, 6, 1)
boxplot(K, main = "Exemplo 1", ylim = c(0,12))
```

Exemplo 2 – boxplot múltiplo: Construir o boxplot de K = {2, 3, 8, 5, 6, 1}, L = { 10, 11, 10, 8, 6, 9} e M = { 1, 1, 0.5, 3, 1.8, 0.9}.

```
L <- c(10, 11, 10, 8, 6, 9)

M <- c(1, 1, 0.5, 3, 1.8, 0.9)

boxplot(cbind(K, L, M), main = "Exemplo 2", ylim = c(0,12))
```

Os gráficos gerados são:

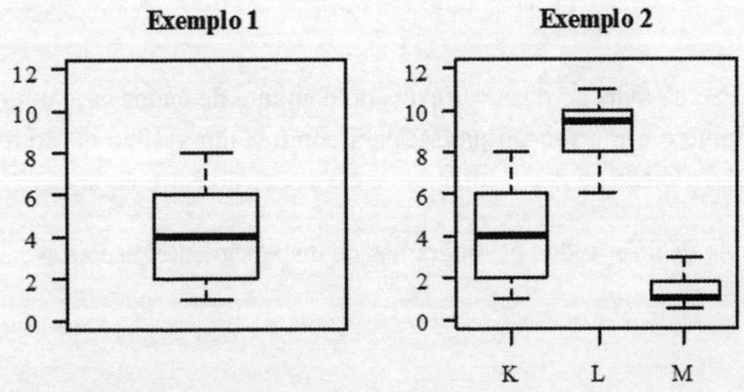

12- DIAGRAMAS DE DISPERSÃO

12.1- DIAGRAMAS EM 2D

Use a função plot().

Exemplo 1: fazer diagrama de dispersão de X = {2, 4, 6, 8, 10} e Y = {10, 3, 1, 2, 1}.

```
x <- c(2, 4, 6, 8, 10)

y <- c(10, 3, 1, 2, 1)

plot(x, y)
```

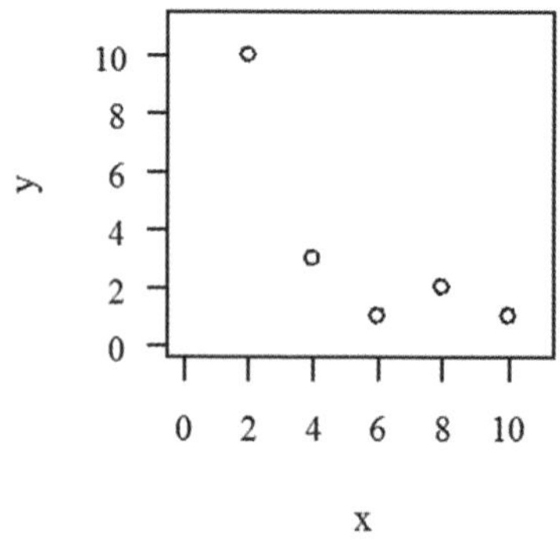

Se há mais de duas variáveis no conjunto de dados, crie um objeto data.frame e use a função pairs() para contruir um gráfico de draftsman, onde são plotados todos os diagramas de dispersão entre variáveis 2 a 2.

Exemplo 2: fazer todos os diagramas de dispersão entre as variáveis X, Y e Z = X - Y.

```
z <- x - y

vars <- data.frame(x, y, z)


> vars

  x  y  z

1  2 10 -8

2  4  3  1

3  6  1  5

4  8  2  6

5 10  1  9
```

pairs(vars)

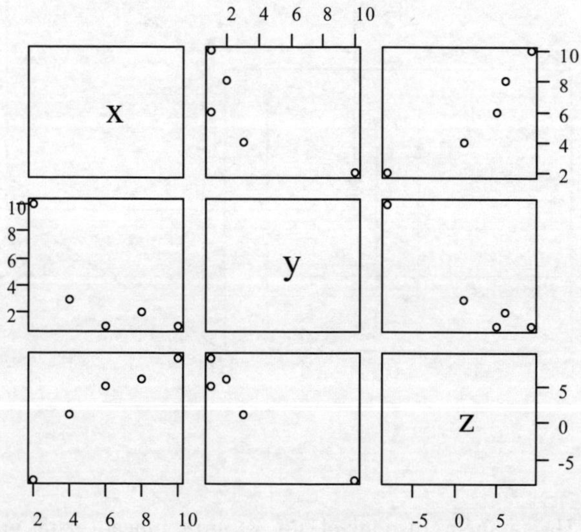

12.2- DIAGRAMAS EM 3D

Para o caso em que há três variáveis, um diagrama de dispersão em três dimensões pode ser tão ou mais útil que os diagramas 2 a 2 em duas dimensões.

Para diagramas em 3D, utilizaremos a função scatterplot3d(), do pacote de mesmo nome.

Exemplo: com os dados de x, y e z já conhecidos, podemos fazer:

```
scatterplot3d(x, y, z, scale.y = 0.9, angle = 40, pch = 16,
        color = "blue", type = "h")
```

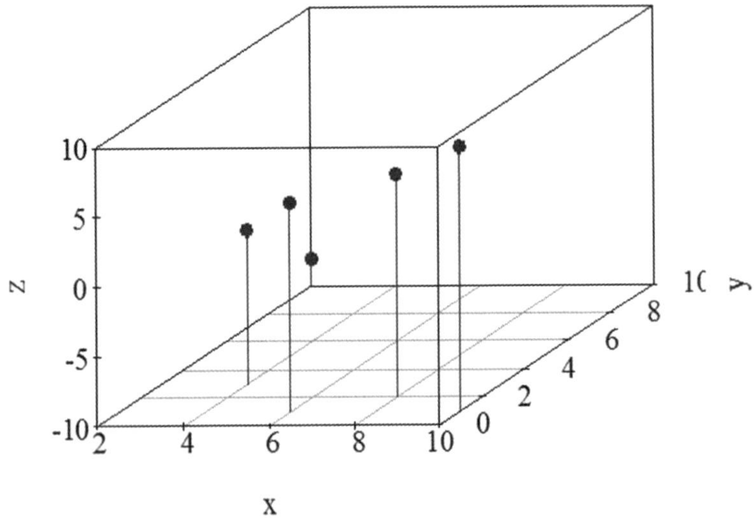

Há também disponível no R uma função para gráficos 3D interativos, isto é, os quais permitem que o usuário faça rotações sobre os seus eixos usando o mouse. Para tal, carregue o pacote **rgl** e utilize a função: plot3d(x, y, z).

SOFTWARE SAS

1- SOBRE O SAS

O SAS (*Statistical Analysis System*) é um sistema de softwares integrados que permite um domínio completo sobre o acesso, à manipulação, à análise e à apresentação de dados, contendo módulos para estatística, pesquisa operacional, controle de qualidade, econometria, geração de gráficos e relatórios, gerenciamento de dados. Por sua característica modular, o SAS pode ser adquirido por partes, de acordo com as necessidades do usuário.

Dentre os vários módulos do SAS, o BASE é de grande utilidade no que se refere a geração de gráficos e estatísticas descritivas. Trata-se de uma interface visual para programação que permite criar e manipular arquivos, acessar um editor de programas (*EDIT*), uma tela de comentários (*LOG*) e de saída de relatórios (*OUTPUT*), entre outras funcionalidades. O SAS/BASE é necessário em qualquer instalação do SAS, uma vez que é ele quem gerencia os demais módulos do SAS. Outros módulos do SAS são SAS/STAT para estatística, SAS/OR para pesquisa operacional, SAS/GRAPH para gráficos, SAS/IML para operações matriciais. Em cada módulo existem as rotinas de processamento chamadas *procedures*. Assim, há o proc univariate, o proc o print, o proc means, o proc summary, todos do módulo BASE. Há o proc anova, o proc glm, ambos dos módulo STAT. Há o proc gchart e o proc plot no módulo GRAPH. O proc IML no SAS/IML. O proc nlp no módulo OR.

Um SAS "DATASET" é um arquivo criado na memória RAM do computador e criado pelo comando *data "nome"*. A estrutura de criação de um arquivo fica na janela *EDIT*.

O Sistema está disponível para VM/CMS, MVS, VMS, HP/UX, Solares, DEC/ULTRIX, DEC/AIX, *Sun*, RS/600 AIX, MS-DOS, OS/2, Windows e outros ambientes.

Para obter ajuda em procedimentos matemáticos, estatísticos ou de manipulação de dados, utilize o help do próprio software ou acesse:

http://www.sas.com/ e consulte o manual **SAS User's Guide Basics**.

Os exemplos resolvidos nesse apêndice são todos com dados fictícios.

Por convenção, aqui qualquer palavra ou letra em minúsculo faz parte da sintaxe do SAS e em maiúsculo são os nomes utilizados pelo usuário. Entretanto, deve ficar claro que é possível escrever de qualquer forma, inclusive misturando letras maiúsculas e minúsculas.

A novidade é que o SAS disponibiliza o "SAS University Edition", o software gratuito do SAS para análise na url:

www.sas.com/pt_br/software/university-edition.html

2- OPERAÇÕES DE ARITMÉTICA

Operação	Sintaxe do R
Adição	+
Subtração	–
Multiplicação	* ou #
Divisão	/
Potenciação	** ou ##

Exemplo: utilizando o "procedure" IML, definimos:

```
proc iml;

reset print;

X=2; Y=3; W=8;

RES1 = (X + Y - 10) ** 2;

RES2 = (Y * X / 2);

quit;
```

Os comandos acima geram a saída:

```
X       1 row    1 col    (numeric)
                   2
Y       1 row    1 col    (numeric)
                   3
W       1 row    1 col    (numeric)
                   8
RES1    1 row    1 col    (numeric)
                   25
RES2    1 row    1 col    (numeric)
                   3
```

3- ALGUMAS FUNÇÕES MATEMÁTICAS

FUNÇÃO	DESCRIÇÃO
n(X)	Retorna número de dados X.
log(X)	Calcula o logaritmo neperiano de X.
log10(X)	Calcula o logaritmo na base 10 de X.
exp(X)	Exponencial de X.
sin(X)	Seno de X.
cos(X)	Coseno de X;
tan(X)	Tangente de X.
sqrt(X)	Raiz quadrada de X.
gamma(X)	Gama de X.
fact(X)	X Fatorial.
comb(n, k)	Calcula o número total de combinações de n objetos tomados k a k.
sign(X)	Retorna o sinal de X, -1 se negativo ou 1 se positivo.
abs(X)	Retorna o valor absoluto.
round(X, 0.01)	Arredonda X definindo o número de casas decimais (2 no caso).
floor(X)	Arredonda X para o menor inteiro mais próximo.
ceil(X)	Arredonda X para o maior inteiro mais próximo.
int(X)	Extrai o valor inteiro de X.

4- SOMATÓRIO

Como exemplo, considere os dados do exercício 8.2.6.2, em que X = {7, 3, 9, 5, 6} e Y = {3, 2, 8, 1, 1}.

Usando o PROC IML, definamos:

```
proc iml;
reset print;
X = {7 3 9 5 6};
Y = {3 2 8 1 1};
SOMA1 = sum(X);
...
SOMA15 = sum(Y / X);
quit;
```

Somatório	Comando no SAS	Resultado numérico
i) $\sum X$	sum(X)	30
ii) $\sum Y$	sum(Y)	15
iii) $\sum X^2$	sum(X##2)	200
iv) $\sum Y^2$	sum(Y##2)	79
v) $\sum XY$	sum(X # Y)	110
vi) $\sum (X+2)$	sum(X + 2)	40

vii) $\sum(X+Y)$	sum(X + Y)	45
viii) $\sum(X-2)$	sum(X – 2)	20
ix) $\sum(X+1)(Y-3)$	sum((X + 1) # (Y - 3))	20
x) $\sum(X+2)^2$	sum((X + 2)##2)	340
xi) $\dfrac{\sum(X+4)}{\sum(Y+4)}$	sum(X + 4) / sum(Y + 4)	10/7
xii) $\sum\left(\dfrac{X+4}{Y+4}\right)$	sum((X + 4) / (Y + 4))	~ 381/50
xiii) $\sum(X-Y)$	sum(X - Y)	15
xiv) $\sum\left(\dfrac{X}{Y}\right)$	sum(X / Y)	~ 399/25
xv) $\sum\left(\dfrac{Y}{X}\right)$	sum(Y / X)	~ 47/20

Todos os exemplos anteriores foram resolvidos considerando todas as observações. Considere, porém, que é necessário resolver: $\sum_{i=2}^{4} X_i$. Para isso, basta o comando: sum(X[2:4]).

5- PRODUTÓRIO

Como exemplo, considere o exercício 9.3.4, em que:

Produtório	Comando no SAS	Resultado numérico
i) $\prod_{i=2}^{5}(2i-1)$	**data** P1; PROD1=**1**; do i=**2** to **5**; PROD1=(**2***i-**1**)*PROD1; end; ; **proc print** data=P1; **run**;	945
ii) $\prod_{i=1}^{4}3i$	**data** P2; PROD2=**1**; do i=**1** to **4**; PROD2=(**3***i)*PROD2; end; ; **proc print** data=P2; **run**;	1944
iii) $\prod_{j=1}^{6}(2-\frac{1}{j})$	**data** P3; PROD3=**1**; do j=**1** to **6**; PROD3=(**2**-**1**/j)*PROD3; end; ; **proc print** data=P3; **run**;	231/16

iv) $\prod_{i=3}^{6} \frac{3i}{i-2}$	**data** P4; PROD4=**1**; do i=**3** to **6**; PROD4=(**3***i/(i-**2**))*PROD4; end; ; **proc print** data=P4; **run**;	1215
v) $\prod_{i=1}^{3} (3i-1)i^3$	**data** P5; PROD5=**1**; do i=**1** to **3**; PROD5=(**3***i-**1**)*(i****3**)*PROD5; end; ; **proc print** data=P5; **run**;	17280

Para o caso em que há não apenas um índice no produtório, mas uma(s) variável(is) propriamente dita(s), tal como na expressão $\prod_{i=1}^{n} (X_i + 1)(Y_i - 3)$, basta inserir o comando:

```
data P6;
 PROD6=1;
do i=1 to 3;
  input X Y;
  PROD6=(X+1)*(Y-3)*PROD6;
end;
```

```
cards;
8 9
3 5
1 8
;
proc print data=P6;

run;
```

sendo X e Y vetores de tamanho n = 3 como inseridos no exemplo do comando acima. O resultado do exemplo é: 4320.

6- GRÁFICOS DE DISTRIBUIÇÕES DE FREQUÊNCIAS

6.1- DIAGRAMA DE RAMOS E FOLHAS

Use o PROC UNIVARIATE.

Exemplo: para obter o diagrama de ramos e folhas de {2, 3, 7, 6, 10, 10, 10, 12, 15}, basta fazer:

```
data EXEMPLO;
input X;
cards;
2
3
7
6
10
10
10
12
15
;
proc univariate data=EXEMPLO plot;
  var X;
run;
```

```
Stem Leaf          #    Boxplot
 14  0             1       |
 12  0             1       |
 10  000           3    +-----+
  8                     |  +  |
  6  00            2    +-----+
  4                        |
  2  00            2       |
    ----+----+----+----+
```

6.2- HISTOGRAMA

Para construir um histograma, utilize a função o PROC GCHART.

Exemplo: para obter o histograma de {2, 3, 7, 6, 10, 10, 10, 12, 15}, definindo 3 classes, basta fazer:

proc gchart data=EXEMPLO;

vbar x / midpoints= **3 8 13** space=**0**;

run;

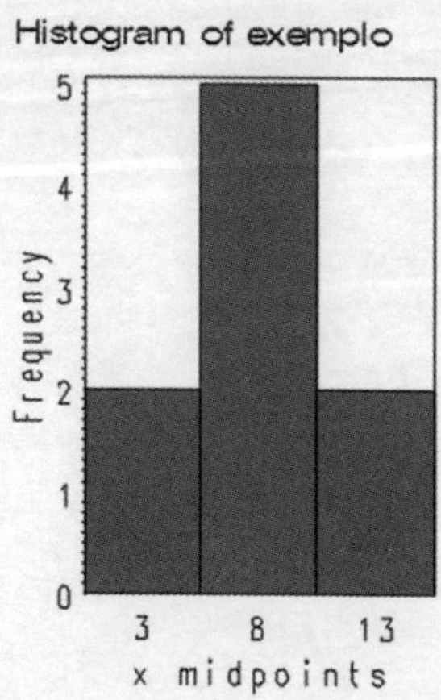

Outra opção é utilizar o PROC UNIVARIATE, inserindo o comando "histogram", da seguinte forma

```
proc univariate data=EXEMPLO;
  histogram / normal
              midpoints = 3 8 13
              ctext = black
              cbarline = black
              cfill = red;
run;
```

7- GRÁFICOS DE BARRAS, COLUNAS E SETORES

Para os exemplos que se seguem, considere o dataset:

```
data H;
input NOME $ H;
cards;
a 30
b 25
c 41.5
d 10.2
;
```

Para gráficos de barras:

```
proc gchart data=H;
  hbar NOME / freq=H nostats;
run;
```

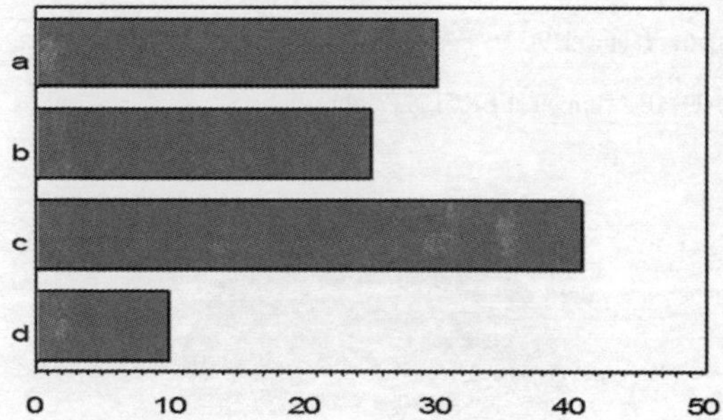

Para gráficos de colunas:

```
proc gchart data=H;
  vbar NOME / freq=H;
run;
```

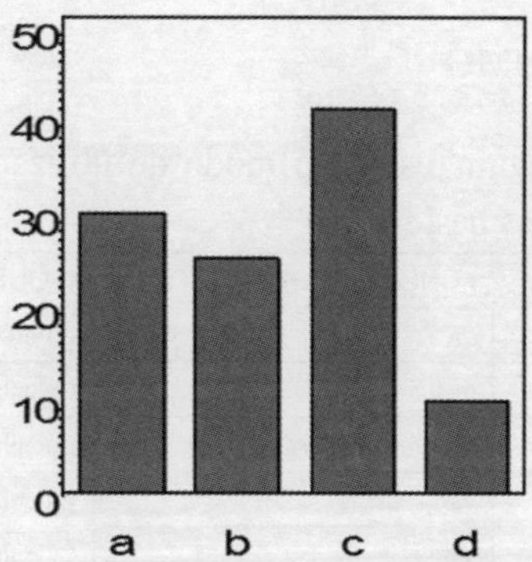

Para gráficos de setores (ou pizza):

Primeiramente, vamos transformar os dados 'H' em porcentagens, utilizando o PROC FREQ.

```
proc freq data=H;
  tables NOME/out=HPCT;
  weight H;
run;
```

```
proc gchart data=HPCT;
  pie NOME / sumvar=PERCENT noheading;
run;
```

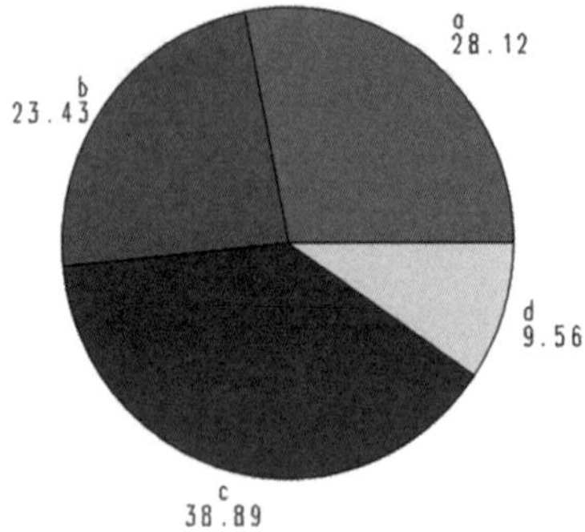

8- MEDIDAS RESUMO

A tabela a seguir resume o modo de utilização de mais algumas medidas resumo vistas neste livro.

ESTATÍSTICA	FUNÇÃO(ARGUMENTOS)	O QUE A FUNÇÃO FAZ?
Média	mean	Calcula a média aritmética.
Mediana	median	Calcula a mediana.
Moda	Via *proc univariate*.	Calcula a moda.
Variância	var	Calcula a variância amostral.
Desvio padrão	std	Calcula o desvio padrão amostral.
Erro padrão da média	stderr	Calcula o erro padrão da média.
CV(%) Pearson	cv	Calcula o coeficiente de variação (%).
Mínimo	min	Retorna o mínimo valor.
Máximo	max	Retorna o máximo valor.
Amplitude	range	Retorna o mínimo e o máximo valor.
Assimetria ($g_{software}$)	skewness	Calcula o coeficiente de assimetria.
Curtose ($K_{software}$)	kurtosis	Calcula o coeficiente de curtose.

Utilize o PROC MEANS para obter essas medidas resumo, da seguinte forma:

```
proc means data=X
    mean median var std
  stderr CV min max range
  skewness kurtosis;
run;
```

USANDO O PROC UNIVARIATE

Esse *procedure* retorna um resumo bastante completo no que se refere a resumo de dados, reunindo várias estatísticas apresentadas na tabela anterior.

Exemplo: com os dados 'exemplo' utilizados ainda nesta seção, podemos utilizar os comandos:

```
proc univariate data=EXEMPLO;
var X;
run;
```

USANDO O PROC UNIVARIATE

Esse *procedure* retorna um resumo bastante completo no que se refere a resumo de dados, reunindo várias estatísticas apresentadas na tabela anterior.

Exemplo: com os dados 'exemplo' utilizados ainda nesta seção, podemos utilizar os comandos:

proc univariate data=EXEMPLO;

var X;

run;

Com o seguinte output:

The UNIVARIATE Procedure

Variable: X

Moments

N	9	Sum Weights	9
Mean	8.33333333	Sum Observations	75
Std a Deviation	4.21307489	Variance	17.75
Skewness	-0.1318116	Kurtosis	-0.6351348
Uncorrected SS	767	Corrected SS	142
Coeff Variation	50.5568986	Std Error Mean	1.4043583

Basic Statistical Measures

Location		Variability	
Mean	8.33333	Std Deviation	4.21307
Median	10.00000	Variance	17.75000
Mode	10.00000	Range	13.00000
		Interquartile Range	4.00000

Tests for Location: Mu0=0

Test	-Statistic-		-----p Value------	
Student's t	t	5.933908	Pr > |t|	0.0003
Sign	M	4.5	Pr >= |M|	0.0039
Signed Rank	S	22.5	Pr >= |S|	0.0039

Quantiles (Definition 5)

Quantile	Estimate
100% Max	15
99%	15
95%	15
90%	15
75% Q3	10
50% Median	10
25% Q1	6
10%	2
5%	2
1%	2
0% Min	2

9- MEDIDAS DE ASSOCIAÇÃO ENTRE VARIÁVEIS

Use o PROC CORR.

Exemplo: considere cinco pares de dados das variáveis x e y dados a seguir:

```
data CORREL;
input X Y;
cards;
7 3
3 2
9 8
5 1
6 1
;
proc corr data=CORREL
        cov pearson spearman kendall NOPROB NOSIMPLE;
        var X Y;
run;
```

Observe que estamos solicitando a covariância amostral e as correlações do tipo: Pearson, Spearman e Kendall. Os argumentos NOPROB e NOSIMPLE foram dados para não imprimir os valores p (*p-values*) associados a cada correlação e estatísticas descritivas, respectivamente.

O *procedure* CORR produz a saída:

```
           The CORR Procedure

        2 Variables:    X       Y

           Covariance Matrix, DF = 4

                    X               Y

   X      5.000000000      5.000000000
   Y      5.000000000      8.500000000

       Pearson Correlation Coefficients, N = 5

                    X         Y

         X      1.00000    0.76696
         Y      0.76696    1.00000

       Spearman Correlation Coefficients, N = 5

                    X         Y

         X      1.00000    0.66689
         Y      0.66689    1.00000

     Kendall Tau b Correlation Coefficients, N = 5

                    X         Y

         X      1.00000    0.52705
         Y      0.52705    1.00000
```

10- QUARTIL, DECIL, PERCENTIL

Use o PROC UNIVARIATE.

Veja na seção MEDIDAS RESUMO que esse *procedure* retorna alguns quantis predefinidos.

Para o exemplo a seguir, considere o conjunto de dados 'GC':

```
data GC;
input GC;
cards;
141
160
141
142
142
143
144
145
146
146
150
150
151
152
154
157
158
159
160
141
;
proc univariate data=GC noprint;
        var GC;
        output out=Q pctlpts= 5 25 50 75 95
                        pctlpre=quantil;

run;
```

Observe que o argumento **noprint** foi utilizado para não imprimir as estatísticas padrão do proc univariate. Os quantis 5, 25, 50, 75 e 95% estão sendo armazenados no dataset chamado 'Q', como impresso a seguir:

```
proc print data=Q;
run;
```

Obs	quantil5	quantil25	quantil50	quantil75	quantil95
1	141	142.5	148	155.5	160

11- BOX PLOT

Use o PROC BOXPLOT.

Exemplo – boxplot múltiplo: Construir o boxplot de K = {2, 3, 8, 5, 6, 1}, L = { 10, 11, 10, 8, 6, 9} e M = { 1, 1, 0.5, 3, 1.8, 0.9}.

```
data KLM;
input TIPO $ VALOR;
cards;
K 2
K 3
K 8
K 5
K 6
K 1
L 10
L 11
L 10
L 8
L 6
L 9
M 1
M 1
M 0.5
M 3
M 1.8
M 0.9
;

proc boxplot data=KLM;
plot VALOR*TIPO;
run;
```

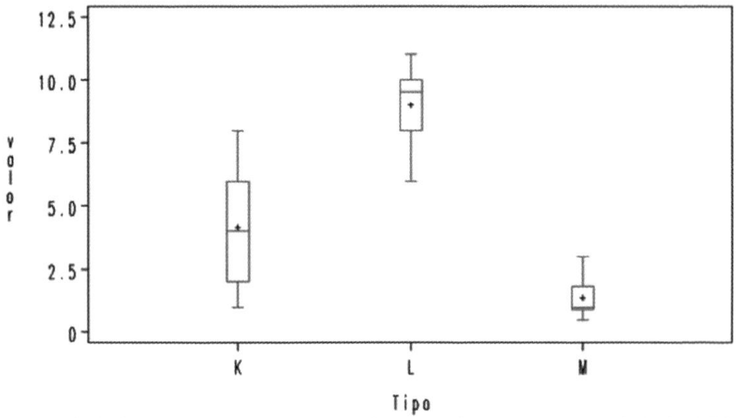

12- DIAGRAMAS DE DISPERSÃO

12.1- DIAGRAMAS EM 2D

Use o PROC GPLOT.

Exemplo 1: com o *dataset* a seguir, fazer diagrama de dispersão de X e Y.

```
data CORREL2;
input X Y Z;
cards;
2 10 -8
4 3 1
6 1 5
8 2 6
10 1 9
;

proc gplot data=CORREL2;
        plot Y*X / vaxis= 0 to 12 by 2
        haxis= 0 to 12 by 2;
run;
```

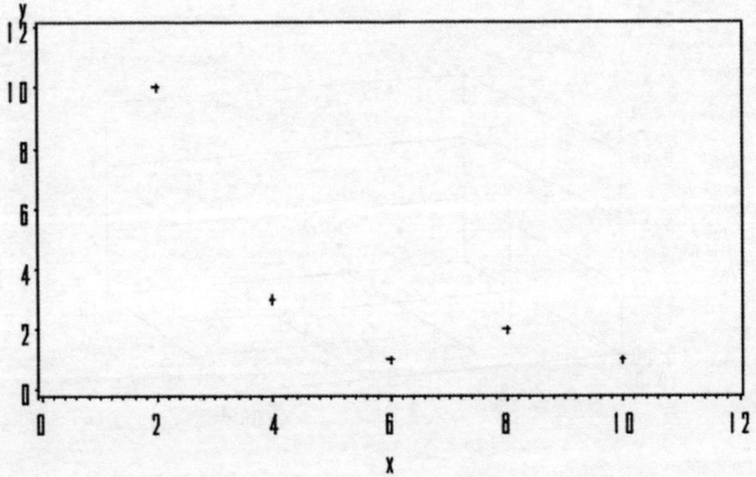

12.2- DIAGRAMAS EM 3D

Para o caso em que há três variáveis, um diagrama de dispersão em três dimensões pode ser tão ou mais útil que os diagramas 2 a 2 em duas dimensões.

Para diagramas em 3D, utilizaremos o PROC G3D.

Exemplo: com os dados de X, Y e Z do *dataset* "CORREL2", podemos fazer:

```
proc g3d data=CORREL2;
  plot X*Y=Z / grid caxis=black cbottom=blue;
  scatter X*Y=Z /grid caxis=black;
run;
```

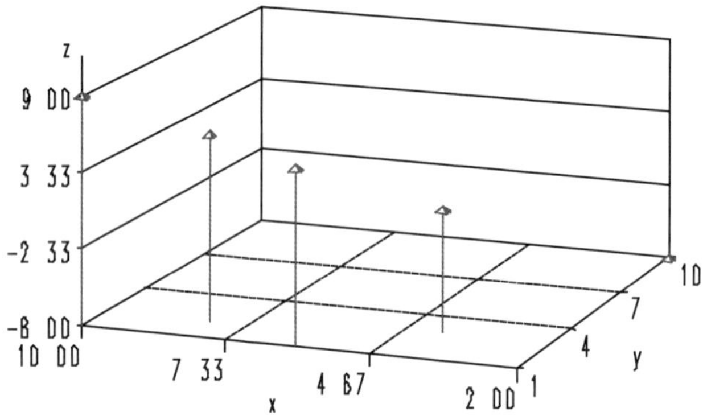
z
9 00
3 33
-2 33
-8 00
10 00
7 33
4 67
2 00
x
1
4
7
10
y

GLOSSÁRIO MATEMÁTICO

1-ARITMÉTICA, ÁLGEBRA ELEMENTAR E CÁLCULO DIFERENCIAL E INTEGRAL.

1.1.MÓDULO OU VALOR ABSOLUTO

Módulo ou valor absoluto de um número real x é o valor de x, independentemente do sinal e é denotado por $|X|$.

Exemplo: $|-5| = |5| = 5$

1.2.FATORIAL

Fatorial de um número inteiro n é o produto de todos os inteiros de 1,2,...,n e é indicado por n!.

Exemplo: $5! = 5\times4\times3\times2\times1 = 120$.

$n! = n\times(n-1)\times(n-2)\times(n-3)\times...\times1$.

$0! = 1$ (por definição).

1.3.REGRAS PARA OS ÍNDICES (POTENCIAÇÃO)

$$X^a.X^b = X^{a+b}$$

$$\frac{X^a}{X^b} = X^{a-b}$$

$$\left(X^a\right)^b = X^{ab}$$

$X^0 = 1,\ X \neq 0$ (Toda potência de expoente 0 é igual a 1, desde que a base seja diferente de zero).

Exemplo: $\frac{6^2}{6^2} = \frac{36}{36} = 1$; $\frac{6^2}{6^2} = 6^{2-2} = 6^0 = 1$

$X^1 = X$ (Toda potência de expoente 1 é igual à base).

Exemplo: $\frac{2^5}{2^4} = \frac{32}{16} = 2$; $\frac{2^5}{2^4} = 2^{5-4} = 2^1$

$X^{-a} = \frac{1}{X^a}$

$(-X)^a = X^a$, sendo "a" um número par.

-Exemplos:

$2^2 \times 2^3 = 4 \times 8 = 32 = 2^5 = 2^{2x3}$;

$\frac{3^3}{3^2} = \frac{27}{9} = 3 = 3^{3-2}$;

$\left(2^3\right)^2 = 8^2 = 64 = 2^6 = 2^{2x3}$; $-3^2 = 9$; $-3^5 = -243$

1.4. FRAÇÃO

i) Soma ou adição de frações homogêneas ou de mesmo denominador.

Como fazer: Somam-se os numeradores e conserva-se o denominador comum.

Exemplo: $\frac{2}{8} + \frac{3}{8} = \frac{2+3}{8} = \frac{5}{8}$

ii) Adição de frações que não têm o mesmo denominador comum (frações **heterogêneas).**

Como fazer: Para somar frações que não tenham o mesmo denominador, é preciso reduzi-las ao mesmo denominador e aplicar, então, a regra do primeiro caso i.

Exemplo: Somar as frações $\frac{2}{3}, \frac{5}{8}$ e $\frac{1}{6}$.

Utilizando-se da regra 2 de redução de frações ao mesmo denominador comum, temos que o mínimo múltiplo comum dos números 3, 6, e 8 mmc (3,6,8) = 24 e:

$$\frac{2}{3}+\frac{5}{8}+\frac{1}{6}=\frac{16}{24}+\frac{15}{24}+\frac{4}{24}=\frac{16+15+4}{24}=\frac{35}{24}$$

iii. Subtração de duas frações com o mesmo denominador.

Como fazer: Subtrai-se o numerador da primeira do numerador da segunda e conserva-se o denominador comum.

Exemplo: $\frac{7}{12}-\frac{5}{12}=\frac{7\ \ 5}{12}=\frac{2}{12}=\frac{1}{6}$

iv. Subtração de duas frações que não têm o mesmo denominador.

Vale lembrar que, como colocado para a adição, que somente podemos subtrair quantidades de mesma natureza.

Como fazer: Da mesma forma que na adição, para se obter a subtração de frações heterogêneas, é preciso, primeiro, ao mesmo denominador e então, aplicar o caso i.

Exemplo: $\frac{6}{7}-\frac{2}{5}=\frac{30}{35}-\frac{14}{35}=\frac{30-14}{35}=\frac{16}{35}$

v. Multiplicar uma fração por outra.

Como fazer: Para se multiplicar uma fração por outra, multiplicam-se seus numeradores para obter o numerador da fração produto e seus denominadores para obter o denominador da fração produto.

Exemplo: $\frac{3}{5} x \frac{5}{9} = \frac{3x5}{8x9} = \frac{15}{72} = \frac{5}{24}$

vi. Dividir uma fração por outra.

Como fazer: Multiplica-se a fração do dividendo pela fração do divisor invertida. Em outras palavras conserva-se a primeira (dividendo) e multiplica-se pelo inverso da segunda (divisor).

$$\frac{\frac{a}{b}}{\frac{c}{d}} = \frac{a}{b} x \frac{d}{c}$$

Exemplo: $\frac{\frac{3}{5}}{\frac{4}{7}} = \frac{3}{5} \div \frac{4}{7} = \frac{3}{5} x \frac{7}{4} = \frac{3x7}{5x4} = \frac{21}{20}$

1.5.NÚMERO PAR, MÚMERO ÍMPAR, NÚMERO MISTO, NÚMERO PRIMO E NÚMERO COMPOSTO.

i) Número Par: É todo número divisível por 2

ii) Número Impar: É todo número que não é divisível por 2

iii) Número Misto: Número constituído de um valor inteiro e uma fração

Transformar um número misto em uma fração

$$a\frac{b}{c}=\frac{a.c+b}{c}$$

-Exemplo: quatro inteiros e três quintos:

$$4\frac{3}{5}=\frac{4.5+3}{5}=\frac{23}{5}$$

iv) Número Primo: Número natural maior que 1 e que só é divisível por 1 e por ele mesmo. Existem infinitos números primos, como demonstrado por Euclides em 300 a.C. Exemplo: 2, 3, 5, 7, 11, 13, 17, 19, 23, 29, 31, 37, 41, 43, 47, 53, 59, 61, 67, 71 etc.

v) Número Composto: Número natural maior que 1 e que é divisível por mais de dois números naturais, se não for um número primo. Exemplo: 4, 6, 8, 9, 10, 12, 14, 15, 16, 18, 20, 21, 22, 24, 25, 26, 27, 28, 30, 32, 33, 34, 35, 36, 38, 39, 40, 42, 44, 45, 48 etc.

1.6. LOGARÍTMOS

Se $X=a^Y$ então $Y=\log_a X$, isto é Y é o logaritmo de base a do número X.

1.7. LOGARITMO DE BASE 10

Se $X=10^Y$ então $Y=\log_{10} X$

-Exemplo: $X=100=10^2$, isto é, o logaritmo de base 10 do número 100 é 2 ou $\log_{10} 100=2$; e $\log_{10} e=0,4343$

1.8. LOGARITMO BASE *e*

Logaritmo de base *e* = 2,71828 são chamados natural ou logaritmo neperiano, o qual é escrito assim: $\log_e x$ ou $\ln x$ .Exemplo: $\log_e 10 = 2,3026$.

1.9. REGRAS OU PROPRIEDADES DOS LOGARITMOS

$\log_a(xy) = \log_a x + \log_a y$. Exemplo:

$\log_a(2\times3) = \log_a 2 + \log_a 3$

$\log_a\left(\frac{x}{y}\right) = \log_a x - \log_a y$. Exemplo: $\log_e\left(\frac{3}{4}\right) = \log_e 3 - \log_e 4$

$\log_a x^k = k\log_a x$. Exemplo: $\log_{10} 2^3 = 3\log_{10} 2$

Essas regras são oriundas das regras para os índices da potenciação, mostrados anteriormente.

1.10. MUDANÇA DE BASE NO LOGARÍTMO

$\log_b x = \log_b a \times \log_a x$ .Exemplo:

$\log_e 100 = \log_e 10 \text{ x } \log_{10} 100 = 2,3025\text{x}2 = 4605$

1.11. PROGRESSÃO E SÉRIES

1.11.1. PROGRESSÃO ARITMÉTICA (PA)

$a, a+d, a+2d, \cdots, a+(n-1)d$. Exemplo: seja o conjunto {1, 3, 5, 7}

Soma dos n primeiros termos: $S_n = \frac{(a_1 + a_n)}{2}.n$, em que

$$S_n = a + (a+d) + (a+2d) + \cdots + [a + (n-1)d]$$

$$.\ S_n = \frac{n}{2}\{2a + (n-1)d\}.$$

Exemplo: $S_4 = \frac{4}{2}\{2x1 + 3x2\} = 2x8 = 16$. Soma dos n primeiros números naturais:

$$S_n = 1 + 2 + 3 + 4 + \cdots + n = \frac{n}{2}\{2 + (n-1)\} = \frac{n(n+1)}{2}$$

1.11.2. PROGRESSÃO GEOMÉTRICA (PG)

$$a, ar, ar^2, \cdots, ar^{n-1}$$

Exemplo: $\left(a = 1, r = \frac{1}{2}, n = 4\right)$

Soma dos n primeiros termos:

$$S_n = a + ar + ar^2 + \cdots + ar^{n-1} = \frac{a(1-r^n)}{(1-r)}.$$

Exemplo: $S_4 = 1 + \frac{1}{2} + \left(\frac{1}{2}\right)^2 + \left(\frac{1}{2}\right)^3 = 1,875$;

$$S_4 = \frac{\left(1 - \left(\frac{1}{2}\right)^4\right)}{\left(1 - \frac{1}{2}\right)} = 1,875$$

Para $|r| < 1$, é possível determinar a soma desse tipo de PG infinita, por meio da expressão dada por:

$$S_{\infty} = \frac{a}{(1-r)}$$

Exemplo: $S_{\infty} = \frac{1}{(1-0,5)} = 2$

1.12.RAIZES QUADRADAS, CÚBICAS, QUARTAS, QUINTAS, ... ,

Raiz quadrada: Denominamos raiz quadrada de um número real Y, a todo número que elevado ao quadrado dá o valor Y. X é raiz quadrada de Y, implica $X^2 = Y$ .Denominaremos raiz n - ésima de um número real Y a todo número que elevado ao expoente n dá o valor Y. X é a raiz n - ésima de Y, implica que $X^n = Y$. Para todo número real Y podemos definir $\sqrt[1]{Y} = Y$.

1.12.1.PROPRIEDADES FUNDAMENTAIS

$$\sqrt[n]{Y^m} = \sqrt[np]{Y^{mp}}$$

$$\sqrt[n]{Y^m} = \sqrt[\frac{n}{p}]{Y^{\frac{m}{p}}}$$

$$\sqrt[n]{X \times Y} = \sqrt[n]{X} \times \sqrt[n]{Y}$$

$$\sqrt[n]{\frac{X}{Y}} = \frac{\sqrt[n]{X}}{\sqrt[n]{Y}}$$

$$\left(\sqrt[n]{Y}\right)^m = \sqrt[n]{Y^m}$$

$$\left(\sqrt[n]{Y}\right)^n = \sqrt[n]{Y^n} = Y$$

$$Y^{\frac{m}{n}} = \sqrt[n]{Y^m}$$

$$\sqrt[n]{Y^m} = Y^{\frac{m}{n}} = Y^{\frac{mp}{np}} = \sqrt[np]{Y^{mp}}$$

$$\sqrt[n]{X} \times \sqrt[n]{Y} = X^{\frac{1}{n}} \times Y^{\frac{1}{n}} = (XY)^{\frac{1}{n}} = \sqrt[n]{XY}$$

$$\frac{\sqrt[n]{X}}{\sqrt[n]{Y}} = \frac{X^{\frac{1}{n}}}{Y^{\frac{1}{n}}} = \left(\frac{X}{Y}\right)^{\frac{1}{n}} = \sqrt[n]{\frac{X}{Y}}$$

$$\left(\sqrt[n]{X}\right)^m = \left(X^{\frac{1}{n}}\right)^m = X^{\frac{1}{n}.m} = X^{\frac{m}{n}} = \sqrt[n]{X^m}$$

$$\sqrt[m]{\sqrt[n]{X}} = \sqrt[m]{X^{\frac{1}{n}}} = \left(X^{\frac{1}{n}}\right)^{\frac{1}{m}} = X^{\frac{1}{n}.\frac{1}{m}} = X^{\frac{1}{nm}} = \sqrt[nm]{X}$$

1.13.CÁLCULO DE EXPRESSÕES

i) $X(Y+Z) = XY + XZ$

ii) $(X+Y)(Z+W) = XZ + XW + YZ + YW$

iii) $(X+Y)^2 = X^2 + 2XY + Y^2$

iv) $(X-Y)^2 = X^2 - 2XY + Y^2$

v) $(X+Y)(X-Y) = X^2 - Y^2$

1.14. FÓRMULAS TRIGONOMÉTRICAS

1.14.1. PARA QUALQUER TRIÂNGULO COM ÂNGULO RETO

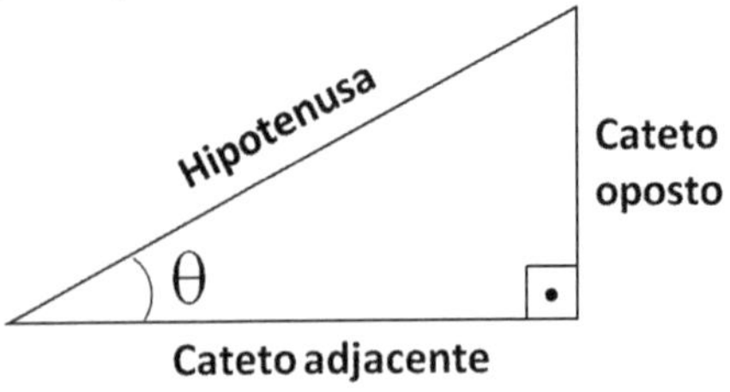

$$\text{Sen } \theta = \frac{\text{Cateto oposto}}{\text{Hipotenusa}}$$

$$\text{Cos } \theta = \frac{\text{Cateto adjacente}}{\text{Hipotenusa}}$$

$$\text{Tan } \theta = \frac{\text{Cateto oposto}}{\text{Cateto adjacente}} = \frac{\text{Sen } \theta}{\text{Cos } \theta}$$

$$\text{Co sec } \theta = \frac{1}{\text{Sen } \theta}$$

$$\text{Sec } \theta = \frac{1}{\text{Cos } \theta}$$

$$\text{Cot } \theta = \frac{1}{\text{Tan}\theta}.$$

1.14.2. ÂNGULOS

Ângulo: Ângulo é uma figura geométrica formada por duas linhas que possuem um ponto como intersecção. Este ponto é o vértice do ângulo.

A abertura do ângulo é uma propriedade invariante deste e é medida, no sistema internacional (SI), em radianos.

Radiano: A medida em radiano de um ângulo é o comprimento do arco cortado pelo ângulo, dividido pelo raio do círculo. O sistema internacional (SI) de medidas utiliza o radiano como unidade derivada para ângulos. Devido ao seu relacionamento com o comprimento do arco, radiano é uma unidade especial. Senos e cossenos cujos argumentos estão em radianos possuem propriedades analíticas particulares, tal como criar funções exponenciais em base *e*.

Graus: A medida em graus de um ângulo é o comprimento de um arco, dividido pela circunferência de um círculo e multiplicada por 360. O símbolo de graus é um pequeno círculo sobrescrito °. 2π radianos é igual a 360° (um círculo completo), então um radiano é aproximadamente 57° e um grau é $\frac{\pi}{180}$ radianos.

Gradiano: O gradiano, também chamado de grado, é uma medida angular onde o arco é divido pela circunferência e multiplicado por 400. Essa forma é usado mais em triangulação. Sinônimo de Grado que é o nome de unidade de medida de arcos, correspondendo é centésima parte de um arco formado por um ângulo reto (90º). Como uma circunferência completa é formada por 4 arcos, o grado é 1/400 de toda a circunferência, valendo, portanto, 0,9 º (0.9º vezes 400=360º).

Ângulo (θ)					
Degrado	0°	30°	45°	60°	90°
Radiano	0	$\frac{\pi}{6}$	$\frac{\pi}{4}$	$\frac{\pi}{3}$	$\frac{\pi}{2}$
Sen	0	$\frac{1}{2}$	$\frac{1}{\sqrt{2}}$	$\frac{\sqrt{3}}{2}$	1
Cos	1	$\frac{\sqrt{3}}{2}$	$\frac{1}{\sqrt{2}}$	$\frac{1}{2}$	0
Tan	0	$\frac{1}{\sqrt{3}}$	1	$\sqrt{3}$	∞

Considere uma circunferência de centro O e um arco AB nessa circunferência. Se o arco AB tem comprimento igual ao raio, dizemos que ele mede 1 radiano. Portanto, radiano é a medida de um arco cujo comprimento é igual ao raio da circunferência que contém o referido arco. Como ao arco está associado um ângulo central, também podemos dizer que radiano é a medida do ângulo central que determina na circunferência um arco cujo comprimento é igual ao raio. Uma vez que uma circunferência qualquer tem comprimento $C=(2\pi r)$ umc (unidades de medida de comprimento), o arco de uma volta tem medida igual a 2π radianos. De modo geral, dado um arco cujo comprimento é L umc, dizemos que sua medida, em radianos, é igual a $\frac{L}{r}$. Assim, se a circunferência do arco considerado tem raio unitário, a medida do arco, em radianos, é numericamente igual ao comprimento do arco. Já a medida expressa em degree, é mensurada em graus.

1.15. TABELA DE DERIVADAS PADRÕES

1.15.1. DEFINIÇÃO DE DERIVADA

Derivada de uma função y = f(x) num ponto $x = x_0$

Considere a figura abaixo, que representa o gráfico de uma função y = f(x), definida num intervalo de números reais.

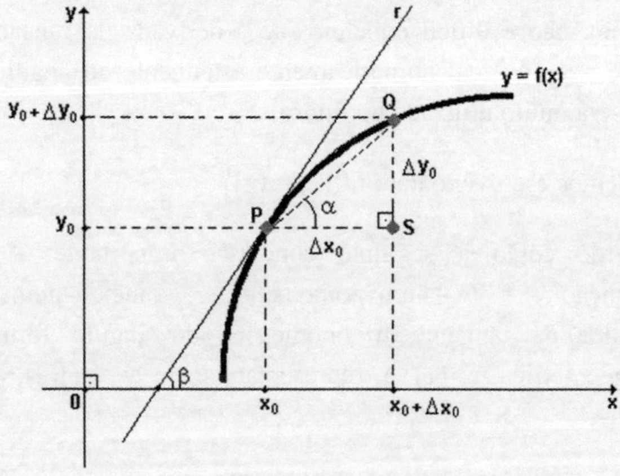

Observando a figura, podemos definir o seguinte quociente, denominado razão incremental da função y = f(x), quando x varia de x_0 para $x_0 + \Delta x_0$.

Define-se a derivada da função y = f(x) no ponto $x = x_0$, como sendo o limite da razão incremental acima, quando Δx_0 tende a zero, e é representada por f ' (x_0) , ou seja:

$$\lim_{\Delta x_0 \to 0} \frac{\Delta y_0}{\Delta x_0} = f'(x_0)$$

Nota: a derivada de uma função y = f(x), pode ser representada também pelos símbolos y ' ou dy/dx.

Observe que quando $\Delta x_0 \to 0$, o ponto Q no gráfico acima, tende a coincidir com o ponto P da mesma figura., definindo a reta r , que forma um ângulo β com o eixo horizontal (eixo das abcissas), e, neste caso, o ângulo SPQ = α tende ao valor do ângulo β. Ora, quando $\Delta x_0 \to 0$, já vimos que o quociente Δy_0 / Δx_0 representa a derivada da função y = f(x) no ponto x_0. Mas, o quociente Δy_0 / Δx_0 representa, como sabemos da Trigonometria, a tangente do ângulo SPQ = α, em que p é o vértice do ângulo. Quando $\Delta x_0 \to 0$, o ângulo SPQ = α , tende ao ângulo β.

Assim, não é difícil concluir que a derivada da função y = f(x) no ponto x = x_0, é igual numericamente à tangente do ângulo β. Esta conclusão será muito utilizada no futuro.

Podemos escrever então: $f'(x_0) = tg\beta$

Guarde então a seguinte conclusão importante: A derivada de uma função y = f(x) num ponto x = x_0 , coincide numericamente com o valor da tangente trigonométrica do ângulo formado pela tangente geométrica à curva representativa de y = f(x), no ponto $x = x_0$.

Existem fórmulas para o cálculo das derivadas das funções - as quais serão mostradas no decorrer deste curso - mas, por enquanto, vamos calcular a derivada de uma função simples, usando a definição. Isto servirá como um ótimo exercício introdutório, que auxiliará no entendimento pleno da definição acima.

Calcule a derivada da função $y = x^2$, no ponto x = 10

Temos neste caso:

$y = f(x) = x^2$

$f(x + \Delta x) = (x + \Delta x)^2 = x^2 + 2x.\ \Delta x + (\Delta x)^2$

$f(x + \Delta x) - f(x) = x^2 + 2x. \Delta x + (\Delta x)^2 - x^2 = 2x. \Delta x + (\Delta x)^2$

$\Delta Y = f(x + \Delta x) - f(x) = x^2 + 2x. \Delta x + (\Delta x)^2 - x^2 = 2x. \Delta x + (\Delta x)^2$

Portanto,

$$y' = \frac{dy}{dx} = \lim_{\Delta x \to \infty} \frac{\Delta y}{\Delta x} = \lim_{\Delta x \to \infty} \frac{2x\Delta x + (\Delta x)^2}{\Delta x} = \lim_{\Delta x \to \infty} (2x + \Delta x) = 2x$$

Observe que colocamos na expressão acima, Δx em evidencia e, simplificamos o resultado obtido.

Portanto a derivada da função $y = x^2$ é igual a $y' = 2x$.

Logo, a derivada da função $y = x^2$, no ponto $x = 10$, será igual a : $y'(10) = 2\times 10 = 20$.

$$y^1 = f^1(x) = \frac{dy}{dx} = 2x$$

$$f^1(10) = 2x10 = 20$$

$y = f(x)$	$\frac{dy}{dx}$
x^n	nx^{n-1}
$\sqrt{x}$	$\frac{1}{2\sqrt{x}}$
$\frac{1}{x}$	$-\frac{1}{x^2}$
e^{ax}	ae^{ax}
$\log_e x$	$\frac{1}{x}$
a^x	$a^x \log_e a$

$y = f(x)$	$\frac{dy}{dx}$
Sen x	Cos x
Cos x	–Sen x
tan x	$Sec^2 x$
$Sen^{-1}\left(\frac{x}{a}\right)$	$\frac{1}{\sqrt{a^2 - x^2}}$
$Cos^{-1}\left(\frac{x}{a}\right)$	$-\frac{1}{\sqrt{a^2 - x^2}}$
$tan^{-1}\left(\frac{x}{a}\right)$	$\frac{a}{(a^2 + x^2)}$

-Exemplo: $3X^2+7 = 2.(3X^{2-1}) + 0 = 6X$

1.16. TABELA DE INTEGRAIS PADRÕES

1.16.1.DEFINIÇÃO DE INTEGRAL

Seja $f(x)$ uma função limitada definida no intervalo fechado

$[a,b]$ e seja P uma partição qualquer de $[a,b]$. A integral de $f(x)$ no intervalo $[a,b]$, denotada por $\int_a^b f(x)dx$ é dada por $\int_a^b f(x)dx = \lim_{n \to +\infty} \sum_{i=1}^{n} f(c_i).\Delta x_i,$ desde que o limite do segundo membro exista. Na notação $\int_a^b f(x)dx$, $f(x)$ é chamada função integrando, $\int$ é o símbolo da integral, e os números a e b são chamados limites de integração, em que a é o limite inferior e b é o limite superior de integração. Se $\int_a^b f(x)dx$ existe, diz –se que f é integrável em $[a,b]$ e geometricamente, a integral representa a área da região limitada pela função $f(x)$, as retas $x = a$ e $x = b$ e o eixo x, desde que $f(x) \geq 0 \ \forall \ x \in [a,b]$.

Deve ser salientado que a integral não significa necessariamente uma área. Dependendo do problema, ela pode representar grandezas, como, volume, quantidade de bactérias presentes em certo instante, trabalho realizado por uma força, momentos e centro de massa (ponto de equilíbrio). A definição de integral pode ser ampliada, de modo a incluir o caso em que o limite inferior seja maior do que o limite superior, e o caso em que os limites inferior e superior são iguais, senão vejamos.

Se $a > b$, então $\int_a^b f(x)dx = -\int_{a^a}^b f(x)dx,$ se a integral à direita existir. Se $a = b$ e $f(a)$ existe, então $\int_a^a f(x)dx = 0$.

Se $f(x)$ é uma função contínua no intervalo fechado $[a,b]$, então $f(x)$ é integrável em $[a,b]$.

A seguir são mostradas algumas propriedades fundamentais da integral definida.

i) Se a função $f(x)$ é integrável no intervalo fechado $[a,b]$ e se K é uma constante real qualquer, então $\int_a^b K f(x)dx = K\int_a^b f(x)dx$;

ii) Se as funções $f(x)$ e $g(x)$ são integráveis em $[a,b]$, então $f(x)\pm g(x)$ é integrável em $[a,b]$ e $\int_a^b f(x)\pm g(x)dx = \int_a^b f(x)dx \pm \int_a^b g(x)dx$;

iii) Se $a<c<b$ e a função $f(x)$ é integrável em $[a,c]$ e em $[c,b]$, então, $f(x)$ é integrável em $[a,b]$ e $\int_a^b f(x)dx = \int_a^c f(x)dx + \int_c^b f(x)dx$;

iv) Se a função $f(x)$ é integrável e se $f(x)\geq 0$ para todo x em $[a,b]$, então, $\int_a^b f(x)dx \geq 0$;

v) Se as funções $f(x)$ e $g(x)$ são integráveis em $[a,b]$ e $f(x)\geq g(x)$ para todo x em $[a,b]$, então, $\int_a^b f(x)dx \geq \int_a^b g(x)dx$;

vi) Se $f(x)$ é uma função integrável em $[a,b]$, então $|f(x)|$ é integrável em $[a,b]$ e $\left|\int_a^b f(x)dx\right| \leq \int_a^b |f(x)|dx$

Exemplo: Seja a função $f(x) = 2x^3 + 7$ para $1 \leq x \leq 4$, calcule a integral dessa função para os limites especificados.

$$\int_1^4 f(x)dx = \int_1^4 2x^3 + 7dx = \int_1^4 2x^3dx + \int_1^4 7dx = 2\int_1^4 x^3dx + 7\int_1^4 dx =$$

$$= 2\left[\frac{x^4}{4}\right]\Bigg|_1^4 + 7[x]\Bigg|_1^4 = 2\left[\frac{4^4}{4} - \frac{4^1}{4}\right] + 7[4-1] = 2\left[\frac{256}{4} - \frac{4}{4}\right] + 7[3] =$$

$$= 2[64-1] + 21 = 126 + 21 = 147$$

$y = f(x)$	$\int f(x)dx$
a	$ax + C$
x^a $(a \neq -1)$	$\frac{x^{a+1}}{(a+1)} + C$
$\sqrt{x}$	$\frac{2x^{\frac{3}{2}}}{3} + C$

$\frac{1}{x}$	$\log_e \lvert x \rvert + C$
$\frac{1}{(a+x)}$	$\log_e \lvert (a+x) \rvert + C$
e^{ax}	$\frac{e^{ax}}{a} + C$

$y = f(x)$	$\int f(x)\,dx$
Sen x	$-\text{Cos } x + x$
Cos x	$\text{Sen } x + C$
tan x	$-\log_e \lvert \cos x \rvert + C$
$\frac{1}{x^2 + a^2}$	$\frac{1}{a}\tan^{-1}\left(\frac{x}{a}\right) + C$
$\frac{1}{\sqrt{a^2 + x^2}}$	$\text{sen}^{-1}\left(\frac{x}{a}\right) + C$
$\log_e x$	$x \log_e \lvert x \rvert - x + C$

-Exemplo: $f(x)=7Y^3+12$. A integral dessa função, para x variando entre os limites reais de 1 a 2 é:

$$I=\int_1^2(7y^3+12)\,dy=\int_1^2 7y^3dy+\int_1^2 12dy=7\int_1^2 y^3dy+12\int_1^2 dy=7\left[\frac{y^{3+1}}{3+1}\right]\Bigg|_1^2+12[y]\Big|_1^2$$

$$I=7\left[\frac{y^4}{4}\right]\Bigg|_1^2+12[y]\Big|_1^2=7\left[\frac{2^4-1^4}{4}\right]+12[2-1]=7\left[\frac{16-1}{4}\right]+12=7\left[\frac{15}{4}\right]+12$$

$$I=\frac{105}{4}+12=38,25$$

1.17. LIMITES

LIMITE: O conceito ou definição de Limite de uma função desempenha um papel muito importante em toda a teoria matemática envolvida com o Cálculo Diferencial e Integral. Há uma cadeia ordenada muito bem estabelecida no Cálculo. A Teoria de Limites é fundamental. O motivo para isto é que nem tudo o que queremos realizar, ocorre no meio físico e quase sempre é necessário introduzir um modelo que procura algo que está fora das coisas comuns e esta procura ocorre com os limites nos estudos de sequências, séries, cálculos de raízes de funções. Por exemplo, obter uma raiz de uma função polinomial de grau maior do que 4 somente é possível por meio de métodos numéricos que utilizam fortemente as ideias de limites e continuidade. Na verdade, este cálculo depende do Teorema do Valor Intermediário (apresentado no final) que é uma consequência do estudo de continuidade de funções. Idéia intuitiva de Limite matemático. Estudaremos o comportamento de uma função f nas proximidades de um ponto. Para fixar idéias, consideremos a função f:R-{1}→R definida por:

$f(x)$	X^2-1
	$X-1$

Para x diferente de 1, f pode ser simplificada e reescrita na forma mais simples:

$$f(x)=x+1$$

Ao analisar o comportamento desta função nas vizinhanças do ponto x=1, ponto este que não pertence ao domínio de f, constatamos que esta função se aproxima rapidamente do valor L=2, quando os valores de x se aproximam de x=1, tanto por valores de x<1 (à esquerda de 1) como por valores x>1 (à direita de 1).

Do ponto de vista numérico, as tabelas abaixo mostram o comportamento da função f, para valores x à esquerda e à direita de x=1.

Pela esquerda de x = 1								Pela direita de x = 1							
x	0	0,5	0,8	0,9	0,99	0,999	1	x	2	1,5	1,2	1,1	1,01	1,001	1
f(x)	1	1,5	1,8	1,9	1,99	1,999	2	f(x)	3	2,5	2,2	2,1	2,01	2,001	2

Neste caso, dizemos L = 2 é o limite da função f quando x se aproxima de 1, o que denotaremos por:

$$\lim_{x \to 1} f(x) = 2$$

Este resultado pode ser visto através da análise gráfica de f, cujo esboço vemos na figura abaixo:

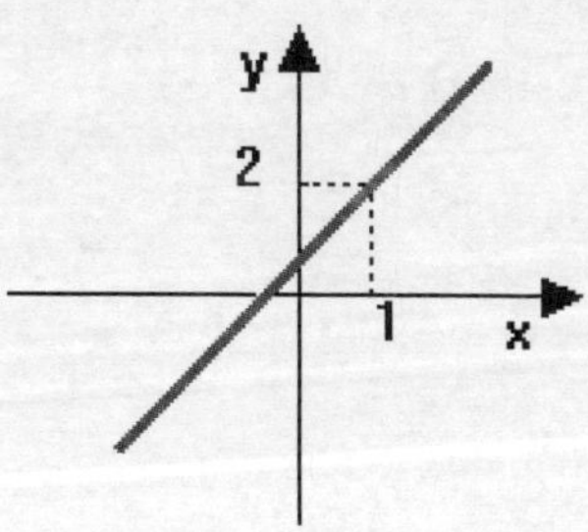

1.18.FUNÇÃO

Dados dois conjuntos A e B não vazios, chama-se função (ou aplicação) de A em B, representada por **f : A ® B ; y = f(x)** , a qualquer relação binária que associa a cada elemento de A , um único elemento de B. Portanto, para que uma **relação de A em B** seja uma função , exige-se que a cada x Î A esteja associado um único y Î B , podendo entretanto existir y Î B que não esteja associado a nenhum elemento pertencente ao conjunto A.

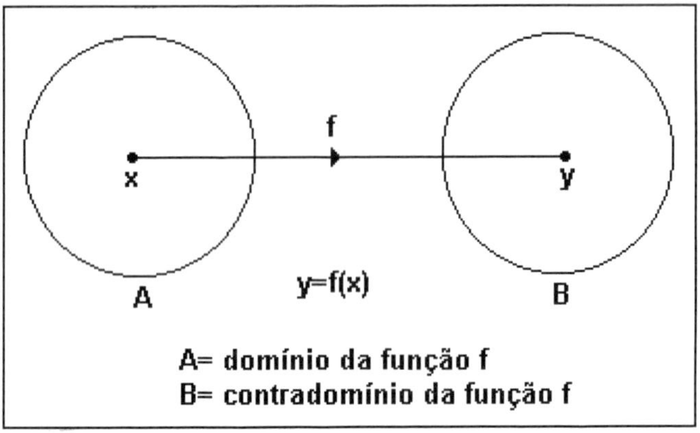

Na notação **y = f(x),** entendemos que y é imagem (contradomínio ou campo de valores da função) de x pela função f, ou seja: y está associado a x por meio da função f, sendo x o domínio da função f(x) (campo de definição da função). Exemplos: f(x) = 4x+3 ; então f(2) = 4.2 + 3 = 11 e portanto , 11 é imagem de 2 pela função f ; f(5) = 4.5 + 3 = 23 , portanto 23 é imagem de 5 pela função f , f(0) = 4.0 + 3 = 3 etc.

ELABORAÇÃO DE GRÁFICOS E TABELAS

GRÁFICOS

Como em toda atividade estatística, a apresentação de um gráfico deve ter considerações de caráter ético, Burns (1993) e Tufte (1983) enunciam estes principais itens descritos abaixo:

1-Entendimento

O gráfico permite ao leitor enxergue as relações entre as variáveis?

A interação entre os elementos do gráfico permite maximizar nossa percepção nas relações entre as variáveis?

2-Clareza

2.1. São os elementos do gráfico claramente distinguíveis?

2.2. São os elementos mais importantes do gráfico visualmente proeminentes?

3-Consistência

3.1. São os elementos do gráfico consistentes com o uso em gráficos anteriores?

3.2.Existem novos elementos do gráfico que requerem uma descrição adicional?

4-Eficiência

4.1. Estão os elementos do gráfico eficientemente representando os dados?

4.2. Existem elementos no gráfico que sirvam a mais de um propósito?

5-Necessidade

5.1. É o gráfico uma forma útil de representar estes dados?

5.2. É cada elemento individual do gráfico necessário?

6- Confiabilidade

6.1. Estão os dados adequadamente colocados na região própria dos dados?

6.2. Estão os dados representados adequadamente pela escala adotada?

Recomendações gerais para elaboração de um gráfico

1- Faça com que os dados se sobressaiam, evitando o supérfluo

2- Utilize elementos proeminentes para mostrar seus dados

Utilize um par de linhas para cada variável, fazendo com que o formato se aproxime de um retângulo.

3- Não prejudique a região dos dados

4- Não exagere no número de marcas

5- Evite colocar notas, marcas e sinais de um lado apenas da região dos dados, coloque notas em um texto de explicação.

6- Gráficos sobrepostos devem ser visualmente distinguíveis

7- Dados sobrepostos devem ser visualmente discerníveis

8- A clareza visual deve ser mantida sobre o gráfico em reprodução reduzida

TABELAS

Recomendações gerais para elaboração de uma tabela

1)Identificador: É o elemento usado para identificar a tabela. O identificador é composto do termo "tabela", seguido de um número de ordem (indicativo) em algarismos arábicos. As tabelas devem ser numeradas de 1 a "n", obedecendo a uma sequência para cada capitulo ou uma única sequência para todo o volume (quando se tratar de tabela única, é facultativa a numeração). Se a numeração for feita por capítulo, o número de ordem deve ser precedido do número do capítulo, separado deste por um ponto. A palavra tabela deve ser preferencialmente escrita com letras maiúsculas. O número deve preceder o título, na mesma linha deste, separado por um hífen colocado entre espaços correspondentes a uma letra.

2) Título: Conjunto de termos que indica o conteúdo da tabela. Aparece sempre na parte superior da tabela devendo sempre ser o mais claro e completo possível. Indica a designação do fato observado, o local de ocorrência e o período de abrangência dos dados. Deve preferencialmente ser escrita com letras maiúsculas ou seguindo o mesmo padrão definido na escrita do número.

3) Cabeçalho: Indica a natureza do conteúdo de cada coluna.

4) Coluna Indicadora:

É a divisão em sentido vertical, onde aparece a designação da natureza do conteúdo da linha.

5) Linha de Fechamento:É a linha horizontal que encerra a tabela.

6) Célula:São as divisões que aparecem no corpo da tabela, ou seja, a parte da tabela formada pelo cruzamento de uma linha com uma coluna.

7) Fonte: É a indicação da entidade responsável pelo levantamento dos dados. Deve ser colocada no rodapé, no final da tabela. Esse procedimento garante a honestidade científica e serve como indicativo para posteriores consultas.

8) Sinais Convencionais: As tabelas estatísticas não podem deixar casas em branco sendo utilizados os seguintes sinais, que devem ser explicados em notas:

Traço (-) Quando o dado não existe.

Três Pontos (...) Quando a informação existe, mas não está disponível.

Zero (0) Quando o valor numérico for menor que a metade da medida adotada para expressar os dados.

Letra X (x) Quando o dado for omitido a fim de evitar a individualização das informações, nos casos onde existe apenas um ou dois informantes.

Dois Pontos Horizontais (..) Indica que não se aplica dado numérico.

Interrogação (?) Quando há dúvida sobre a exatidão do valor.

Parágrafo (#) Quando o dado retifica a informação anteriormente publicada.

9) Chamadas ou notas esclarecedoras: Ambas são esclarecimento contidos na tabela.

As chamadas têm caráter particular, referindo-se a um item específico da tabela. São enumeradas em algarismos arábicos, entre parênteses. Já as notas têm caráter geral, refere-se à totalidade da tabela. Devem ser enumeradas em algarismos romanos.

10) Continuação de tabelas: As tabelas que ocupam mais de uma página obedecem à seguinte norma:

- Não deve ser delimitada na sua parte inferior, a não ser na ultima página.
- O título e o cabeçalho devem ser repetidos em todas as paginas e devem ser identificados com a palavra continuação.
- As palavras continuação e conclusão devem ser escritas com caracteres minúsculos, acima do cabeçalho, alinhadas no canto direito deste.

ÍNDICE REMISSIVO

E

F

G

H

I

K

L

M

N

O

P

Q

R

S

T

U

V

Y